SHUILI SHUIDIAN SHIGONG

水利水电施工

2019 年第 2 辑

全国水利水电施工技术信息网

中国水力发电工程学会施工专业委员会　主编

中国电力建设集团有限公司

中国水利水电出版社

www.waterpub.com.cn

·北京·

图书在版编目（ＣＩＰ）数据

水利水电施工. 2019年. 第2辑 / 全国水利水电施工
技术信息网，中国水力发电工程学会施工专业委员会，中
国电力建设集团有限公司主编. -- 北京 : 中国水利水电
出版社，2019.9
 ISBN 978-7-5170-8014-5

 Ⅰ. ①水… Ⅱ. ①全… ②中… ③中… Ⅲ. ①水利水
电工程－工程施工－文集 Ⅳ. ①TV5-53

中国版本图书馆CIP数据核字(2019)第207024号

书　　　名	水利水电施工　2019 年第 2 辑 SHUILI SHUIDIAN SHIGONG　2019 NIAN DI 2 JI
作　　　者	全国水利水电施工技术信息网 中国水力发电工程学会施工专业委员会　主编 中国电力建设集团有限公司
出 版 发 行	中国水利水电出版社 （北京市海淀区玉渊潭南路 1 号 D 座　100038） 网址：www.waterpub.com.cn E-mail：sales@waterpub.com.cn 电话：（010）68367658（营销中心）
经　　　售	北京科水图书销售中心（零售） 电话：（010）88383994、63202643、68545874 全国各地新华书店和相关出版物销售网点
排　　　版	中国水利水电出版社微机排版中心
印　　　刷	北京瑞斯通印务发展有限公司
规　　　格	210mm×285mm　16 开本　10.5 印张　405 千字　4 插页
版　　　次	2019 年 9 月第 1 版　2019 年 9 月第 1 次印刷
印　　　数	0001—2500 册
定　　　价	36.00 元

郑州市农业路中州大道互通立交桥，由中国水利水电第十一工程局有限公司（以下简称水电十一局）承建

郑州市北三环主线高架桥 PPP 项目，由水电十一局承建

郑州市东三环路 PPP 工程，由水电十一局承建

郑州市陇海路主线高架桥 PPP 项目，由水电十一局承建

山东济宁至安徽祁门高速公路永城段项目，由水电十一局承建

福建省武山至邵武高速公路工程，由水电十一局承担第三标段施工

河南省中牟县绿博园区人文路跨贾鲁河大桥，由水电十一局承建

深圳市城市轨道交通 7 号线深云车辆段 BT 项目，由水电十一局承建

深圳市城市轨道交通 10 号线凉帽山车辆段项目，由水电十一局承建

武汉市轨道交通 11 号线东段土建三标段未来一路站、郑家路站两站一区间项目，由水电十一局承建

郑州市轨道交通 5 号线五龙口停车场项目，由水电十一局承建

洛阳市轨道交通 1 号线启明南路站、塔湾站两站三区间项目，由水电十一局承建

京沪高速铁路三标段一工区工程，由水电十一局承建

深圳市茅洲河流域水环境综合整治宝安三标工程，由水电十一局承建

郑州市贾鲁河综合治理工程，由水电十一局承建

三门峡市青龙涧河景观改造提升一期工程，由水电十一局承建

南阳市三里河水环境综合整治工程，由水电十一局承建

郑州市贾鲁河综合治理生态绿化工程，由水电十一局承建

江西省赣州市章江新区农民返迁房第三标段工程，由水电十一局承建

三门峡市黄河天鹅湖旅游度假区湿地公园工程，由水电十一局承建

郑州市航空港经济综合实验区第八棚户区第九标段工程，由水电十一局承建

三门峡市上村佳苑一期、
二期工程，由水电十一局承建

郑州市中国水电大厦工程，由水电十一局承建

三门峡市人和小区住宅楼工程，
由水电十一局承建

本书封面、封底、插页照片均由中国水利水电第十一工程局有限公司提供

《水利水电施工》编审委员会

前　言

　　《水利水电施工》是全国水利水电施工技术信息网的网刊，是全国水利水电施工行业内刊载水利水电工程施工前沿技术、创新科技成果、科技情报资讯和工程建设管理经验的综合性技术刊物。本刊以总结水利水电工程前沿施工技术、推广应用创新科技成果、促进科技情报交流、推动中国水电施工技术和品牌走向世界为宗旨。《水利水电施工》自 2008 年在北京公开出版发行以来，至 2018 年年底，已累计编撰发行 66 期（其中正刊 44 期，增刊和专辑 22 期）。刊载文章精彩纷呈，不乏上乘之作，深受行业内广大工程技术人员的欢迎和有关部门的认可。

　　为进一步提高《水利水电施工》刊物的质量，增强刊物的学术性、可读性、价值性，自 2017 年起，对刊物进行了版式调整，由杂志型调整为丛书型。调整后的刊物继承和保留了原刊物国际流行大 16 开本，每辑刊载精美彩页，内文黑白印刷的原貌。

　　本书为调整后的《水利水电施工》2019 年第 2 辑（中国水利水电第十一工程局有限公司专辑），全书共分 6 个栏目，分别为：地下工程、混凝土工程、地基与基础工程、机电与金属结构工程、路桥市政与火电工程、企业经营与项目管理，共刊载各类技术文章和管理文章 37 篇。

　　本书可供从事水利水电施工、设计以及有关建筑行业、金属结构制造行业的相关技术人员和企业管理人员学习、借鉴和参考。

编者

2019 年 7 月

目　录

机电与金属结构工程

路桥市政与火电工程

企业经营与项目管理

Contents

Electromechanical and Metal Structure Engineering

Road & Bridge Engineering, Municipal Engineering and Thermal Power Engineering

Enterprise Operation and Project Management

综合管廊工程在市政工程建设中的技术研究

金术鹏　姚　蕊/中国水利水电第十一工程局有限公司

【摘　要】　综合管廊是地下管道综合走廊的简称，是指建造一个地下空间，综合运用于电力、通信、市政排水及燃气等管道的统一规划、设计、建设和管理。城市综合管廊建设对于维护环境、美化城市可以起到很好的作用。

【关键词】　综合管廊　地下空间　管道规划　建设管理　维护环境　美化城市

综合管廊，就是地下管道综合走廊的简称，即在城市地下建造一个隧道空间，将电力、通信、燃气、供热、给排水等各种工程管线集于一体，设有专门的检修口、吊装口和监测系统，实施统一规划、设计、建设和管理，是保障城市运行的重要基础设施和"生命线"。本文针对综合管廊的设计、施工进行技术研究，旨在发挥综合管廊的功能和应用。

1　国内外发展历程

1.1　国外发展历程

城市地下综合管廊起源于 19 世纪的欧洲。自 1833 年巴黎诞生世界首条地下管线综合管廊系统后，英国、德国、日本、西班牙、美国等发达国家相继开始兴建综合管廊工程，至今已有 182 年的发展历程。经过 100 多年的探索、研究、改良与实践，城市地下综合管廊技术水平已完全成熟。

1.2　国内发展历程

我国首条综合管廊可追溯到 1958 年，位于北京天安门广场下方。30 多年后，第 2 条综合管廊在上海浦东新区张杨路的地下动工。截至 2015 年 5 月，全国共有 69 个城市建设地下综合管廊，已建和在建里程近

900km，计划建设 770 多 km，总计 1600km，总投资约 880 亿元。

在城市综合管廊的建设中，我国起步比较晚。我国上海市浦东新区第一条正式城市综合管廊始建于 1994 年，其采用钢筋混凝土结构，管廊综合系统包括消防、排水、供电、监控和信息收集处理等，是当时非常先进的综合管廊工程。近年来，随着我国对于城市综合管廊建设技术的掌握逐渐成熟，先后在一大批城市兴建了大型的综合管廊工程，比如北京、济南、深圳、宁波、厦门、广州、合肥、昆明等。

2　综合管廊施工方法及关键技术

2.1　施工方法

综合管廊施工方法主要分为明挖施工和暗挖施工。

（1）明挖施工法主要有放坡开挖施工、水泥土搅拌桩围护结构、板桩墙围护结构以及 SMW 工法等。

明挖管廊施工可采用现浇施工法与预制拼装施工法。现浇施工法将整个工程分割为多个施工标段，可加快施工进度；预制拼装施工法要求较大规模的预制厂、大吨位的运输及起吊设备，对接缝处理有严格要求。

（2）暗挖施工法主要有盾构法、顶管法等。

盾构法和顶管法都是采用专用机械构筑隧道的暗挖施工方法，在隧道的某一端建造竖井或基坑，以供机械安装就位。机械从竖井或基坑壁开孔处出发，沿孔洞的设计轴线向另一端竖井或基坑推进、构筑隧道，并有效地控制地面隆降。盾构法、顶管法施工自动化程度高，对环境影响小，施工安全，质量可靠，施工进度快。

2.2　断面的确定

国内外进入综合管廊的工程管线有电力电缆、通信电缆、给水管道、消防管道、燃气管道、供热管道、污水管道等。

综合管廊的断面形式的确定，要考虑到综合管廊的施工方法及纳入的管线数量。根据国内外相关工程来看，通常采用矩形断面。在穿越河流、地铁等障碍时，有时综合管廊的埋设深度较深，也可采用盾构或顶管的施工方法，因此，该部分一般是圆形断面。

2.3　建筑结构设计

综合管廊属于城市生命线工程，根据国家有关标准，划属为乙类构筑物。在进行综合管廊结构防水设计时，严格按照《地下工程防水技术规范》（GB 50108—2008）进行设计，防水设防等级为二级。在防水设防等级为二级的情况下，综合管廊主体不允许漏水，结构表面可有少量湿渍，总湿渍面积不应大于总防水面积的 6/1000；任意 100m² 防水面上的湿渍不超过 4 处，单个湿渍的最大面积不应大于 0.2m²。按承载能力极限状态及正常使用极限状态进行双控方案设计，裂缝宽度不得大于 0.2mm，并不得贯通，以保证结构在正常使用状态下的防水性能。

综合管廊为现浇钢筋混凝土结构，一般情况下分缝间距为 20～25m。在节与节之间设置变形缝，内设橡胶止水带，并用低发泡塑料板和双组分聚硫密封膏嵌缝处理，此外，在缝间设置剪力键，以减少相对沉降，保证沉降差不大于 30mm。

变形缝、施工缝、通风口、投料口、出入口、预留口等部位，是渗漏设防的重点部位。综合管廊主体防渗的原则是"以防为主，防、排、截、堵相结合，刚柔相济，因地制宜，综合治理"。主要通过采用防水混凝土、合理的混凝土级配、优质的外加剂、合理的结构分缝、科学的细部设计来解决综合管廊钢筋混凝土主体的防渗。

综合管廊采用钢筋混凝土结构，主体结构强度等级为 C25 防水混凝土，抗渗等级为 S6。综合管廊结构承受的主要荷载有：结构及设备自重、土压力、地下水压力、地下水浮力、汽车荷载以及其他地面活荷载。采用结构自重及覆土重量抗浮设计时，在不计入侧壁摩擦阻

力的情况下，结构抗浮安全系数 $K_f > 1.05$，地下水最高水位取地面下 0.5m。

2.4　信息检测与控制设计

综合管廊内敷设有电力电缆、通信电缆、给水管道，附属设备多，为了方便综合管廊的日常管理，增强综合管廊的安全性和防范能力，需配置监控系统、火灾报警系统、安保系统、配套检测仪表、电话系统。

2.5　附属设备监控系统设计

在控制中心设置两台监控计算机、一台工业以太网交换机（带单模以太网光缆接口，以便于扩展）、两台打印机、一台 UPS、一台服务器。监控计算机通过工业以太网交换机与现场 ACU 控制器通信，彩色显示器上能生动形象地反映出综合管廊建筑模拟图、沟内各设备的状态和照明系统的实时数据并报警。监控计算机同时还向现场 ACU 控制器发出控制命令、启停现场附属设备，并担负与市政相关部门的报警和事故处理连网通信任务。

2.6　消防系统设计

综合管廊内容纳了大量的电力电缆和通信电缆，虽然这些电缆多为阻燃电缆，但为了防止和扑灭综合管廊内发生的火灾，按不超过 200m 间隔设置一个防火分区，每个防火分区两端及中间设置防火门。在应急出口附近设置卤代烷灭火器。

2.7　排水系统设计

综合管廊根据管廊纵断面设置建筑防水分区，在每个防水分区和每个十字路口设置排水集水槽，每个排水集水槽内设置一台排水潜水泵，排除各自防水分区和十字路口的积水。

2.8　通风系统设计

每一区段中间，利用出入口设百叶窗自然进风，两端各设机械排风机一台，排风口设置在绿化带中，与景观绿化融为一体。当共同沟内空气温度大于 40℃时，或需进门线路检修时，开启机械排风机。火灾时，将排烟机开启，排除烟雾。

2.9　电气系统设计

综合管廊每段防火分区的人孔内安装一台动力照明配电箱，负责该防火分区内动力照明设备的配电控制。在消防泵组、风机、排水泵就地设置专用控制箱对设备进行配电和控制。综合管廊内沿线设若干插座箱，做施工安装、维修等临时接电之用。专业管线电动阀由就近动力照明配电箱提供电源，在专业单位授权情况下，由自控系统控制。综合管廊风机设置就地手动检修操作和

监控系统遥控二级，风机状态信号反馈监控系统，风机控制箱预留消防联动停机接口。排水泵设置水位自动控制、就地手动检修操作二级系统，最高液位报警信号、排水泵状态信号反馈监控系统。消防泵组设置就地手动控制和与火灾报警系统联动控制二级系统，并与监控系统遥信。

控制中心管理楼设置办公一般照明和事故应急照明设施，中心控制室照度标准为300lx。照明灯具由管理楼照明配电箱供电，就地手动开关。应急照明灯具附带后备蓄电池，应急时间不小于30min。普通照明照度不小于15lx，人孔、投料口及防火分区门等处局部照度提高到100lx。每段防火分区内的照明灯具由该分区动力照明配电箱统一配电，在人孔、防火分区门处设手动开关控制，并设监控系统遥控，照明状态监控系统。应急照明照度不小于0.5lx，疏散指示间距不大于15m。照明灯具光源以节能型荧光灯为主，综合管廊内照明灯具防护等级采用IP65，Ⅰ类绝缘结构，设专用PE线保护。

综合管廊内集中敷设了大量的电缆，为了综合管廊运行安全，应有可靠的接地系统。除利用构筑物主钢筋作为自然接地体外，同时在综合管廊内壁将各个构筑物段的建筑主钢筋相互连接构成法拉第笼式主接地网系统。综合管廊内所有电缆支架均经通长接地线与主接地网相互连接。另外，在综合管廊外壁每隔100m处设置人工接地体预埋连接板，作为后备接地。综合管廊接地网还应与各变电所接地系统可靠连接，组成分布式大接地系统，接地电阻应不大于1Ω。

变电所至中控室、综合管廊的电缆通道分区段设防火封堵。综合管廊内自用电缆沿专用电缆桥架敷设，跨越防火分区时设防火封堵，电缆出桥架采用穿钢管明敷形式引入设备，照明、插座箱敷线方式为穿钢管沿墙顶明敷。

3 综合管廊技术创新及市场前景

在城市综合管廊设计阶段，建筑信息技术（BIM）的创新开发和应用是重要的信息化支撑手段，而面向施工和运营服务的其他信息化支撑系统也需要同步整体规划设计，统筹考虑信息技术在城市综合管廊建设中的创新应用和推广，以加速提升城市综合管廊建设产业的智能化水平。

根据信息系统整体规划设计要求，"互联网＋"可以运用在城市综合管廊建设过程中的每一个环节。"物联网、大数据、云计算、BIM、3D打印、移动互联网"等信息技术，须逐步应用落实到功能强大的信息化支撑管理系统，如BIM应用系统、工程管理系统、物联网、信息采集系统、计费结算系统、网络集中监控系统等，实现建设施工各生产环节的新技术和新设备的协同建设

和无缝衔接，并最终构建成一个强大的可视化运营指挥调度平台。创新建设的过程也是探索"城市综合管廊智能建设"之路的过程，这种全面的信息自动化就代表了当前最先进的制造业水平。

通过创新设计和创新建设，逐步形成一个基于"物联网、大数据、云计算、BIM、3D打印、移动互联网"等信息技术为支撑的城市综合管廊运营服务平台。这个平台主要包括三方面内容：一是城市综合管廊基础设施（共同沟）；二是可视化的运营指挥调度信息系统；三是专业化的运营服务团队。通过平台的不断优化和升级，使我们逐步成为一个真正具有互联网基因的"城市综合管廊运营商"，一个具有创新运营能力的大型国有运营服务企业。

目前，我国各类市政管线基本上由各产权单位自行管理，如电力电缆主要由电力部门主管；通信电缆主要由电信、移动、联通等通信部门各自管理；给水管道主要由自来水公司主管；排水管道主要由市政部门主管等。这种在管理体制上存在的交叉重复、多头管理等问题导致建设城市地下市政综合管廊面临道路开挖难、资金落实难、执法管理难等层层阻碍。因此，建设城市地下市政综合管廊首先要在政府或投资方的支持下，建立相应的专门管理机构、制定必要的法规，从投资、规划、建设、管理等各方面加以控制和协调，才能保证城市地下市政综合管廊设计科学、修建合理、运营安全、管理统一，使城市地下市政综合管廊发挥其应该发挥的效用。管理部门的权限越高越适宜建城市地下市政综合管廊。

2015年5—6月，住房和城乡建设部相继发布GB 50838—2015《城市综合管廊工程技术规范》和《城市综合管廊工程投资估算指标》。同年8月，国务院办公厅发布了《关于推进城市地下综合管廊建设的指导意见》。2016年3月5日，李克强总理在政府工作报告中提出：2016年开工建设城市地下综合管廊2000km以上。2017年3月5日，李克强总理在十二届全国人大五次会议上提到："重要领域和关键环节改革取得突破性进展，供给侧结构性改革初见成效。城市轨道交通、地下综合管廊建设加快。"

可见，城市综合管廊建设的"燎原之势"已然形成。随着我国经济建设的迅猛发展，各大城市正在大力兴建地铁。由于城市地下管线复杂，建造一个完整的城市地下隧道空间，将电力、通信、燃气、供热、给排水等各种工程管线集于一体，成为保障城市运行的重要基础设施和"生命线"。

4 结语

综合管廊的建设水平已经成为衡量一个城市基础工程建设现代化的重要标志，综合管廊的建设具有很高的

社会意义，避免了由于敷设和维修地下管线频繁挖掘道路而对交通和居民出行造成影响和干扰，保持路容完整和美观，降低了路面多次翻修的费用和工程管线的维修费用，保持了路面的完整性和各类管线的耐久性。管线布置紧凑合理，有效利用了道路下的空间，节约了城市用地，减少架空线与绿化的矛盾，优美了城市的景观。综合管廊对满足民生基本需求和提高城市综合承载力发挥着重要作用。

复合岩层中隧道轴线和岩层走向平行、垂直时 TBM 滚刀破岩机理研究

刘予会/中国水利水电第十一工程局有限公司

【摘　要】　TBM 在我国交通、水利及采矿工程的隧道中大量应用，在掘进中经常遇到复合岩层，有必要研究复合岩层中 TBM 滚刀破岩机理。本文采用 PFC3D（Partical Flow Code in 3 Dimension）探讨复合岩层中隧道轴线和岩层走向平行、垂直时 TBM 滚刀破岩机理，得出相关结论。

【关键词】　复合岩层　TBM 滚刀　岩层倾角　滚刀间距　破岩效率

1 引言

硬岩隧道掘进机（Tunnel Boring Machine，简称TBM）是用于隧道施工的现代化大型复杂掘进装备，不仅施工效率高，而且安全稳定性好，因此得到广泛应用。在日常研究中由于试验成本较高，数值模拟受到国内外学者的青睐。数值模拟方法主要有有限单元法、边界元法、离散单元法、有限差分法。

离散单元法特别适用于解决岩体方面的问题，在滚刀与围岩相互作用研究中得到了一定的应用。张魁等在围压、滚刀切削顺序不同的工况下，选用离散单元软件构建双滚刀切削节理不发育岩石的数值模型，从滚刀破岩效率、裂纹扩展机制以及岩石破裂块度等三个方面进行了考虑。彭琦利用理论分析和 UDEC 数值模拟相结合的方法，分析了围压对滚刀破岩的影响，进而表明围压对 TBM 滚刀破岩有一定的促进作用。

蒋喆基于室内试验平台和 PFC 颗粒流数值模拟软件相结合的方法，分别从宏观和细观方面探讨围压对滚刀破岩的影响，研究最优刀间距随围压的变化情况。秦鹏伟基于离散单元法建立滚刀破岩模型，探究节理参数、围压和岩体强度对滚刀破岩模式、滚刀受力特征、裂纹扩展机制、破岩效率和最优刀间距的影响。

Potyondy 等基于 PFC 颗粒流软件，研究岩石压裂、声发射、损伤累积产生材料各向异性以及滞后性、膨胀、峰后软化等特征。Gong 等基于 PFC 颗粒流二维软件模拟了单滚刀及双滚刀的破岩过程和滚刀间距优化。Moon 等基于 PFC 颗粒流软件构建数值模型，研究了滚

刀间距和岩石特征等对破岩效率的影响规律。

上述学者主要研究单一岩层滚刀破岩，而对于复合岩层滚刀破岩的研究相对较少，因此本文基于 PFC3D数值模拟软件进行复合岩层中隧道轴线和岩层走向平行、垂直时 TBM 滚刀破岩机理的研究，进而分析出滚刀最优刀间距及破岩机理。为了确保和 CCS 滚刀近似的破岩效果，建模时要求相同贯入度下 V 形模型与岩体的接触宽度等同于 CCS 刀具（图1）。

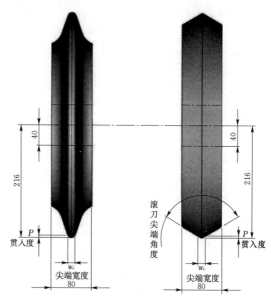

图1　滚刀简化模型（单位：mm）

为了研究复合岩层中岩层走向与倾角对破岩效率的影响，采用比能进行对比分析。是指切削单位体积的岩石所需要的功率。比能是权衡 TBM 破岩和掘进效率的一个重要指标，比能越小，破裂单位体积岩石所损耗的

能量越小，破岩以及掘进效率越高。比能是指切削单位体积的岩石所需要的功率，记作 SE，可采用下式计算：

$$SE = \frac{F_N p + F_R l}{V} = \frac{W}{V}$$

式中　F_N——滚刀所受平均法向力；

　　　p——滚刀的贯入度；

　　　V——滚刀破岩所得到的破碎块单位体积，在 PFC3D 软件中，当所有产生裂纹的颗粒接触点之间的接触达到零时，用检测消除的颗粒数来计算破碎块单位体积 V。

2　隧道轴线和岩层走向

滚刀间距的确定主要取决于开挖岩层的地质分布、岩石的种类、岩石的强度和岩层倾角等。通常情况下，最优刀间距同时也是根据滚刀贯入度进行设置的，在给定的滚刀贯入度下来设定一个最优刀间距。如果设定的滚刀贯入度减小了，而相应的最优刀间距也将减小；如果设定的滚刀贯入度增大了，而相应的最优刀间距也将增大。

对模型中的硬岩和软岩通过"试错法"不断调整细观参数并不断计算，细观参数标定结果见表1。

表1　　标定后得到的主要细观参数

参　　数	数　值	
	较硬岩	较软岩
颗粒最小半径/mm	2	2
颗粒粒径比	1	1
颗粒刚度比	1	1
颗粒密/(kg/mm³)	2021	1811
颗粒接触模量/GPa	8.6	7.2
颗粒摩擦系数	0.5	0.5
平行黏结半径因子	0.5	0.5
平行黏结刚度比	1	1
平行黏结模量/GPa	8.6	7.2
法向黏结强度/MPa	37±10	29±10
切向黏结强度/MPa	351±10	88±10
加载速率/(m/s)	0.05	0.05

随着滚刀间距的不断增大，比能也会相应变化。为了探讨不同掘进方向下最优刀间距，可用 s/p（s——滚刀间距；p——贯入度）与比能的定量关系来确定滚刀的最佳切割条件。当隧道轴线和岩层走向平行时，利用建立的 PFC 数值模拟进行计算分析，分析探讨隧道轴线和岩层走向平行时的最优刀间距。

不同 s/p 下贯入度和滚刀间距 s 计算组合列举如表2所示，s/p 分别取值 5.0、7.5、10.0、12.5、15.0、

17.5 及 20.0 等7个值。

表2　　不同 s/p 下贯入度 p 和滚刀间距 s 计算组合表

贯入度 /mm	s/p						
	5.0	7.5	10.0	12.5	15.0	17.5	20.0
4	20	30	40	50	60	70	80
6	30	45	60	75	90	105	120
8	40	60	80	100	120	140	160

采用 PFC3D 数值模型对滚刀破岩过程进行了数值模拟分析，分析研究滚刀最优刀间距，数值模拟方法不仅能够真实地反映滚刀的破岩机制，而且还可以用于确定滚刀的最优刀间距。

图2描述了不同 s/p 下的 SE/SE_{min} 变化规律。由图2可以看出，不同 s/p 下滚刀破岩 SE/SE_{min} 的变化规律接近，都是随着 s/p 的增大，而 SE/SE_{min} 呈现先减小后增大的趋势。当滚刀贯入度是 4mm 时，随着 s/p 的增大，SE/SE_{min} 呈现先减小后增大的规律，所以就会呈现一个波谷，而波谷处就是比能最小的点，此是 $s/p=10.0$ 左右，也就是说当滚刀贯入度为 4mm 以及 $s/p=10.0$ 时是最佳切割条件，利于滚刀破岩；当滚刀贯入度是 6mm 时，随着 s/p 的增大，SE/SE_{min} 也是呈现先减小后增大的规律，同理，此时 $s/p=10.0$ 左右，也就说当滚刀贯入度为 6mm 以及 $s/p=10.0$ 时是最佳切割条件，利于滚刀破岩；当滚刀贯入度是 8mm 时，随着 s/p 的增大，SE/SE_{min} 同样也是呈现先减小后增大的规律，同理，此时 $s/p=7.5$ 左右，也就说当滚刀贯入度为 8mm 以及 $s/p=7.5$ 时是最佳切割条件，利于滚刀破岩。

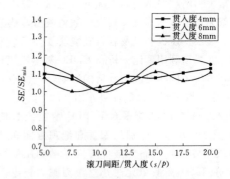

图2　隧道轴线和岩层走向夹角0°

由上述分析可知，当滚刀贯入度为 4mm、6mm 和 $s/p=10.0$，以及当滚刀贯入度为 8mm 和 $s/p=7.5$ 时，是最佳切割条件。由不同 s/p 下贯入度和滚刀间距 s 计算组合列举表可知，当滚刀贯入度为 4mm、$s/p=10.0$ 时，滚刀最优刀间距是 40mm；当滚刀贯入度为 6mm、$s/p=10.0$ 时，滚刀最优刀间距是 60mm；当滚刀贯入度为 8mm、$s/p=7.5$ 时，滚刀最优刀间距是 60mm。

3 隧道轴线和岩层走向垂直

当隧道轴线和岩层走向垂直时，滚刀破岩的掌子面上的岩石有两种情况：第一种是破岩掌子面上的岩石是较硬的岩石，第二种是破岩掌子面上的岩石是较软的岩石。因此就要分别，分析这两种情况下的破岩效率。

（1）隧道轴线和岩层走向垂直时，滚刀破岩掌子面是较硬岩时，由图 3 可知，当滚刀贯入度为 4mm、6mm 和 8mm 时，不同 s/p 下的 SE/SE_{min} 都是随着 s/p 的增大，而 SE/SE_{min} 呈现先减小后增大的趋势，因此可以知道这种曲线规律下有波谷，也就是说有最优滚刀间距。当滚刀贯入度为 4mm 时，不同 s/p 下的 SE/SE_{min} 是随着 s/p 的增大，SE/SE_{min} 呈现先减小后增大的趋势，在 $s/p=10.0$ 左右处是波谷，比能是最小值，也就说当滚刀贯入度为 4mm 以及 $s/p=10.0$ 时是最佳切割条件，利于滚刀破岩；当滚刀贯入度为 6mm 时，不同 s/p 下的 SE/SE_{min} 也是随着 s/p 的增大，SE/SE_{min} 也是呈现先减小后增大的趋势，在 $s/p=10.0$ 左右处是波谷，比能是最小值，也就说当滚刀贯入度为 6mm 以及 $s/p=10.0$ 时是最佳切割条件，利于滚刀破岩；当滚刀贯入度为 8mm 时，不同 s/p 下的 SE/SE_{min} 也是随着 s/p 的增大，SE/SE_{min} 也是呈现先减小后增大的趋势，在 $s/p=7.5$ 左右处是波谷，比能是最小值，也就说当滚刀贯入度为 8mm 以及 $s/p=7.5$ 时是最佳切割条件，利于滚刀破岩。

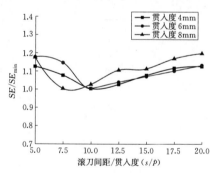

图 3 （上为较硬岩下为较软岩）隧道轴线和岩层走向夹角 90°

由上述分析可知，当滚刀贯入度为 4mm 和 6mm 和 $s/p=10.0$ 时是最佳切割条件，当滚刀贯入度为 8mm 和 $s/p=7.5$ 时是最佳切割条件。由不同 s/p 下贯入度和滚刀间距 s 计算组合列举表可知，当滚刀贯入度为 4mm 时，$s/p=10.0$ 时滚刀最优刀间距是 40mm；当滚刀贯入度为 6mm 时，$s/p=10.0$ 时滚刀最优刀间距是 60mm；当滚刀贯入度为 8mm 时，$s/p=7.5$ 时滚刀最优刀间距是 60mm。

（2）隧道轴线和岩层走向垂直，滚刀破岩掌子面是较软岩，由图 4 可知，当滚刀贯入度为 4mm、6mm 和 8mm 时，不同 s/p 下的 SE/SE_{min} 都是随着 s/p 的增大，而 SE/SE_{min} 呈现先减小后增大的趋势，因此就可以知道

这种曲线规律下有波谷，也就是说有最优滚刀间距。当滚刀贯入度为 4mm 和 6mm 时，不同 s/p 下的 SE/SE_{min} 是随着 s/p 的增大，SE/SE_{min} 呈现先减小后增大的趋势，在 $s/p=10.0$ 左右处是波谷，比能是最小值，也就说当滚刀贯入度为 4mm 和 6mm 以及 $s/p=10.0$ 时是最佳切割条件，利于滚刀破岩；当滚刀贯入度为 8mm 时，不同 s/p 下的 SE/SE_{min} 也是随着 s/p 的增大，SE/SE_{min} 也是呈现先减小后增大的趋势，在 $s/p=7.5$ 左右处是波谷，比能是最小值，也就说当滚刀贯入度为 8mm 以及 $s/p=7.5$ 时是最佳切割条件，利于滚刀破岩。

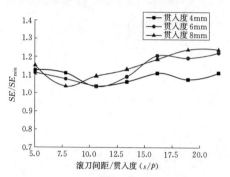

图 4 （上为较软岩下为较硬岩）隧道轴线和岩层走向夹角 90°

由上述分析可知，当滚刀贯入度为 4mm 和 6mm 和 $s/p=10.0$ 时是最佳切割条件，当滚刀贯入度为 8mm 和 $s/p=7.5$ 时是最佳切割条件。由不同 s/p 下贯入度和滚刀间距 s 计算组合列举表可知，当滚刀贯入度为 4mm 时，$s/p=10.0$ 时滚刀最优刀间距是 40mm；当滚刀贯入度为 6mm 时，$s/p=10.0$ 时滚刀最优刀间距是 60mm；当滚刀贯入度为 8mm 时，$s/p=7.5$ 时滚刀最优刀间距是 60mm。

4 结语

（1）隧道轴线和岩层轴向平行时，当滚刀贯入度为 4mm 和 $s/p=10.0$ 时是最佳切割条件，最优刀间距为 40mm；当滚刀贯入度为 6mm 和 $s/p=10.0$ 时是最佳切割条件，最优刀间距为 60mm；当滚刀贯入度为 8mm 和 $s/p=7.5$ 时是最佳切割条件，最优刀间距为 60mm。

（2）隧道轴线和岩层轴向垂直（上为较软岩下为较硬岩、上为较硬岩下为较软岩）时，当滚刀贯入度为 4mm 和 $s/p=10.0$ 时是最佳切割条件，最优刀间距为 40mm；当滚刀贯入度为 6mm 和 $s/p=10.0$ 时是最佳切割条件，最优刀间距为 60mm；当滚刀贯入度为 8mm 和 $s/p=7.5$ 时是最佳切割条件，最优刀间距为 60mm。

（3）岩石的强度对破岩效率有影响，岩石强度越高越不利于破岩，岩石强度越低越利于破岩。

参考文献

［1］ 张魁，夏毅敏，徐孜军．不同围压及切削顺序对

TBM 刀具破岩机理的影响 [J]. 土木工程学报, 2011, 44 (9): 101-106.

[2] 彭琦. 围压对 TBM 滚刀破岩影响机制研究 [J]. 岩石力学与工程学报, 2014, 33 (1): 2743-2749.

[3] 蒋喆. 盘形滚刀破岩机理的试验与模拟研究 [D]. 长沙: 中南大学, 2014.

[4] 秦鹏伟. 复合地层 TBM 滚刀破岩机理的数值模拟研究 [D]. 重庆: 重庆大学, 2016.

[5] Potyondy D O, Cundall P A. A bonded - particle model for rock [J]. International Journal of Rock Mechanics and Mining Sciences. 2004, 41 (8): 1329-1364.

[6] Gong Q M, Zhao J. Development of a rock mass characteristics model for TBM penetration rate prediction [J]. International Journal of Rock Mechanics and Mining Sciences. 2009, 46 (2): 8-18.

[7] Moon J T, Oh. A Study of optimal rock - cutting conditions for hard rock TBM using the discrete element method [J]. Original Article. 2012, 45 (1): 837-849.

长距离富水砂卵石地层中盾构掘进控制施工技术研究

刘文豪　王少鹏　岳增明/中国水利水电第十一工程局有限公司

【摘　要】　随着城市地铁工程的快速发展，盾构机掘进技术日益成熟，在城市隧道开挖中，盾构法在安全性、经济性、质量和进度等方面都远远优于矿山法。本文主要结合洛阳市地铁1号线三标段塔湾站—史家湾站区间的盾构施工，积累了长距离富水砂卵石地层中盾构机施工经验，可为类似工程施工提供借鉴。

【关键词】　长距离　富水砂卵石地层　盾构掘进参数控制

1　工程简介

洛阳市地铁1号线三标段塔湾站—史家湾站区间盾构隧道设计为两分离盾构法隧道单洞，区间双线起止里程均为 CK21＋401.806～CK22＋569.679，全长1167.873m，左右线中心线间距15m，区间于里程CK21＋972.000处设置1座联络通道兼废水泵房，线路最大纵坡为5.864‰，区间隧道掌子面及以上隧道顶部以上1.5～6m范围内为中密砂卵石地层，区间水位均位于隧道以上1～4m，覆土厚度9.5～13.5m。

1.1　地质情况

本区间位于工程地质Ⅲ区，属于洛河Ⅰ级阶地，土层主要为①1杂填土、②2黄土状粉质黏土、②4细砂、②9卵石土、③1黄土质粉土、③9-4卵石土。施工过程中开挖出的砂卵石如图1所示。

1.2　盾构机主要性能参数

本区间采用的盾构机主要性能参数如下：

铁建重工 DZ453 盾构机最大直径6.41m，总长约85m，总重量约500t，总配置功率1710kW，最大掘进扭矩8.687kN·m，最大推进力42500kN，刀盘最大转速3.5r/min，最大掘进速度为80mm/min。其中刀盘的开口率38％，开挖直径6.44m，是盾构机上直径最大的部分，刀盘上可根据地质的不同而选择安装硬岩刀具或软土刀具。刀盘的外侧还装有一把超挖刀，刀盘上有6个泡沫喷口，2个喷水口，两路管道接通两个喷口。刀盘上相应的刀具有4把中心双刃滚刀、22把正面单刃滚

(a) 基坑开挖出的砂卵石　　　　(b) 挖孔桩挖出的卵石

(c) 泥水舱内清出的卵石　　　　(d) 刀具破碎后的卵石

图1　施工过程中开挖出的砂卵石照片

刀、11把边缘滚刀、36把刮刀、8把贝形刀、1把超挖刀。刀具的安装方式为背装可拆卸式。刀盘上装有刀具磨损探测装置。

2　施工重点难点分析

本工程隧道位于全断面富水砂卵石、细砂等复杂地层中，施工难度高、风险较大。掘进参数选择时，土压力过小可能造成出土量超标，地面出现严重沉降甚至坍塌；土压力过大可能造成地面隆起。刀盘转速过快、扭矩过大可能造成刀具非正常磨损，严重时造成无法掘进施工，该地层中掘进施工重难点主要有以下几点：

（1）测量不准确或误差过大可能造成盾构机无法按

照设计位置进入洞门。

（2）富水砂卵石层中盾构始发是本工程的重难点。

（3）长距离穿越全断面富水砂卵石地层为本工程的重难点。

3 盾构掘进施工流程剖析及时间分析

单环管片掘进循环流程如下：

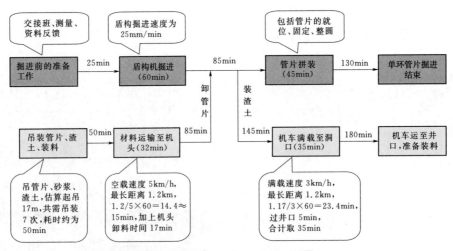

图2 盾构掘进施工各工序循环时间图

因此，正常掘进施工采用两列电瓶车配合运输，每工序循环可节省50min的渣土、管片吊装时间，即每环所需时间为 $180-50=130$ min。

4 掘进参数分析

4.1 土仓压力设定

本区间为全断面卵石土层，土压力根据理论计算值适当增加 $0.02\sim0.03$ MPa，计算工作土压一般由土体水压以及土体压力组成，掘进过程中一般按照土体埋深考虑静水压力以及适当的土体压力。在一般的软土层中掘进时，根据上覆土重力理论，土的铅垂方向的自重应力 σ_z 为

$$\sigma_z = \gamma h$$

土体的自重力产生的水平分力为最小主应力，视为上部土仓压力 σ_x，其计算公式为

$$\sigma_x = K_0 \gamma h = K_0 \sigma_z$$
$$K_0 = \nu / (1-\nu)$$

式中 K_0——土体侧压力系数；

ν——岩体的泊松比；

γ——土体容重；

h——地面至土仓上部覆土厚度，m。

通过现场实际施工总结发现，由于土体间存在内摩擦，即土拱效应，土压力的控制需要根据现场实际情况

（1）为确保盾构的使用效率，人工补充测量工序穿插施工，确保关键工序的不停顿，配合工序的时间需要控制在关键工序之内。

（2）如图2所示，由单环管片掘进的循环时间计算得到，电瓶列车来回一趟单个循环所需要的时间为180min（平均计算，且已经包括材料的装卸、运输等），而单个循环关键工序所需的时间为 105min（掘进60min，拼装45min）。

作出调整，盾构机司机应当判断出当前开挖面的状况后，适当调整土压力的控制，进而减小盾构机的总推力，加快掘进速度，提高施工效率。本区间隧道埋深 $9\sim13.5$ m，根据上述公式计算，本区间土仓压力综合分析控制在 $0.08\sim0.13$ MPa 之间。

4.2 总推力控制

盾构的推力主要由盾构与地层之间的摩擦阻力 F_1、刀盘正面土压力 F_2、土仓压力对盾体的阻力 F_3、盾尾密封与管片之间的摩擦阻力 F_4 四部分组成，其他还有变向阻力、切口环前端的贯入阻力、后方台车的牵引阻力。后方台车牵引阻力只有 20kN 左右，几乎可以忽略不计。铰接拉力一般在 1200kN 左右，其中盾构与地层之间的摩擦阻力 F_1、刀盘正面土压力 F_2 均与地层状况相关，土仓压力对盾体的阻力 F_3 则与土仓压力的控制有关，土仓压力越高，推力越大。

4.3 刀盘扭矩控制

结合本区间实际施工情况，该种地层掘进过程中，刀盘扭矩控制在 $2.5\sim3.5$ MN·m 之间。影响刀盘扭矩变化的因素有以下几方面内容：

（1）掘进速度：当掘进速度快时，刀盘对土体切削量增加，扭矩增加。

（2）地质因素：当地层地质发生变化时，刀盘切削土体需要的切削力变大时，扭矩也会相应增大。

（3）掘进模式：当采用土压模式掘进时，土仓内渣土剩余量增多，刀盘搅拌力力矩急剧增大，刀盘扭矩必然会随之变化。

（4）渣土改良状况：当渣土改良效果发生变化时，如果土仓内渣土流动性变差，则刀盘搅拌力矩增大。

（5）刀具状况：当刀盘上刀具部分损坏，造成以刀盘结构或刀具基础对土体切削，刀盘扭矩也会明显变化。

（6）刀盘状况：当刀盘发生渣土黏结时，力盘扭矩增大。

4.4　掘进控制

盾构掘进是整个盾构工程的最直接、最根本的目标和动力，掘进成果的实现直接影响整个项目的目标实现。

盾构机的掘进速度是指单位时间内盾构机掘进的长度，一般以 mm/min 计，盾构机单位转速内推进的长度为贯入度。

盾构机的掘进速度 v 为

$$v = \lambda r$$

式中　λ ——刀盘贯入度；

　　　r ——刀盘转速。

在盾构始发及到达段掘进时，由于车站围护结构的存在，需要考虑贯入度对刀具的影响，尽量减少刀具的非正常磨损，最大限度地发挥刀具的经济效益，应当控制盾构机的总推力，降低刀具的贯入度，控制盾构机掘进速度在 20～45mm/min 之间。在盾构正常掘进段，控制盾构机掘进速度在 45～65mm/min 之间。

4.5　姿态控制

成型隧道的质量是隧道的生命，盾构机掘进时姿态的好坏不仅影响设计线路的成果是否实现，也会影响管片拼装质量，甚至可能引起渗漏水，直接影响隧道的整体防水效果和隧道的耐久性。姿态保持和调整的依据和标准是设计，姿态调整的重点在掘进的整个过程，自始至终，持续不断。因此，盾构法隧道中盾构姿态的控制和保持是盾构施工的重点。

4.5.1　盾构机姿态

对于被动铰接盾构机，其掘进姿态的调整主要是通过调节不同区域推进油压来实现，铰接油缸不能主动起作用。被动铰接盾构机调整姿态的时候需要特别注意盾尾间隙的变化，过急的姿态调整会使盾尾间隙变小导致管片破损。根据本区间实际施工情况，在软土层中掘进时，考虑管片的上浮问题，掘进过程中盾构机姿态保持在−10mm 左右。

4.5.2　滚动角

盾构机自身滚动的产生是由于刀盘切削土体时通过主驱动传递给盾体的扭矩大于盾构机壳体与其四周土体之间的摩擦力力矩而产生的。过大的滚动角不仅会影响管片的拼装，更会引起隧道轴线的偏差。因此，在盾构掘进过程中，必须密切关注滚动角的变化，严格控制滚动角的变化范围。在本区间实际施工中，盾构机滚动角一般控制在±15mm/m 以内。当滚动角过大时，可以根据实际情况采取以下措施来调整滚动角：

（1）加注泡沫剂、水等降低刀盘扭矩。

（2）适当降低掘进速度来降低刀盘扭矩。

（3）适时改变刀盘转向，当滚动角为正时，刀盘应向右转，反之向左转。

4.6　渣土控制

在盾构施工过程中，根据围岩条件适当注入添加剂，改善渣土的和易性，同时要加强对土仓压力和排土量的管理。根据本区间盾构施工经验，合理的渣土改良是保证盾构施工安全、顺利、快速的一项不可缺少的重要技术手段。渣土改良具有以下作用：

（1）使渣土具有较好的土压平衡效果，利于稳定工作面，控制地表沉降。

（2）使渣土具有较好的止水性，以控制地下水流失。

（3）使切削下来的渣土能够快速顺利地快速进入土仓，并利于螺旋输送机顺利排土。

（4）可有效防止渣土黏结刀盘而产生泥饼。

（5）可有效降低刀盘扭矩，降低对刀盘和螺旋输送机的磨损。

（6）可防止或减轻螺旋输送机排土时的喷涌现象。

4.6.1　渣土改良

复合式土压平衡盾构机是用开挖出的一部分渣土作为支撑开挖面稳定的介质，另一部分需要随着盾构机的向前推进连续不断地排除，因此，渣土需要具有良好的塑性变形、软稠度、内摩擦角小及渗透率小等特性。因为一般土壤不能完全满足这些特性，所以盾构掘进的同时需要对切削下来的渣土进行改良。实际盾构施工中，改良渣土的和易性主要是通过向土仓及刀盘前方加注泡沫剂和水。渣土改良使用的泡沫剂浓度一般为 1.5%～4%，发泡倍率根据实际需要一般为 10～14 倍，必要时可以通过手动模式调节加注气量的比率。泡沫的注入量要依据地层、土压、仓内渣土剩余量以及掘进速度而调整，改良后的渣土一般以具有一定的流塑性且刚好能够堆叠为宜。

4.6.2　出渣量控制

由于本区间为富水砂卵石地层，自稳性极差，且隧道位于城市主干道下方，车流量大，沉降控制要求标准高。控制出土量的基本原则为"严格控制、杜绝超挖"，确保新开挖下来的渣土量等于排出的渣土量。

综合本区间实际施工情况，该种地层环出渣量控制在 60m³ 以内，经过统计称重，环出渣总重量在 120～125t 之间。

4.7 管片选型和拼装

4.7.1 管片选型

在盾构施工过程各个环节中，合理、灵活地运用楔形量的存在对管片选型尤为重要。由于盾构掘进过程难以完全严格拟合设计轴线推进，会产生一定量的偏移。在盾构推进质量控制项目中，主要通过控制盾构掘进的姿态带动成型管片的姿态以尽量拟合隧道设计轴线，这就需要管片姿态考虑盾构纠偏的需要，能够尽量和盾构机姿态保持一致。同时管片在选型过程中，还要兼顾设计轴线的走向、油缸行程差（一般控制在 4cm 以内，特殊情况下可以放宽至 8cm）、盾尾间隙（一般控制在标准间隙±10mm 以内，特殊情况下放宽至±15mm 以内）以及成型隧道的姿态等。

结合现场盾构实际姿态、位置、隧道走向等选择合适的管片类型和正确的管片安装是保证隧道质量的主要措施。管片选型正确主要表现在以下几个方面：

（1）隧道轴线偏差小，管片拼装的外观质量符合设计要求。

（2）拼装完成的管片上下左右的盾尾间隙比较均匀（均控制在 60mm 左右）。

（3）管片安装应当从隧道底部开始，然后依次安装相邻块，最后安装封顶块。安装第一块管片时，用水平尺与上一环管片精确找平，因为每环第一块管片的拼装质量会直接影响到其余各块管片的拼装，如果第一块管片螺杆插入困难，会影响到其余块管片螺栓插入。

（4）安装邻接块时，为保证封顶块的安装净空，安装第五块管片时一定要测量两邻接块前后两端的距离（分别大于 F 块的宽度，且误差小于±10mm），并保持两相邻块的内表面处在同一圆弧面上。

（5）安装封顶块过程中严禁强行插入，封顶块拼装时要确保留有足够的空间，不能强行硬插入。若封顶块拼装空间不够时，可采用适当松动 L 块油缸的方式予以调整。

（6）管片拼装时，当封顶块位于衬砌环的下方时，将给封顶块的插入带来困难，甚至使封顶块被挤碎，因此，尽量不要选择将封顶块放在最下方。

（7）封顶块安装前，对止水条进行润滑处理，安装时先搭接 700mm 径向推上，调整位置后缓慢纵向顶推插入。

（8）推进千斤顶的行程差较小。

4.7.2 管片防水材料安装

（1）管片防水材料安装。

1）本区间工程的所用防水材料主要包括三元乙丙橡胶密封垫、丁腈软木衬垫、自黏性橡胶薄板（无外涂防水涂料）等，统一招标采购，材料进场必须提供出厂

合格证，符合相关质量技术标准。

2）防水材料安装由责任心强的专业队伍统一进行，橡胶密封垫和防水槽内均匀地涂刷单组分氯丁-酚醛胶黏剂 1～2 遍，待黏结剂初干后（不拉丝，不粘手），将密封垫置入槽内，最后用橡皮锤敲击使其充分粘贴。粘贴时，须四角平整服帖，并防止浮贴，以防在下井吊运和拼装时，由于密封垫的错位或脱落，造成拼装困难甚至防水失败。

3）丁腈软木衬垫粘贴时，其表面和混凝土表面分别涂胶，不得脱胶、歪斜，注意在螺栓孔位置设大于螺孔的空洞。

4）由专职质检员对防水材料进行跟踪检查，并进行详细记录，不符合要求的严禁使用，确保防水质量符合设计要求。

（2）拼装前准备。

1）管片在喂片机上按拼装顺序堆放，并检查螺栓孔、止水材料、管片等的完整性。

2）盾构推进完成后应符合拼装要求，主要检查三方面内容：距离：千斤顶行程满足拼装要求，对 1.5m 环宽管片，至少要推进至 1950mm；盾尾间隙：测量上环管片的盾尾间隙，结合盾构机姿态确定纠偏量及措施；盾构机姿态：根据平面和高程的偏差，决定后续管片的类型和纠偏措施。

3）清除上环管片和盾尾间隙内杂物，检查上环管片防水材料是否完好，如有损坏应及时采取修补措施。

4）掘进结束时测量盾尾间隙，结合上环管片拼装点位，选择最佳管片拼装点位。

（3）拼装作业。管片拼装一般均按照先下后上、左右交错、纵向插入、封顶成环的工艺进行。

1）拼装过程中按各块管片位置，缩回相应位置的千斤顶，形成管片拼装空间，使管片到位，然后伸出千斤顶完成一块管片的拼装作业。千斤顶操作人员在反复伸缩千斤顶时必须确保盾构机不后退、不变坡、不变向，并要与拼装操作人员密切配合。

2）逐块拼装管片时要注意管片拼装标志的准确性，确保相邻两块管片接头的环面平整，内弧面平正，纵缝的管片端面密贴。

3）最后把封口块管片送到位，伸出对应的盾构千斤顶将封口块管片插入成环，同时插入连接螺栓成环。

4）安装管片时，必须严格按照操作规范执行，螺栓紧固严格执行"三次紧固"原则，即：管片拼装时紧固一次，拼装第二环时紧固一次，拼装第三环时紧固一次。

5）盾构管片拼装过程中遇有管片损坏，应及时按规定进行修补或更换。在拼装全过程必须保持已成环管片环面及拼装管片各个面清洁。

4.8 注浆控制

壁后注浆能提高隧道的止水性能和确保管片衬砌的早期稳定性,是充填土体与管片圆环间的建筑间隙和减少后期变形的主要手段,也是盾构推进施工中的一道重要工序。

4.8.1 同步注浆

(1)注浆量。注浆量主要取决于注浆环间隙和相应地质裂隙情况,一般可按下式计算注浆量:

一环管片需要的砂浆量:

$$V_{环砂浆} = 3.14 \times (3.205 \times 3.205 - 3.1 \times 3.1) \times 1.5 = 4.24m^3$$

综合考虑后,砂浆注浆系数取1.8,故每环需要的砂浆量:

$$V_{环总砂浆} = 4.24 \times 1.8 = 7.6m^3$$

即每环实际注浆量范围为7.6m³。

一般情况下填充系数取1.5～2.0,在裂隙比较发育、地下水量大的地段,填充系数一般取2.0～2.5。根据经验,本区间一般在卵石土注浆,填充系数取1.8。实际施工中根据试验段参数和地面监测情况综合考虑,适当调整。

(2)注浆压力。初始的注浆压力是根据理论的静止水土压力确定,在实际掘进中根据试验段注浆参数及所处地层情况不断优化。如果注浆压力过大,会导致地面隆起和管片变形,还易漏浆。如果注浆压力过小,则浆液填充速度赶不上空隙形成速度,又会引起地面沉陷。一般而言,注浆出口压力取1.1～1.2倍的静止水土压力,本区间注浆压力一般为0.15～0.35MPa,最大不超过0.4MPa。

由于从盾尾圆周上的不同位置注浆孔注浆,考虑到水土压力的差别和防止管片大幅度下沉和浮起,各点的注浆压力应适当调整,并保持合适的压差,以达到最佳效果。

4.8.2 二次注浆

盾构机穿越后考虑到环境保护和隧道稳定因素,如果发现同步注浆有不足的地方,则通过管片中部的注浆孔进行二次补注浆,补充以前注浆未填充部分或体积减少部分,从而减少盾构机通过后土体的后期沉降,减轻隧道的防水压力,提高止水效果。

二次注浆使用专用的液压注浆泵,注浆前凿穿管片吊装孔外侧保护层,安装专用的注浆接头。二次注浆一般根据情况选择使用单液或双液浆,注浆压力一般为

0.3～0.5MPa。

4.8.3 注浆材料及配比

(1)浆液配比及主要物理力学指标。同步浆液主要采用水泥砂浆,根据本工程盾构施工经验,优化出满足类似条件下使用的配比,主要成分及配比如表1所示。

表1 浆液主要成分及配比表

名称	砂	水泥	膨润土	粉煤灰	水	外加剂
含量/kg	400～500	120～180	50～90	400～600	400～470	按需要确定

(2)二次注浆浆液配合比。二次注浆主要包括单液浆二次注浆和双液浆二次注浆。单液浆一般采用水:水泥＝1:1质量比的水泥浆,手动控制方式,双液浆采用水泥浆:水玻璃＝1:1体积比的混合浆。

5 结语

盾构机掘进过程是一个高效、连续地施工过程,步步相连、步步相关,每一道工序都联系着上一道工序,影响着下一道工序,每一个控制因素的改变都牵涉着其他一个或多个控制因素的改变,进而会引起一系列的连锁反应。洛阳地铁1号线三标段塔湾站—史家湾站区间右线于2018年1月10日正式始发掘进,于2018年6月18日顺利贯通。

在自稳性差的富水砂卵石层中,选择土压平衡模式掘进,即基本保持满仓渣土保压的模式掘进。刀盘转速控制在1.2～1.6r/min之间。总推力控制在15000kN左右。泡沫剂浓度为3%,发泡倍率为10～15倍,必要时可以选择手动模式加注泡沫剂,泡沫注入量在900L/min左右。在渣土改良良好的状况下,推进速度一般为30～50mm/min。此时泡沫的注入主要依据推进速度而适量调整。但考虑到土仓内满仓渣土的改良需求,泡沫的加注一般不能小于250L/min,刀盘扭矩范围在3.0～4.0MN·m之间,环出渣量控制在60m³以内。

总之,盾构机掘进要根据地质图揭示的地质情况,结合实际施工参数的总结分析选择合理的掘进模式,在不同的掘进模式下把握好土仓压力的设定,控制盾构掘进总推力,密切关注盾构机掘进姿态,根据盾构机姿态调节不同区域推进油压,跟进铰接油缸的调整;随时调节泡沫剂和水的加注,以减小刀盘扭矩;控制好出土量,尽量加快掘进速度,提高施工效率。

顶管穿越大范围全断面黏土地层综合施工技术

吴　祯　姚　蕊　张国林/中国水利水电第十一工程局有限公司

【摘　要】 顶管施工在国内外的地下管道工程中已得到了广泛的应用，也取得了很大的成功。但顶管在穿越大范围全断面黏土地层中应用还较为罕见。在具体的工程施工中，经常出现顶管机卡壳、刀盘磨损、刀盘结泥饼以及无法向前顶进等一系列问题，后续"开天窗"或改变施工方案处理代价很大。本文依托深圳茅洲河流域（宝安片区）水环境综合整治项目三标段顶管施工，详细介绍了顶管穿越大范围全断面黏土地层综合施工技术，并且该施工技术应用到实际生产中完成黏土地层顶进7km多，达到了行业先进水平，为今后类似工程项目穿越全断面黏土地层施工提供了借鉴与实践经验。

【关键词】 顶管施工　顶进参数　黏土快速泥浆化

1　工程简况

深圳茅洲河流域（宝安片区）水环境综合整治项目三标段，沙井污水管网接驳完善工程排水体制采用分流制，服务范围为沙井、松岗区域的部分河流的漏排漏截的排污口。顶管施工管材有玻璃纤维增强塑料管、Ⅲ级钢筋混凝土管、钢管三种材质，管径规格从 DN800～DN2000mm 不等共有 8 种类型，合计 10.90km。顶管管道穿越地层主要为粉质黏土、砂质黏性土、黏土等地层，各类黏性土地层合计长度 7km 多。

2　工程地质

深圳茅洲河流域（宝安片区）水环境综合整治项目三标段，顶管主要分布在帝堂路、西环路、创新路、宝安大道、北环路、中心路、黄浦路等主要干道上，地质情况为素填土、填石、粉质黏土、砂质黏性土、黏土等。顶管管道穿越范围主要为粉质黏土、砂质黏性土、黏土等地层。从地层物理力学试验参数得知高黏性土黏聚力强。

2.1　坡积层粉质黏土

坡积层粉质黏土呈褐红、褐黄等色，隐斑状结构，可硬塑，稍光滑，摇振无反应，干强度高，韧性中等。该层主要在残坡积台地地段及附近的钻孔揭露，厚度不

一，岩芯采取率 90%～95%，层顶埋深 0.20～10.20m，层顶标高 -6.31～9.89m，揭露层厚为 1.20～6.60m，平均层厚为 3.14m。本层实测标贯击数 6～28 击，平均 14.8 击；修正后标贯击数 5.2～24.1 击，平均 13.0 击，标准值 12.1 击。为坚土，普氏分类Ⅲ类。

粉质黏土黏聚力 C 值最大为 38.3kPa，平均为 22.9kPa。

2.2　残积层砂质黏土

残积层砂质黏土呈褐红、灰黄、灰白等色，由下伏混合岩风化残积而成，原岩结构可辨，石英砾占 10%～20%，可～硬塑。稍光滑，摇振无反应，干强度中等，韧性中等。该层在所有路段的大部分钻孔均有揭露，岩芯采取率 85%～90%，层顶埋深 0.20～19.20m，层顶标高 -16.75～10.89m，层厚 0.20～15.80m，平均层厚约 5.79m。本层实测标贯击数 11～38 击，平均 21.2 击；修正后标贯击数 8.9～31.4 击，平均 17.2 击，标准值 16.7 击。为坚土，普氏分类Ⅲ类。

砂质黏土黏聚力 C 值最大为 25.5kPa，平均为 22kPa。

3　施工重点难点分析

顶管穿越大范围全断面黏土地层，难点在于由于黏土的黏聚力较强，黏结在刀盘上，结成泥饼，堵塞刀盘的注浆孔以及土仓，将会导致刀盘转速减小、扭矩增

大，刀盘开挖的迎面阻力增大。当这些黏土粘聚在顶管机壳体或管道上，就会增大顶进的摩擦阻力，导致顶管不能继续施工，甚至将顶管机"抱死"，导致无法继续顶进施工。通过优化顶管施工顶进参数、黏土快速泥浆化、技术改进措施和控制措施等，使顶管安全顺利高效地穿越大范围全断面黏土地层。

4　主要施工技术措施

4.1　顶进参数

根据地形选取试验段，认真分析顶进参数，提前拟定顶管穿越该地层段的顶进参数，拟定各种突发情况的应对措施。顶进参数是控制顶管机顶进的重要指标，也是顶管施工质量的重要体现。顶管机顶进主要参数如表1所示。

表1　　　　顶管机顶进主要参数

参　数	单位	数值	备　注
进泥管压力	kPa	60～100	管道埋深8m
排泥管压力	kPa	60～100	管道埋深8m
总推力（最大值）	kN	≤3000	—
刀盘转速	r/min	2.2～4.2	—
刀盘电流	A	15～45	—
推进速度	mm/min	20～100	—
每节管出土量	m³	12.81	—
每节管壁后注浆量（膨润土）	m³	0.64	—
土仓压力	kPa	60～90	管道埋深8m
纠偏量	mm	1～3	每节管材小于3mm

注　1. 顶进时产生的泥浆量为顶管所占体积的7～8倍。
　　2. 注触变泥浆，注浆口的实际用量，黏性土和粉土不应大于理论注浆量的1.5～3.0倍。

4.2　黏土快速泥浆化

针对深圳茅洲河项目顶管穿越大范围全断面黏土层的情况，在顶管机原设计制造方案上，增加一道高压注水系统，从地面高压水泵直接进入刀盘面板、土仓、泥水仓，能有效地把黏结在刀盘面板上的黏土冲开，保护刀盘，使刀盘在黏土地层中能很好地把掌子面的泥土切削下来，进入土仓，通过格栅进入泥水仓。

高压注水系统在机头前端分为三路：第一路出口在刀盘面板上，注入的高压水压力控制在0.5～0.9MPa之间，随着刀盘的转动，高压水把前方黏土画圆周形状配合各类切削刀初步削成小块，因高压水较切削刀超前切削黏土并具有润滑作用使黏土不易粘在刀盘上，土

体快速进入土仓。第二路出口在土仓，进入土仓的小块黏土在高压水、搅拌棒、刀盘转动的共同作用下搅拌成具有流动性的液态。第三路出口在泥水仓，通过格栅由土仓进入泥水仓流动性高的黏土，再在高压水、搅拌棒、刀盘转动作用下快速形成泥浆，通过进排泥浆系统抽走。在三路共同作用下，黏土达到快速泥浆化的效果。

4.3　顶管机局部改进

（1）高压注水孔改进。在本项目顶管施工中，经过试验段顶进施工，顶管机在全断面黏土地层中顶进时，黏土容易黏结刀盘，使得刀盘电流增大，变频器容易跳刀，黏土长时间黏结在刀盘上，使刀盘卡死。起初刀盘的喷水孔为"五角星"形状，喷水孔流量小，在大范围黏土层中效果不明显，甚至出水孔堵死，刀盘电流也很难降下来。

根据现场施工探索，把原刀盘的喷水孔改为"梅花"形状，且将中间孔的直径扩大到5mm；这样刀盘喷水孔的流量变大，顶管机在后续的顶进过程中，刀盘电流一直很平稳，不会突然增大。高压注水孔改造见图1和图2。

图1　高压注水孔改造前

图2　高压注水孔改造后

（2）泥水仓格栅改进。顶管机在顶进过程中，原刀盘格栅较密（4cm/格），由于黏土具有黏聚力大的特点，小格栅不利于黏土由土仓进入泥水仓，时间长了黏土堵在格栅外，以致排泥浆效果不佳，也容易堵塞。通过将格栅间隙加大，每隔二格割掉一个横档，便于黏土进入

泥水仓形成泥浆，顺畅地排到地面泥浆池里。

4.4 精确控制触变泥浆配合比

在顶管施工中，触变泥浆比重的控制是影响壁后注浆质量的关键因素，因为触变泥浆是减小顶进过程中摩擦阻力的关键，能填充管道外壁与土体之间的间隙；在触变泥浆注浆的压力下，起到支撑作用，减小土体变形。

结合膨润土本身的物理性能和穿越的地层土体特性并经过顶管试验段多次试验，通过数据分析对比，找到顶管穿越全断面黏土层触变泥浆最佳配合比，然后在整个项目推广使用。触变泥浆配比及主要性能指标见表2，触变泥浆技术参数见表3。

表 2 触变泥浆配比及主要性能指标

膨润土 /kg	CMC /kg	纯碱 /kg	水 /kg	黏度 /s	失水量 /mL	触变性	状态
58	3.0	3.4	900	40.5	10.0	较好	中稠

表 3 触变泥浆技术参数

密度	$1.1 \sim 1.6 g/cm^3$	失水量	$< 25 cm^3/30min$
静切力	100Pa	稳定性	静置24h无离析水
黏度	>30s	pH 值	<10

膨润土分散在水中，其片状颗粒表面带负电荷，端头带正电荷。则颗粒之间的电键使分散系形成一种机械结构，膨润土水溶液呈固体状态。一经触动（摇晃、搅拌、振动或通过超声波、电流），颗粒之间的电键立即遭到破坏，膨润土水溶液就随之变为流体状态。如果外界因素停止作用，水溶液又变作固体状态（图3）。

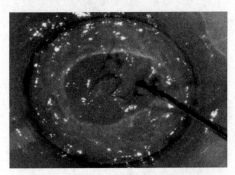

图 3 触变泥浆

4.5 进排泥浆密度监控

顶管在穿越大范围全断面黏土地层时，在顶管机顶进过程中，刀盘切削出来的土体经过进排泥浆输送到泥水分离器，经过过滤，粗渣过滤后直接排出运走，水循环使用。如果进排泥浆比重过大，会造成进排泥浆管堵管，影响顶管施工进度。因此，需要进行科学控制循环浆液的密度，使用婆梅氏比重计放在循环浆液箱内监测，当比重计检测的泥浆密度大于 $1.4g/cm^3$ 时，就要把循环池里面的泥浆用运输车及时拉走，并往循环池内再补充清水。进排泥浆密度监测如图4所示。

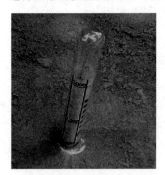

图 4 进排泥浆密度监测

4.6 测量纠偏、监测

顶管施工主要是顶管机切削前面的土体，然后靠主顶油缸往前顶进。由于顶管机机头较重，顶进中千斤顶的顶力偏差以及在黏土地层可能受力不均匀等使顶管机在实际的施工中不能按照设计轴线顶进，顶管机姿态不仅对管道的整体质量造成影响，还在顶管施工中由于纠偏产生超挖。这就需要在施工中不断调整顶管机的姿态，保证施工轴线符合设计轴线。

精确的地表沉降监测，及时有效地反馈穿越段地层的稳定性及位移情况，以便灵活地调整顶进、注浆等参数，防止顶管施工中出现地面沉降及隆起现象。

5 结语

在深圳茅洲河流域（宝安片区）综合整治项目三标段，顶管在穿越大范围全断面黏土地层中对顶进参数、黏土快速泥浆化、壁后注浆、触变泥浆配合比控制、设备局部改造、施工技术改进措施等方面展开广泛探索和研究，从理论到实践，从试验段到全面推广。对顶管施工过程中存在的问题进行逐条梳理、归纳总结，得出了顶管穿越大范围全断面黏土地层的顶管施工参数，形成了有效的黏土快速泥浆化技术，提出了技术改进的具体措施，避免了顶管穿越大范围全断面黏土地层施工中出现顶管机卡壳、刀盘磨损、易结泥饼、主顶油缸压力顶力过大不能继续顶进等一系列难题，使顶管顺利穿越大范围全断面黏土地层，且施工质量良好。

泄洪闸坝底板抗冲耐磨技术研究与探索应用

陈雪湘/中国水利水电第十一工程局有限公司

【摘　要】 尼泊尔上马相迪 A 水电站 2013 年开工，当年 12 月实现导截流目标；2014 年汛期闸坝与导流洞联合泄洪；2015 年汛期泄洪闸坝全面泄洪过流；2016 年 7 月进行闸坝蓄水试验，9 月 26 日投产，2017 年 1 月并网运行发电。闸坝底板经过几个汛期的泄洪过流，底板抗冲耐磨总体效果较好，抗冲耐磨技术值得借鉴和参考。

【关键词】 底板　抗冲耐磨　研究

1 概述

尼泊尔境内河道落差较大，枯水期水量少，汛前雨量充沛，河道存在明显的暴涨暴落现象，汛期期间洪水夹杂的泥沙、碎石、滚石含量较高，对电站底板均有不同程度的破坏，加大工程运行成本的同时对正常发电也造成一定的制约。

上马相迪 A 水电站位于尼泊尔西部 GANDAKI 地区马相迪河的上游河段上，是一座以发电为主的径流引水式枢纽工程，控制流域面积 2740km²，上游主河道河长 82.3km，河道平均坡降约 41.0‰。电站主要由泄水闸坝、引水系统、发电厂房和开关站等建筑物组成。

泄水闸坝坝轴线位于马相迪河和纳雅迪河汇合处下游约 100m 处，泄水闸布置在河道中央，两河交汇处到闸门前形成一种"小口子大肚子"形状。建筑物布置从左岸到右岸依次为引水渠、冲沙闸、泄水闸、右岸混凝土重力坝。泄水闸单孔宽 12m，共 3 孔，闸墩厚为 3m，顺河向长 32m。泄水闸采用开敞式出流、平底闸型式。冲沙闸设在泄水闸左侧，与泄水闸成"一"字形布置，冲沙闸孔口宽为 4m，采用潜孔式出流、平底闸型式，底板与泄洪闸结构的整体厚为 3.5m，闸室底板和闸墩均采用 C25 钢筋混凝土结构。泄水闸上游河床设钢筋混凝土铺

盖，铺盖高程同闸底板高程一致，为 887.75m，长 40m，厚 1m。泄水闸室下游为 C25 钢筋混凝土护坦，护坦底高程 887.00～885.00m，长 55m，厚 1.5～2.0m。

结合尼泊尔河道含有大量悬移质和推移质，且汛期河道中洪水夹石含量较大的实际特征，依据中马相迪和下马相迪电站泥沙实测参数，上马相迪电站坝址以上流域是中、下马相迪电站坝址以上流域的重要组成部分，它在山高坡陡、地形险峻程度方面，比起中、下马相迪电站坝址以上全流域来讲，应是有过之而无不及。结合两个电站的含沙量（中马 4.63kg/m³）指标进行分析修正后，上马相迪 A 水电站坝址以上 2740km² 流域内的多年平均悬沙总量为 994 万 t，坝址处水流多年平均含沙量为 4.06kg/m³，多年平均输沙率为 315kg/s。推移质按悬沙的 30% 计，得出推移质年沙量为 298 万 t，年总沙量为 1292 万 t。

2 抗冲耐磨设计实施解决的问题

2.1 抗冲耐磨设计

为降低工程投资和成本，本工程泄洪闸坝结构及所有底板混凝土标号均以常规 W4C25 为主，在底板混凝土结构面层涂抹 NE-Ⅱ型环氧砂浆，以加强底板的抗

冲耐磨性。环氧砂浆厚度：闸坝所有闸墩墩墙 1m 高度范围内的涂抹厚为 10mm 厚，闸坝结构 0＋00 至下游护坦所有底板涂抹厚 12mm 厚，闸坝体上游铺盖侧 0＋00～0－10 之间涂抹厚 10mm 厚。

2.2 研究解决的问题

泥沙问题是尼泊尔水电站的共性，尤其是径流引水式水电站首先要考虑的课题之一。为顺利实现投资效益，以资本投资带动中国标准、中国设计、中国施工、中国装备"走出去"，本项目充分认识到，在含有大量悬移质和推移质的基础上，合理有效解决闸坝底板抗冲耐磨问题，是确保电站长久安全稳定运行的关键。

3 抗冲耐磨研究及探索分析

3.1 初次泄洪分析及实施

在 2014 年汛前完成底板结构常规 C25 混凝土后，未进行底板表层 12mm 厚环氧砂浆施工，闸坝底板在未全面拆除围堰的情况下与导流洞联合泄洪，三孔泄洪闸孔同时泄洪，泄洪过流历时 5 个月（即 6—10 月）。

3.1.1 底板冲刷调查分析

汛后对所有闸坝底板进行全面调查统计分析，整体底板混凝土的密实性较好，未发现裂缝和结构缝渗透水

现象，闸墩侧面及各导墙侧面冲刷情况轻微，所有浇筑底板混凝土强度均达到设计指标要求。结合底板浇筑期间试块强度和底板冲刷后的二次取芯检查强度来分析，所有芯样单组最大抗压强度 33.3MPa，最小抗压强度 28.2MPa，平均抗压强度 30.66MPa，均大于 C25 混凝土强度设计指标。

底板范围总体的冲刷情况为：①表面冲刷粗骨料外露；②大面积钢筋冲刷揭露；③整体冲刷槽段，呈现钢筋外露和拉断变形区域；④局部存在冲刷坑现象，钢筋冲刷拉断。

整个底板冲刷揭露，大面积粗骨料外露，钢筋揭露面积约 1300m²，底板及边墙范围内未发现裂缝，混凝土外观密实，止水无破损现象，施工缝未发现透水现象。

2♯、3♯ 泄洪闸右侧底板及对应的上游铺盖 C、E、F 块，以及下游护坦 C、D、E、F 块底板冲刷破坏较为严重，存在局部底板钢筋外露，形成明显的冲刷槽段，冲刷深度在铺盖段最大为 9cm，在闸坝底板段最大为 17cm，护坦段最大为 18cm，总体冲刷槽段深度总体在 4～18cm 之间，外露的 $\phi20$ 螺纹筋变成 $\phi18$ 光面，冲刷坑深度达到 160cm；其他区域普遍存在粗骨料外露现象。

1♯ 闸孔及上游铺盖 A、B 块和下游护坦 A、B 块区域未出现钢筋外露情况，总体呈现粗骨料外露情况，粗骨料外露区域的冲刷厚度总体在 0～3cm 之间。

具体冲蚀破坏情况见图 1。

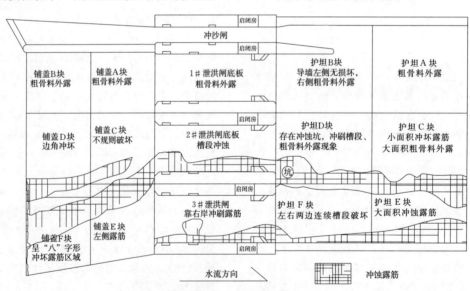

图 1 第一次冲刷破坏调查

从本次底板在自然工况水流及其推移质的不断冲刷磨损作用下出现一定程度的冲刷破坏情况，可以看出，河道内推移质砂石、滚石情况较多，为保证泄洪闸坝后续的安全正常运行，需要加强对底板、闸墩及两侧边墙一定高度内的抗冲刷处理。

3.1.2 抗冲耐磨施工

根据 2014 年汛期对闸坝底板的冲刷破坏情况调查

及分析，对照水文泥沙资料，根据现场实际情况并结合相关专家现场调查建议，为加强闸底板区域的长期的抗冲耐磨效果，在原有设计基础上对坝区底板过流区域全部采用环氧砂浆进行表层修补，且对闸坝底板环氧砂浆性能进行调整。

3.1.2.1 抗冲耐磨设计

（1）上游铺盖坝上 0＋010～坝上 0＋000 段、闸室

底板及下游护坦全部过流表面，采用复合型弹性环氧砂浆，涂抹厚度12mm。复合型弹性环氧砂浆是一种新型的、抗冲磨性能超过普通NE-Ⅱ型环氧砂浆的、能够承受硬度高粒径大的推移质冲击磨蚀的高抗冲磨高弹性环氧砂浆。

（2）上游铺盖坝上0＋040～坝上0＋010，泄水闸

及冲沙闸闸墩上游2m、下游1m、高程渐变；坝上0＋040～坝下0－087所有导墙及边墙1m高、导沙坎全部表面、引水渠进水口下沿以下表面区域，全部使用NE-Ⅱ型环氧砂浆，涂抹厚度10mm。

3.1.2.2 冲刷处理技术

冲刷处理技术见表1。

表1　　　　　　　　　　　　　　冲刷处理技术汇总表

序号	冲 刷 特 征	处 理 技 术
1	冲刷深度在0～5cm之间、底板钢筋未外露部位	用环氧细石混凝土修补至底板面原设计高程，再涂抹高抗冲磨高弹性环氧砂浆
2	冲刷深度在5～20cm之间、结构钢筋外露部位	用环氧细石混凝土修补至底板面原设计高程，再涂抹高抗冲磨高弹性环氧砂浆。钢筋底部至少有5cm高度以满足用环氧细石混凝土填充修补
3	冲刷深度大于10cm、结构钢筋外露部位	用环氧细石混凝土修补时增设水泥砂浆锚杆，锚杆长0.5m，直径25mm，布设间距1～2m，梅花形布置
4	深冲坑处理	坑内回填C40混凝土至原设计底板高程，再涂抹高抗冲磨高弹性环氧砂浆
5	底板钢筋修复	①钢筋接头冲开掀起的钢筋扳直回正，接头位置焊接牢固；②钢筋拉断破坏的，按原设计恢复，并与底板原钢筋焊接牢固；③局部螺纹钢冲刷磨损成圆钢的，应将磨损钢筋按原设计进行替换，替换的钢筋与底板原有钢筋焊接牢固

注　环氧细石混凝土主要指标为：抗压强度≥60MPa，抗拉强度≥10MPa，黏结拉拔强度≥3.0MPa，40m/s流速下的抗冲磨强度≥4.0h/(g/cm²)。

3.1.3　抗冲耐磨施工

闸坝区域边墙环氧砂浆抗磨层全部完成，上游铺盖、工作门上游闸底板环氧砂浆完成，1#、3#闸底板环氧砂浆完成，2#闸工作门上游底板环氧施工完成，闸底板环氧细石混凝土施工完成。具体完成情况见图2。

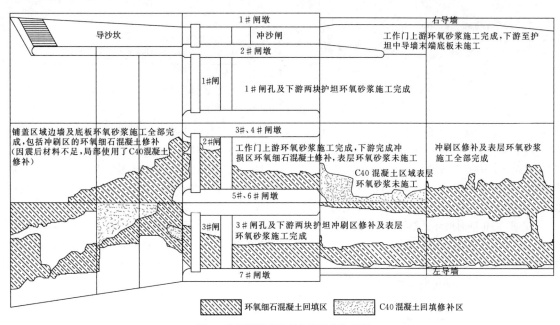

图2　全面泄洪前底板抗冲耐磨施工图

3.1.3.1　局部处理技术调整

因受8.1级（2015年4月25日）特大地震影响，部分环氧材料无法到达现场，为保证大坝安全度汛，对大坝底板冲刷区环氧施工不足部位采用应急处理措施：

（1）铺盖E块冲刷区：采用C40细石混凝土回填，面层进行环氧砂浆施工。

（2）护坦D块冲刷区：采用C40细石混凝土回填，整个底板面层环氧砂浆暂不施工。

（3）2#闸底板冲刷区：工作门下游底板面层环氧砂浆未施工（计划2015年汛后实施）。

3.1.3.2 质量检查评价

环氧砂浆黏结强度共检测17个点，强度值为1.44～2.84MPa，所有断裂位置全部在底部基础混凝土层上；厚度共检测20041个点，合格18835个点，合格率94.0%；平整度共检测97个点，检测点全部合格；环氧砂浆、环氧细石混凝土及C40细石混凝土强度检测结果全部合格。

3.2 闸坝全面泄洪分析及调查

3.2.1 全面泄洪后闸坝底板调查分析

3.2.1.1 冲刷破坏调查

随着大坝上游围堰拆除，库区岸坡开挖修整和导流洞封堵完成，2016年汛期泄洪闸坝按设计工况全面进行泄洪，整个闸坝泄洪流量大于初次泄洪流量。

1#、2#、3#闸孔（包括下游护坦）底板均有不同程度冲磨蚀，其中，未进行抗冲耐磨环氧面层施工的2#闸孔底板及下游对应护坦的冲磨蚀破坏最为严重，冲刷条带钢筋外露；其余部位无明显冲刷破损，仅面层磨损，墙体无磨损。

全面泄洪后的闸坝底板冲刷破坏情况如图3所示。

（1）第①区和②区为检修门与工作门槽之间区域，均形成一定宽度的冲蚀磨损条带，局部露筋，最大深度16cm；工作门底槛上游边沿均有变形，其中2#闸孔底坎钢筋撬起，最大高3cm，长2m，宽5～8cm。

（2）第③区为3#闸孔，两个闸门底槛边沿均出现横向冲蚀磨损带，最大宽约80cm，最大深度10cm，工作门底槛下游条带露筋，中间区域表面环氧砂浆稍有磨损。

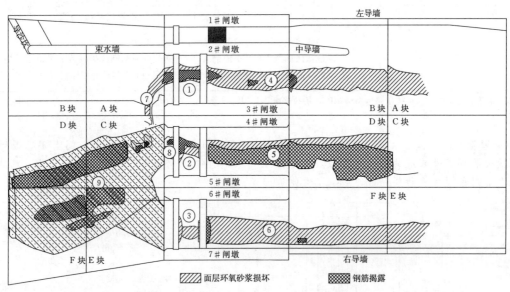

图3 闸坝结构Ⅲ汛全面泄洪后底板冲刷调查图

图例：▨ 面层环氧砂浆损坏　▧ 钢筋揭露

（3）第④～⑥区为闸孔及下游护坦区，均有不同程度的条带磨损和冲蚀破坏。其中第⑤区2#闸孔底板中间部位形成约6m的冲刷条带，其中露筋宽度约4m；护坦部位磨损条带最大宽约8m，冲磨蚀深度在6～19cm之间。第⑥区靠近右侧导墙部位在Ⅰ汛时形成冲磨蚀条带（露筋），Ⅱ汛前用环氧细石混凝土修复。

（4）第⑦～⑨区为闸孔上游铺盖区，在2#和3#闸孔上游侧冲刷磨损破坏较大，露筋面积160m²，冲刷深度基本在6～8cm之间；其他部位面层环氧砂浆全部磨损，局部面层钢筋外露，底板冲磨损最大深度为5cm。

（5）正对河道主流的铺盖（D、F块）前端立面30m范围内混凝土磨损破坏较为严重，迎水面最大深度约70cm，钢筋外露；护坦下游的A、C、F块被正常过流水位淹没，未进行检查。

（6）冲沙闸孔泄洪过流较少，无冲刷破坏。

3.2.1.2 2014年汛期和2015年汛期冲刷比对分析

2014年汛期（Ⅱ汛）和2015年汛期（Ⅲ汛）冲刷比对分析见表2。

表2　Ⅱ汛与Ⅲ汛冲刷比对分析

部位	2014年冲刷情况（Ⅱ汛）	2015年冲刷情况（Ⅲ汛）	对比分析结果
1#闸孔	粗骨料基本外露，冲刷深度在0～3cm之间，其中门槽下游边缘侧深度在3～7cm之间	底板中间条带冲刷磨损为主，冲磨蚀坑约3处，总冲磨蚀坑露筋面积约12m²，冲刷区深度0～13cm	复合型弹性环氧砂浆对闸底板混凝土起到了一定的抗冲刷保护

续表

部位	2014 年冲刷情况（Ⅱ汛）	2015 年冲刷情况（Ⅲ汛）	对比分析结果
2# 闸孔	门槽处冲刷露筋，5#闸墩侧 1.6～1.8m 宽露筋，最大宽度达 7m，深度 4～17cm。底板整体冲刷在 0～3cm 之间，粗骨料外露。φ20 螺纹筋冲刷成 φ18 光面	未用环氧砂浆进行表层处理部位冲磨蚀破坏表现明显，冲磨蚀破坏最深约 31cm，普遍钢筋网裸露。2014 年冲磨蚀较为严重的区域，2015 年汛前用环氧细石混凝土修复，表面有一定程度的磨损	环氧细石混凝土或复合型弹性环氧砂浆处理过的区域冲刷破坏明显轻于未处理区域
3# 闸孔	粗骨料基本外露，整体冲刷厚度在 1～3cm 之间，其中靠近 5#闸墩侧的冲刷深度达到 4～16cm，钢筋外露，最大宽度达 6m	冲磨蚀情况最为轻微，表现以集中在闸底板中间及靠近右导墙条带冲刷磨损为主，磨损深度 0～9cm	采用粗骨料和复合型弹性环氧砂浆综合处理的（厚层）冲刷破坏情况好于单用环氧砂浆处理的区域

注 Ⅱ汛后根据现场冲刷破坏情况，对 1#、3#闸孔的门槽二期混凝土、底板冲刷及未冲刷区混凝土以及环氧细骨料混凝土部位进行钻孔取芯检查，强度均满足设计及技术要求。

3.2.1.3 冲刷破坏主要原因分析

（1）过流运行条件恶劣，推移质情况远超出预想（这种情况在中国境内很罕见），2015 年汛期敞泄强度大于 2014 年汛期闸坝与导流洞联合泄洪过流工况。国内与该电站类似运行状况的是四川映秀湾电站闸坝，过闸流速为 15m/s，平均含沙量 60.8kg/m³，有较多推移质，推移质最大粒径约 1m。不同的是映秀湾电站闸底板均采用环氧细石混凝土对闸底板进行了整体找平，找平厚度 1～5cm，且表面采用 2cm 厚 NE 环氧砂浆抗冲磨处理，经综合测算，表面抗冲磨厚度均大于 3cm，闸底板为 C30 混凝土。

（2）受尼泊尔地震影响，本次推移质进一步增多，加剧了对闸底板的冲磨蚀强度。地震后沿岸崩落的石块、河床内原有石块等堆积物经泄水水流挟裹，大量进入闸坝底板，对闸坝底板冲磨蚀破坏加剧，导致闸底板 2015 年汛期冲磨蚀情况比 2014 年汛期冲磨蚀情况更为严重。此现象从 2#闸底板未进行环氧砂浆抗冲磨区域的冲磨蚀情况可以看出。

（3）环氧砂浆抗冲磨层厚度偏薄。复合型环氧砂浆抗冲磨层施工平均厚度为 12mm，基础混凝土在冲刷磨损低凹不平的情况下不能保证凸起部位的涂层厚度。在如此恶劣的环境条件下 12mm 的厚度本身就具有一定风险，涂层较薄部位抵抗较大推移质冲击能力大大减弱。

（4）基础混凝土强度偏低，闸坝内推移质啃蚀破坏表象特征明显，较大的推移质对闸坝底板进行冲击时，环氧砂浆保护层承受的冲击力向底板基础混凝土传导了很大一部分，该力量超过底板常态混凝土承受的极限值后表面混凝土会出现粉状松动破坏，导致环氧砂浆抗冲磨层从基础混凝土表层剥落，加剧对基础混凝土的冲刷。

（5）结合坝区上游两条河道交汇后的水流工况分析，左侧支流与主流在坝轴线上游 100m 内近似垂直交汇，交汇后主流形态直接偏向左侧，流态尚未全面混流时进入闸孔，加剧了对闸坝底板的冲刷破坏。在闸坝底板修复期间左岸河道拓宽 20m，以改善河道主流交汇后的流态。

3.2.2 抗冲耐磨研究及实施

3.2.2.1 修补技术

（1）闸坝段。

1）1#闸孔检修门上游冲损部位用环氧细石混凝土修补，下游用 C40 混凝土修补；2#闸孔露筋区用 C40 混凝土修补、未露筋区用环氧细石混凝土修补；3#闸孔全部用环氧细石混凝土修补。修补完成后涂抹 20mm 厚面层环氧砂浆，并将未有明显冲损破坏的原环氧砂浆层加厚至 20mm。

2）冲沙闸孔段（自导沙坎至闸孔对应的 B 块护坦末端）环氧砂浆整体加厚至 20mm。

（2）护坦段。护坦 D 块露筋区使用 C40 混凝土修补，其余部位使用环氧细石混凝土修补，修补完成后再涂抹 20mm 厚面层环氧砂浆。

（3）铺盖段。

1）1#闸孔前铺盖冲损区用环氧细石混凝土修补后涂抹 20mm 厚面层环氧砂浆，并对坝下 0＋2 以下范围的铺盖原 12mm 厚环氧砂浆加厚至 20mm。

2）2#闸孔前铺盖坝上 0＋5 以下范围的铺盖冲损区用环氧细石混凝土修补后涂抹 20mm 厚面层环氧砂浆（未有明显冲损的原 12mm 厚环氧砂浆加厚至 20mm）；坝上 0＋5 以上范围冲损区域使用环氧细石混凝土修补后涂抹 12mm 厚的面层环氧砂浆。

3）3#闸孔前铺盖冲损区用环氧细石混凝土修补后涂抹 12mm 厚的面层环氧砂浆；铺盖前段利用 C40 混凝土进行防冲处理。

3.2.2.2 修复施工

2016 年Ⅳ汛前所有底板冲刷破坏区域全面按照修复技术要求完成修复。铺盖前端 1～3m 内回填 C40 包裹混凝土，混凝土高度与铺盖结构混凝土面齐平，预防前端再次冲蚀破坏。

修复过程中严格按照工序质量控制，修复完成后及时覆盖薄膜养护。经过检查，7组C40细石混凝土28d抗压强度均在41MPa以上，11组环氧细石混凝土28d抗压强度均在77.2～78MPa之间，14组复合型环氧砂

浆28d抗压强度在101.4～102.9MPa之间，环氧混凝土黏结性断裂检测位置均在基础混凝土中，黏结强度满足要求。

2016年汛后闸坝底板修复情况见图4。

闸坝全面泄洪后的磨损情况对比分析见表3。

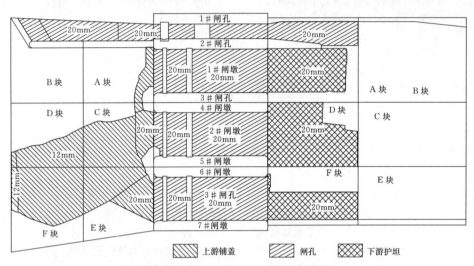

图4　闸坝结构全面泄洪后底板修复图

表3　　　　　　　　　　　　　　　　　　闸坝全面泄洪后的磨损情况对比分析

部位	2015年冲刷情况（Ⅲ汛）	2016年冲刷情况（Ⅳ汛）	对比结果
1#闸孔	底坎之间形成宽3.5m的冲蚀磨损区，露筋12m²，最大深度14cm；底板中间条带冲刷磨损为主，冲刷区最大深度13cm	底坎下游中心侧冲刷形成长约7m，宽12～16cm，深度3～4cm的槽状条带。护坦无明显冲刷破坏	底坎下边缘冲刷磨损深度明显小于Ⅲ汛10cm以上，Ⅳ汛抗冲耐磨效果明显优于Ⅲ汛和Ⅱ汛
2#闸孔	闸孔之间冲刷带最大深度16cm，露筋8m²，底坎8m范围内变形翘起达3cm，底板及下游护坦形成宽约6m的冲刷带，露筋宽4～8m，深度6～19cm	检修门底坎下游形成宽0.33m，深度4cm的槽状条带，检修门和工作门之间表层环氧砂浆被冲毁，最大深度3cm；护坦局部点块状露筋	冲蚀磨损范围同前，均在中间，底坎下边缘侧冲蚀范围及深度小于Ⅲ汛12cm以上，闸坝底板及护坦露筋面积明显变小，冲蚀条带宽度变小
3#闸孔	底坎处出现横向冲蚀条带，最大宽80cm，深度10cm，底板右半部分存在1～3m宽磨损条带，局部露筋深度达10cm	检修门底坎下游侧形成最宽0.45m，最深4cm的条带；工作门和检修门之间冲刷条带环氧砂浆冲毁，最大冲蚀深4cm	闸孔及护坦的冲蚀磨损范围同Ⅱ汛、Ⅲ汛基本一致，底坎下游冲蚀范围及深度明显减少；闸孔和护坦冲蚀条带无露筋

3.3 运行阶段泄洪调查分析处理

3.3.1 冲刷磨损情况调查

2016年7月闸坝蓄水、泄水试验；8月底正常蓄水至运行发电，2015年汛期间未检查的A、C、E块护坦经过两个汛期泄洪，冲刷磨损程度与2015年汛前B、D、F块护坦基本相同，钢筋条带状冲刷破坏。

通过对1#、2#闸孔及下游护坦在几个汛期期间对底板冲蚀破坏情况的调查和抗冲耐磨处理效果的对比分析，2016年汛后的底板冲蚀破坏程度明显小于2015年汛期间和2014年汛期，2015年汛期破坏程度小于2014年汛期，底板的冲蚀破坏与抗冲耐磨材料的强度指标、环

氧砂浆的涂抹厚度有明显关系。

Ⅳ汛后的底板冲刷情况如图5所示。

3.3.2 运行修复研究

（1）为最大限度减免闸坝底板的冲刷磨损，对电站区域及下游100km河道内骨料及河卵石进行取样试验，对高标号水泥、粉煤灰、硅粉、钢纤维、高效缓凝减水剂、粗细骨料的各项指标进行检测试验，研究用CF60钢纤维混凝土进行底板修复的可行性。

经过分析，电站区骨料抗压强度总体优于下游河道，但电站区域骨料的抗压强度在50～60MPa之间，达不到CF60混凝土配置强度要求必须的80MPa；另外市场可拥有的粉煤灰达不到Ⅱ级灰标准。在考虑CF60

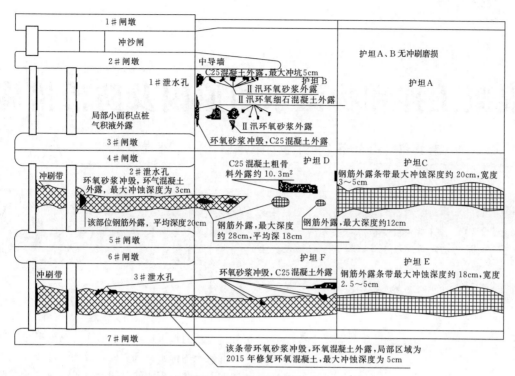

1#闸墩

冲沙闸

2#闸墩

护坦A、B无冲刷磨损

中导墙

1#泄水孔　C25混凝土外露,最大冲坑5cm

护坦B　　护坦A

Ⅱ汛环氧砂浆外露

Ⅱ汛环氧细石混凝土外露

局部小面积点桩
气积液外露

Ⅱ汛环氧砂浆外露

环氧砂浆冲毁,C25混凝土外露

3#闸墩

4#闸墩

C25混凝土粗骨
料外露约10.3m²

护坦D

护坦C

冲刷带

2#泄水孔
环氧砂浆冲毁,环气混凝土
外露,最大冲蚀深度为3cm

钢筋外露条带最大冲蚀深度约20cm,宽度
3～5cm

该部位钢筋外露,平均深度20cm

钢筋外露,最大深度
约28cm,平均深18cm

钢筋外露,最大深度约12cm

5#闸墩

6#闸墩

护坦F

护坦E

冲刷带

3#泄水孔

环氧砂浆冲毁,C25混凝土外露

钢筋外露条带最大冲蚀深度约18cm,宽度
2.5～5cm

7#闸墩

该条带环氧砂浆冲毁,环氧混凝土外露,局部区域为
2015年修复环氧混凝土,最大冲蚀深度为5cm

图5　电站运行初期冲刷磨损调查图(2016年汛后)

钢纤维混凝土的拌和、运输、入仓、振捣、抹面等环节后，现场进行混凝土的多次试拌，均无法保证混凝土的可施工性及强度等物理指标，CF60钢纤维混凝土不具备生产条件。

（2）鉴于Ⅳ汛后闸坝底板冲刷破坏明显减少的实际情况，部分冲刷条带区域未露筋，且闸孔在正常运行期间不用保持长期开启状态，经综合考虑后采取的修复技术为：1#泄水孔冲蚀区域用环氧砂浆修复，2#、3#泄水孔检修门下游和3#闸底板C25混凝土外露部位用环氧砂浆修复，2#闸坝底板露筋部位用环氧细石混凝土回填，面层用环氧砂浆修复；护坦C块和E块露筋部位用C40混凝土回填，护坦B块和F块C25混凝土外露部位用环氧砂浆修复；其余大面积冲蚀条带暂不处理，深度大于5cm的冲蚀坑，按间排距30cm×30cm布置15～20cm深φ20插筋，然后分层回填环氧细石混凝土至表层下3cm，然后利用复合型环氧砂浆与周边保证连接平顺。

（3）2017年汛后检查情况。2017—2018年汛期期间对闸坝过流情况和冲刷情况跟踪观察，2015年汛后修复的铺盖和2015年汛期—2016年汛期修复后所有闸孔底板表面冲刷磨损破坏甚微，其中下游护坦C块中间区域存在明显冲刷。

4　抗冲耐磨总体比较分析及建议

通过对初次泄洪冲刷情况、四次全面泄洪（Ⅱ汛、Ⅲ汛、Ⅳ汛、Ⅴ汛）冲刷情况和实际修复技术的比较分析，基础混凝土的抗冲耐磨性能最差，复合型环氧性能最好，C40细石混凝土的抗冲耐磨性能次之，在环氧砂浆表层下填补环氧细石混凝土指标优于C40细石混凝土，但骨料表层的粗糙度和密实性明显比环氧砂浆差，耐磨性能也逊于环氧砂浆。

综合分析，以环氧细石混凝土为回填混凝土、复合型环氧砂浆为面层的修复技术最为适应。考虑环氧细石混凝土造价明显高于C40细石混凝土的实际情况，下游护坦可采用C40细石混凝土回填、复合型环氧砂浆作为面层的修复技术。

参照本工程泄洪闸坝近几年泄洪及运行实践，结合尼泊尔地区所用材料的供应能力和河道骨料实际强度，在保证具有一定的抗冲耐磨性能的基础上，避免掺加硅粉、粉煤灰等材料给配置高标号混凝土带来的弊端，在考虑节约投资和施工成本等综合因素后，建议泄洪过流闸坝底板表面适宜选用厚50cm左右C40混凝土，根据河道过流工况在基础混凝土表面涂抹15mm左右的环氧砂浆，以提高抗冲耐磨性能。

混凝土拌和物泌水的原因及防治措施

李长印　孙红英/中国水利水电第十一工程局有限公司

【摘　要】　混凝土拌和物泌水性掌握的好坏决定着建筑工程的质量。因此，分析混凝土拌和物泌水的原因和引发的因素，及时采取措施进行防治，是保证施工进程和最终成效的重要途径。本文从混凝土拌和物泌水的原因着手，分析了泌水对混凝土外观质量和耐久性产生的影响，进而提出了在施工中控制混凝土泌水量的具体措施。

【关键词】　混凝土拌和物　泌水原因　耐久性　措施

1　引言

水泥混凝土是目前所有建筑材料中用量最大、用途最广的材料之一，但不少工程在混凝土施工过程中往往出现泌水现象，导致混凝土的外观质量和结构耐久性达不到预期的要求，有的甚至严重影响工程质量。所谓混凝土泌水是指新拌混凝土从浇筑到开始凝结的这段时间内，因静置导致混凝土拌和物中悬浮的固体颗粒因重力作用下沉，拌和水受到排挤往上升而从表面析出的现象。混凝土拌和物泌水量的多少，通常与原材料、配合比、施工工艺和施工条件（包括环境温度与湿度）等因素有关。

混凝土拌和物泌水不仅在混凝土表面产生砂线、砂斑、麻面等现象，而且还会导致表面的塑性开裂，在石子的底部或侧面形成孔隙，并形成泌水通道，轻者影响混凝土的美观，重者影响到整个混凝土结构的性能。本文从混凝土拌和物泌水原因着手，分析了泌水对混凝土外观质量和耐久性的影响，提出了控制混凝土泌水、提高混凝土质量的具体措施。

2　混凝土拌和物泌水的原因

普通混凝土一般由水泥、砂、碎石和水组成，高性能混凝土除以上四种材料外，还掺入适量的减水剂等外加剂和矿物掺合料等。要保证新拌混凝土具有良好的和易性（即流动性好、坍落度损失小、泌水少、不离析），因此上述材料的用量比例必须适当。混凝土拌和物发生泌水现象一般出现在浇筑后几个小时内，尤其经过强烈振捣后更容易产生泌水。如果拌和物的粗细骨料级配良好，经适当振捣后，堆积密实，孔隙很小，则游离水要从混凝土内部泌出到表面，必须经过较长距离的弯弯曲曲的毛细孔，需要的时间就越长，而与此同时，混凝土逐渐凝结硬化，部分水会被包含在混凝土内部，泌出到混凝土表面的水就会减少；如果游离水溢出的毛细孔通道被阻断，则泌水量会更少。以下主要从原材料、配合比和施工方面进行分析。

2.1　水泥

水泥作为混凝土中最重要的胶凝材料，与混凝土的泌水性能密切相关。水泥的凝结时间、细度、比表面积与颗粒分布都会影响混凝土的泌水性能。水泥的凝结时间越长，所配制的混凝土凝结时间越长，且凝结时间的延长幅度比水泥净浆的凝结时间成倍地增长，在混凝土静置、凝结硬化之前，水泥颗粒沉降的时间越长，混凝土越易泌水；水泥的细度越粗、比表面积越小、颗粒分布中细颗粒（小于 $5\mu m$）含量越少，早期水泥水化量越少，较少的水化产物不足以封堵混凝土中的毛细孔，致使内部水分容易自下而上运动，混凝土泌水越严重。那么，可以加快水泥的水化速度，或者使用含有高碱成分和高铝酸三钙成分的水泥，然而这可能会产生其他不好影响。此外，也有些大磨磨制的水泥，虽然比表面积较大，细度较细，但由于选粉效率很高，水泥中细颗粒（小于 $3\sim5\mu m$）含量少，也容易造成混凝土表面泌水和起粉现象。

2.2　集料

混凝土的组成材料砂石集料含泥较多时，会严重影响水泥的早期水化，黏土中的黏粒会包裹水泥颗粒，延缓及阻碍水泥的水化及混凝土的凝结，从而加剧了混凝土的泌水。当石子的级配不良时，会致使混凝土和易性变差，进而导致混凝土泌水。砂的细度模数越大，砂越粗，越易造成混凝土泌水，尤其是 $150\mu m$ 和 $300\mu m$ 的颗粒含量对泌水影响较大，细颗粒越少、粗颗粒越多，混凝土越易泌水。

2.3 掺合料

混凝土掺合料是为了改善混凝土性能，节约用水，调节混凝土强度等级，在混凝土拌和时掺入的天然的或人工的能改善混凝土性能的粉状矿物质。常用的混凝土掺合料粉煤灰中有玻璃体和海绵体状态的细小颗粒，劣质粉煤灰的海绵体含量较高。原材料拌和后，海绵体逐渐吸入混凝土中的游离水，混凝土坍落度损失增加。当水泥石晶体开始形成时，微小晶体填充海绵体的空隙，挤出其中的游离水，从而形成泌水。当水胶比大于 0.5 时，用细磨矿渣作掺合料，因配合比中水泥用量减少，矿渣的水化速度较慢，且矿渣玻璃体保水性能较差，往往会加大混凝土的泌水量。因为胶凝材料形貌不同，其比表面积也不同，所以需要的润湿水不同，最终影响混凝土的泌水。

2.4 外加剂

目前的混凝土外加剂一般是复合型外加剂，生产一般分为两个过程，即合成过程和复配过程。合成过程中的改进，主要是优化有机高分子减水剂的分子量级配。复配过程中，可以复合对改善泌水有利的组分，如适量的引气剂或其他能减少泌水的物质。

2.5 配合比

影响混凝土泌水的配合比因素主要有胶凝材料用量和砂率。胶凝材料用量增加或者砂率增加，会使拌和物颗粒的总比表面积增大，润湿水分量增加，使可泌水量减少。同时，细颗粒用量增加，会使泌水通道长度增加，对减小混凝土泌水有利。胶凝材料用量增加，会使混凝土的黏聚性增加、保水性改善，对减少泌水有利。混凝土中的单位用水量与泌水有直接的关系，如果其他材料比例关系保持不变，用水量增加，会使新拌混凝土中的可泌自由水量增加，泌水增大。含气量对新拌混凝土泌水有显著影响。新拌混凝土中的气泡由水分包裹形成，如果气泡能稳定存在，则包裹该气泡的水分被固定在气泡周围。如果气泡很细小、数量足够多，则有相当多的水分被固定，可泌的水分大大减少，使泌水率显著减小。同时，如果泌水通道中有气泡存在，气泡犹如一个塞子，可以阻断通道，使自由水分不能泌出。即使不能完全阻断通道，也使通道有效面积显著减小，导致泌水量减少。

2.6 施工方法

施工过程中影响混凝土泌水的因素有振捣和混凝土每层浇筑的高度。振捣过程中，混凝土拌和物处于液化状态，此时其中的自由水在压力作用下，很容易在拌和物中形成通道泌出；对剪力墙和立柱等钢筋密集的部位，每次浇筑的高度应小于 $50cm$，否则容易导致混凝土振捣不到位，形成泌水。另外，如果是泵送混凝土，泵送过程中的压力作用会使混凝土中气泡受到破坏，导致泌水增大。

3 混凝土拌和物泌水的危害

3.1 对混凝土表面的危害

泌水使混凝土表面的水灰比增大，并出现浮浆，即上浮的水中带有大量的水泥颗粒，在混凝土表面形成浮浆层，浮浆层的高水灰比，硬化后形成多孔疏松、柔弱的表面强度很低。楼板或路面形成浮浆层后容易起尘，同时，混凝土的耐磨性下降，这对路面等有耐磨要求的混凝土是十分有害的。

3.2 对混凝土内部结构及性能的危害

泌水引起混凝土面沉降导致混凝土产生塑性裂纹，从表面向下直至钢筋的上方。塑性裂纹的存在会降低水泥石的强度，对混凝土的抗冻性、抗渗性及防止钢筋锈蚀等耐久性能的影响则很大。另外，分层浇筑的混凝土受下层混凝土表面泌水的影响，致使混凝土层间结合强度降低并易形成裂缝。

泌水上升在混凝土内生成许多胶凝材料含量较少的泌水通道，同时由于集料的相对位移，粗集料颗粒下沉逐渐达到沉实稳定，在粗集料颗粒下方形成含水丰富的胶凝材料浮浆。这种浮浆沉淀失水后成为空隙和多孔低强度的水泥石。在钢筋下方也会因内部泌水而形成软弱的浮浆层，混凝土与钢筋黏结力在钢筋的下方受到削弱。同样，通过泌水通道使得混凝土内部很容易达到水饱和状态，从而降低混凝土的耐久性。

3.3 对混凝土外观质量的危害

泌水一般会降低混凝土底部的水灰比，会破坏混凝土内部的均匀性，拌和水上升到混凝土表面会携带一部分胶凝材料和集料中的微细粒子，使混凝土表面形成一层含水量很大的浮浆层，造成表层混凝土疏松多孔、蜂窝，甚至露石。部分泌水停留在粗集料颗粒下面或绕过粗集料颗粒而上升，形成连通的孔道。这种连通的孔道若出现在模板和混凝土的交界面上，则泌出的水会把水泥浆带走而留下砂子，导致表面出现"砂纹"现象。

4 混凝土拌和物泌水的防治措施

严重的泌水会带来许多不利的影响，因而有必要采取一些措施以尽可能地减小混凝土的泌水。根据混凝土泌水的原理和各因素影响泌水的机理，解决混凝土泌水主要有以下几种措施。

4.1 选择合适的原材料

按照设计要求选择合适的材料，对进场材料严格按照规范要求进行抽检，合格后方可使用，从源头上解决混凝土泌水问题。

4.2 改善混凝土配合比

混凝土的配合比设计是一个反复试配、不断改善提高的过程。为了减少泌水，一定要考虑施工现场砂石材料的含水率及其波动程度。在满足混凝土强度的条件下，固定水胶比不变，适当增加粉煤灰或矿粉用量；或在保证施工和易性的前提下，尽量减少用水量。此外，根据不同季节的施工环境，采用不同的混凝土配合比，不能一年四季固定一个混凝土配合比。因而，通过改变用水量、砂率和水灰比进行多次试验、对比，选择出最优配合比，并在施工中根据骨料的含水率变化而调整施工配合比，为解决混凝土泌水问题做好基本工作。

4.3 掺入掺合料和外加剂

细颗粒对控制混凝土的泌水有好处，因此应在混凝土中加入适量的掺合料——优质的粉煤灰和引气剂。粉煤灰可提高胶凝材料的黏聚性和保水性，引气剂能减少混凝土泌水。掺加引气剂和优质的粉煤灰能同时提高拌和物的流动性和黏聚性，是解决泌水问题时可优先考虑采用措施。

4.4 采用先进的混凝土施工工艺

混凝土拌和物采用强制式搅拌工艺，拌和时间不宜太长；严格控制混凝土振捣时间，避免过振、漏振，一般每一振捣点的振捣时间以 20～30s 为宜，以混凝土表面不再显著下沉、不再出现气泡、表面泛出灰浆为准，并尽可能减少对已振实部位的反复振动。浇筑时落灰高度不能过高，2m 以上应用串筒或溜槽落灰。振捣过程中，若出现少量泌水应及时排除；混凝土抹面后，应立即覆盖，防止风干和日晒失水；混凝土终凝后，应持续洒水养护。浇筑时采用分层浇筑，分层厚度不宜过厚，第一层 60～70cm，其他各层以 40cm 左右为宜。另外，在混凝土接近终凝时，要对混凝土进行二次抹面（或压面），使混凝土表层结构更加致密，施工后要注意及时养护。

4.5 提高混凝土拌和物温度

在冬季施工中，由于水温、砂石材料温度都较低，混凝土体系中的水泥水化速度很慢，可以把砂石材料堆放在暖棚中，也可以用热水拌和混凝土（注意：水温不宜超过 40℃），以提高水泥的水化速度，减少混凝土泌水量。

5 结语

泌水是混凝土生产过程中一种常见现象，适量的泌水对混凝土表面的修饰和抹面有一定作用，但是大部分混凝土泌水都对混凝土耐久性有不利影响。控制混凝土泌水不是混凝土生产的某一环节，它是贯穿混凝土生产、运输、浇捣和养护的整个过程。因此，只强调某一生产环节的重要性可能效果不会太大，只有加强各个生产环节的控制，才会取得显著的效果。而解决混凝土拌和物的泌水一直是一个难题，通过上面的论述知道混凝土泌水性问题没有直接的解决方法，解决混凝土的泌水必须从影响混凝土泌水的各个因素、各个环节共同改进，使得各因素的作用得到综合发挥，才能使混凝土的泌水得到解决。通过采取以上一系列措施，在混凝土施工中有效地控制了混凝土拌和物泌水的问题，使结构中的混凝土质量达到了内实外美。

大吨位宽体混凝土箱梁长距离
单点顶推施工技术

夏华磊/中国水利水电第十一工程局有限公司

【摘　要】　为减少对运营铁路的影响，上跨既有铁路桥梁通常采用转体、顶推的施工方法。但在市区，受场地、拆迁影响，顶推技术比转体技术显得更经济和重要。本文结合长沙市湘府路湘江大桥跨京广铁路工程实例，详细介绍了单点顶推上跨既有铁路的施工技术。

【关键词】　上跨铁路桥梁　转体　单点顶推　施工技术

1　工程概况

长沙市湘府路湘江大桥跨京广铁路联，与京广铁路的交叉角为89.4°，按正交设计，跨铁路联上部结构采用（40+50+40）m预应力混凝土顶推连续箱梁，下部结构采用花瓶式桥墩。

箱梁采用双箱单室斜腹板截面，腹板斜率与主桥相同，箱梁顶宽3852～3700cm（其中在与匝道相接处两侧各留60cm后浇带），梁高380cm；箱梁顶面外、内侧悬臂板长分别为515cm、400cm，外、内侧端部厚30cm、40cm，根部厚65cm，箱梁底面悬臂板长397cm，端部厚18cm，根部厚40cm；箱梁顶、底板厚均为30cm，腹板厚85cm；在箱梁的支点处均设

置了横梁，边支点横梁厚1.5m，中支点横梁厚2.0m。主跨施工时，先在主桥东侧E4～E8墩间搭设箱梁预制顶推平台，预制上部70m主梁段浇筑完毕后实施顶推。

2　顶推施工方案设计与实施

2.1　临时墩布置

制梁顶推平台支撑体系由2m×1.5m钢筋混凝土临时墩与钢管支墩组成。钢筋混凝土临时墩主要在顶推时起支撑箱梁与滑道的作用，所有临时墩基础均采用桩基加承台设计，靠近既有铁路桩基采用人工挖孔桩施工。临时墩平面布置如图1所示。

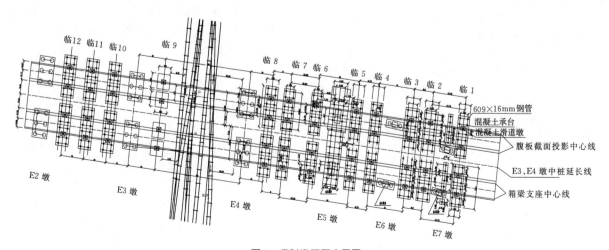

图1　临时墩平面布置图

（1）钢筋混凝土临时墩。本工程共计设置48个2m×1.5m钢筋混凝土临时墩，其中京广线东侧左右幅制梁平台分别设置16个，京广线西侧左右幅分别设置8个。

（2）钢管支墩。钢管支墩体系由φ609×16mm钢管、[14槽钢以及45a工字钢组成。钢管中部采用[14槽钢连接，增加整体刚度，钢管顶部布置I45a工字钢，截面为I45a工字钢＋3cm厚钢板＋I45a＋3cm厚钢板＋I45a工字钢拼焊连接，三条工字钢焊接成一个整体。

2.2 制梁平台搭设

70m预制箱梁施工支架采用贝雷片组合式预制施工支架平台，用贝雷片纵横向连接做桥跨，用钢管做支墩。一排钢管柱上为横向17.5m长双拼焊接的I45a工字钢分配梁，强度等级Q235，工字钢间采用[14槽钢做纵向水平连接。工字钢上面布置贝雷片支架，贝雷片采用加强型高标准剪力HD202型贝雷片，横向分3区段布置，各区段布置14排，间距0.19m，共计42排。贝雷片支架采用1层布置，贝雷桁架采用现场拼装，使用吊车吊装，吊装顺序为：先吊中间，然后先左后右（或先右后左）对称吊装。贝雷桁架安装好后，贝雷片之间设置[14槽钢做水平联、斜撑，使贝雷桁架成为一个整体，以确保贝雷架的稳定。贝雷桁架与分配梁均采用U形卡可靠连接，梁端处贝雷桁架加设竖向支撑。桁架安装好后应仔细检查各螺栓、垫片、开口销是否齐全、拧紧。

贝雷支架上设置横向17.5m长I20a工字钢分配梁，按纵向0.35m间距布置。I20a工字钢上面纵向设置10cm×10cm方木，横向间距0.3m，并且在斜腹板对应位置附近按0.15m间距加密，方木上铺底模。另外在贝雷架和I45a工字钢分配梁之间设置砂箱，用于整体落架。

2.3 牵引系统设计

连续顶推方案采用4台ZLD200-300型自动连续顶推千斤顶、4台ZTB25-30型液压泵站和1台HLDKA-4型主控台，顶推速度约7m/h。

（1）设备动力计算。本工程顶推工作量为70m连续梁，130m梁（双幅）总重约14500t。单幅顶推重量约

14500×70÷130÷2＋64＝4000t。

顶推摩擦系数按0.1计算，顶推力＝4000×0.1＝400t。

顶推设备能力储备系数＝4×200÷400＝2

（2）牵引拉索。连续顶推采用直径为15.2mm、强度为1860MPa钢绞线进行牵引。钢绞线分左右旋向，预防在牵引过程中由于钢绞线扭转应力而发生扭转现象。钢绞线一端穿过设于固定端的拉锚器，另一端穿过自动连续千斤顶的前、后夹持器。

本次工程每台千斤顶穿12根钢绞线，安全储备系数＝12×20×4÷400＝2.4。

2.4 钢导梁布置

导梁是顶推施工的主要设施之一，其作用是减小顶推时混凝土梁的悬臂长度及施工内力，并起到支撑梁体与导向作用。一般导梁采用钢板梁或钢桁架。本工程导梁采用钢板梁与钢桁架相结合的结构形式。

（1）导梁总长度为27.82m，系不等高、变截面钢板梁结构，两片主梁中心距为7.324m。由4个分段组成，依次为预埋段（长1.820m）、尾段（长0.628m）、中段（长15.364m）和前段（长10.003m），钢导梁总重量为52.8t，外露长度26m，重量为49.2t。

（2）钢导梁预埋段在混凝土箱梁浇筑时埋设，在钢板开孔处，在周围设置短钢筋并与钢板焊接，增强钢梁与混凝土的连接，钢梁位置要求埋设准确，以便和钢梁尾段螺栓连接。

（3）利用有限元工程计算软件Midas FEA对顶推过程进行仿真分析后得出，钢导梁与主梁连接截面箱梁底板应力过大，达到3.16MPa。为防止混凝土开裂，在钢导梁连接截面预埋钢板上方和下方对称设置直径32mm的预应力精轧螺纹钢，精轧螺纹钢长度为8m，从箱梁截面向箱梁内部预埋，上部精轧螺纹钢端部设置12cm×12cm×25mm的锚垫板，下部精轧螺纹钢直接锚固在钢导梁预埋段钢板上，精轧螺纹钢张拉控制应力为510.3MPa，钢导梁与箱梁连接截面精轧螺纹钢布置如图2所示。

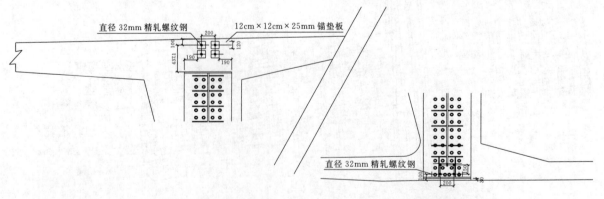

（a）箱梁顶板精轧螺纹钢布置图　　（b）箱梁底板精轧螺纹钢布置图

图2　钢导梁与箱梁连接截面精轧螺纹钢布置图（单位：mm）

2.5　千斤顶布置

牵引端设置于 E4 墩墩顶，由预埋件、反力座及连续千斤顶组成。在 E4 永久墩混凝土施工前，预埋 M30 高强度螺栓。型钢组由 2 根 2m 长 I40a 工字钢与 2cm 厚缀板拼合而成，缀板采用 20cm×38.4cm×20mm 钢板，每一个型钢反力座上前后焊接 10 块缀板，E4 墩身上共计 4 个型钢反力座，合计使用 2m 长 I40a 工字钢 8 根，20cm×45.4cm×20mm 缀板 40 块。

安装千斤顶反力支座时，先将型钢反力支座通过

M30 高强度螺栓与 E4 墩连接，然后再搭建工作平台。工作平台由槽钢组合而成，并焊接在型钢组上。然后再在工作平台下焊接槽钢斜撑，防止工作平台由于安装千斤顶而产生下挠。

工作平台搭设完成后，在工作平台上安装千斤顶安装盒。千斤顶安装盒由 4cm 厚钢板和 2cm 厚钢板拼合而成。千斤顶安装完成后，在型钢组的另外一侧（千斤顶反方向）安装 Q345（16Mn）材质的 I32a 工字钢斜撑，保证能够将反力传递到 E4 墩上。

千斤顶布置如图 3 所示。

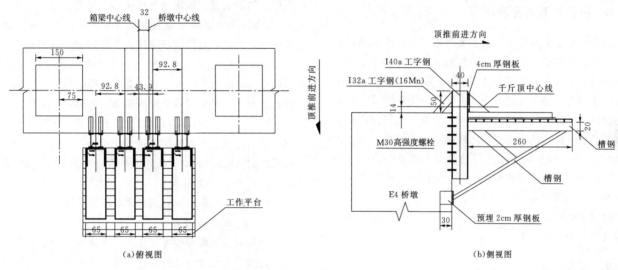

（a）俯视图　　　　　　　　　　（b）侧视图

图 3　千斤顶布置图

为减少顶推过程中 E4 墩顶承受的水平力，采用 4 根（半幅）φ600mm×10mm 的大直径钢管作为水平连杆，将 E4 墩与临时墩 1 之间的所有临时墩连接为整体，确保结构稳固。

2.6　后锚点布置

考虑箱梁结构特点、顶推施工技术要求以及为了不破坏箱梁整体性，在箱梁尾端设置型钢作为后锚点，型钢支架与箱梁顶底板通过预埋在箱梁内的高强度螺栓连接。后锚点采用工字钢与槽钢组合焊接而成。缀板采用 75.3cm×15cm×2cm 的钢板，在同一截面上前后布置 2 块，纵向间隔为 30cm。后锚型钢长度为 3.8m，下缘与箱梁底面平齐，距离下缘 60cm 处设置钢绞线锚点，钢绞线锚点前后焊接 4cm 厚钢板作为钢绞线锚点。后锚型钢横桥向（半幅）共计布置 4 根，沿箱梁中心线对称布置。

在箱梁尾端下齿板下方沿箱梁中线对称布置 4 个牵引钢绞线通过孔，孔径 10cm，在箱梁预制时采用预埋无缝钢管的方式布设。钢绞线与梁底之间用枕木支垫，采用临时托索钢筋防止牵引索发生下垂，其后按间距 5m 布置直至后锚点位置。

2.7　滑动装置布置

滑动装置布置在永久支座的位置和临时墩顶上，为不可调整的临时滑移支座。永久墩临时滑动支座高 36cm，临时墩上滑动支座高 20cm，滑动支座由钢板盒和不锈钢板组成。钢板盒上面主钢板厚度为 40mm，主钢板前后端成坡角形式，坡角与导梁前端相吻合，以便钢导梁及梁体容易滑移上墩。在主钢板上固定 2mm 厚的不锈钢板。

钢板盒内部布置 3 层 φ12 钢筋网片，网眼间距为 10cm×10cm，网片竖向间距为 8cm，钢板盒内浇筑 C50 混凝土。

钢板盒与预埋在墩顶或垫石顶的钢板焊接，防止顶推过程中的水平力使其移位。临时滑动支座在永久支座未安装之前起传递水平力和竖向力的支座作用，同时兼作墩顶滑道。

同一个钢筋混凝土临时墩或者永久墩上滑道标高偏差不得大于 1mm。

在不锈钢板与箱梁底板之间填塞 MGE 滑块。

纵向滑移滑道长度计算：考虑最少受力墩台为 3 个共 6 条滑道，腹板厚度 870mm，考虑千斤顶活塞

行程、可能间隙及受力偏差等，滑道规格可为1800mm×1150mm。滑道长度1800mm＞300mm（千斤顶活塞长度）＋3×400mm（3块滑块长度），滑道宽度1150mm＞950mm（滑块宽度）×1.2（安全系数）。

滑块尺寸为950mm×400mm，滑块受压4000×10000÷6÷870÷1500＝5.11MPa。

滑动装置的摩擦系数（对MGE滑块与不锈钢滑道面）通过试验测定，启动摩擦系数（静摩擦系数）可按0.1，动摩擦系数可按0.04～0.05考虑。

2.8 限位纠偏装置设计

在桥梁顶推过程中，由于多种原因会造成箱梁横向偏位。为了保证箱梁按设计轴线滑动，导向工作是必不可少的，而且是非常重要的工作。利用顶推行进状态下导向纠偏力不是很大的特点，本工程采用平滚式限位导向装置。靠近桥梁中线一侧的限位装置通过与预埋在桥墩上的钢板焊接的方式与桥墩连接，远离桥梁中线一侧（即人行道一侧）的限位装置通过对人行道外沿限位来保证顶推时箱梁中线在设计位置上，因此，将限位装置安装在直径850mm的钢管柱上。钢管柱通过25a槽钢与混凝土临时墩或永久墩相连接，以保证钢管柱有足够的反力对箱梁进行限位。

2.9 顶推施工

1. 顶推前准备

（1）连续梁所有钢束张拉、封锚完毕以后，安装箱梁前导梁，将预制支架平台降低5cm，使混凝土连续梁直接支承在各支墩顶部的滑道梁顶面上。

（2）侧向限位千斤顶、顶推油缸调试完毕后，安装于支墩顶部，并将E4墩至临时1墩的墩间钢管连接系安装完毕。

（3）在侧向限位装置横桥向两端选择容易在连续梁顶推通过时测量腹板位置的控制点，并做好详细标记，再根据此点的位置及连续梁梁体几何尺寸计算出此点距腹板的垂直距离，作为顶推作业时横向限位控制的依据。

（4）取预顶推及顶推过程中停止顶推时梁体前移的距离值中3个以上相接近值的平均数，作为最终顶推就位停止顶推时梁体前移距离的标准值，并及时在临时11墩顶容易观测处做好清楚的标识，作为梁体停止顶推时的基准线。

（5）本桥跨电气化铁路，顶推前钢导梁底部、侧面及其顶面宽2m范围内用特制绝缘橡胶板包裹。

2. 工艺措施

（1）空载联机调试：首先进行预顶，检验顶推系统是否能正常工作。

（2）钢绞线等长下料：顶推钢绞线每根约100m长，共48根，左、右旋各半。

（3）穿钢绞线：各顶穿束左、右旋各6根，并均匀排布。

（4）钢绞线预紧：先用人工手拉钢绞线使其弧度基本一致，再用YDC240Q千斤顶进行单根预紧，预紧应力控制在2MPa（约10kN），最后用顶推千斤顶进行整体预紧（只要达到各顶压力一致即可）。

（5）当京广线封锁后，便开始进行顶推，并按照预顶时总结的最佳顶推速度进行操作。滑道上的工程塑料MGE滑块随箱梁的移动向前移并不断吐出，在梁体通过的墩顶和将要到位墩顶安排人员安接滑块。而在后侧的滑道和梁底间要不断地喂入MGE滑块，必须保证相邻两块MGE滑块间无空隙。顶推过程中对箱梁的轴线进行观测，如果发现箱梁轴线偏离设计轴线，应搬动纠偏千斤顶（采用导向轮纠偏器）进行纠偏，按照此顶推方案在给定施工作业时间内进行顶推施工。当小里程方向梁端到达临时墩10墩顶距设计位置0.5m时，放慢顶推速度，防止顶过。

（6）顶推结束，拆除钢绞线及顶推系统。

3. 施工质量控制

在箱梁的顶板和底板上各做3个中线标记点，顶推时，观测点上架设全站仪对梁体中线进行观测，当出现较大偏斜时进行纠偏。阶段顶推箱梁差2m就要就位时，开始不间断地观测和精确地纠偏，使箱梁首尾中线偏差控制在4mm范围内，最后就位时箱梁首尾中线偏差控制在10mm之内。每次顶推结束时，画出箱梁的中线状态图，将箱梁的实际中线与箱梁的设计中线相比较，分析箱梁中线的偏差情况，确定下一步施工箱梁中线的控制方案。

2.10 落梁施工

（1）落梁设备。落梁时在连续梁主墩墩顶放置千斤顶进行起落，在E3、E4墩顶各配备8台400t千斤顶（半幅），共计配置16台400t千斤顶（半幅）。起落梁时为了消除由于预制产生的连续梁底部高程误差、预应力所引起的二次力矩，使梁体受力状态符合自重力引起的弯矩和反力，落梁时千斤顶顶力以支座反力调整控制为主，同时适当考虑梁底高程。

（2）落梁施工。落梁时从E4、E3墩千斤顶同步回油，同时落下梁体，落梁高度约为7cm，直至达到设计高程。按设计要求，在落梁的过程中，规定相邻两墩支点高差任何时候不超过设计容许数值，同墩两侧梁底顶起高差不得大于1mm。

3 结语

大跨度桥梁采用单点顶推技术，因临时墩须承受一定的水平力，导致临时墩结构复杂，也将导致工程成本的增加。但上跨铁路施工，受场地条件限制，无法采取多点顶推时，单点顶推技术成为必然。长沙湘府路湘江大桥跨京广铁路联 4000t 重的箱梁采用了单点顶推技术，其主梁成功顶推前进 86m，为类似工程上跨铁路施工提供了成功的经验和有益的探索。

普通混凝土镜面效应的技术研究与工艺控制

杨立民　叶宜佩/中国水利水电第十一工程局有限公司

【摘　要】　本文以武汉地铁11#线东段出入段线中的U形槽段工程为例，介绍了改良普通混凝土的施工工艺方法和质量控制手段，以实现利用普通混凝土达到镜面混凝土外观要求的施工方法、工艺和质量控制标准。

【关键词】　混凝土　质量控制　镜面混凝土　工艺

1　概述

武汉地铁11#线东段出入线隧道和路基段受空间界限限制，隧道出口195m长洞段未采取封顶设计。为使其与周围景观协调，该隧道洞顶采取观光雨棚形式设计，让乘客直观感受地铁运行动态，是地铁线上少有的风景旅游点。为展示，该段混凝土采取普通混凝土而要求达到镜面混凝土效应，即混凝土既有普通混凝土的外观总体效果，又具有清水混凝土的镜面特征。普通混凝土达到镜面混凝土外观施工在我局尚属首次实践，无成熟的经验可以参照。

清水混凝土与普通混凝土并无本质区别，只是清水混凝土对模板、混凝土的浇筑要求更高，但清水混凝土可以达到"清水墙"的效果，只需简单粉饰甚至无粉饰。通常情况下，清水混凝土拆模后表面光滑、色泽分布均匀且棱角分明，只需要在其表面涂抹一层透明的保护膜则可以将其自然装饰特性充分体现。为此，以普通混凝土施工达到其上述特征作为重点进行研究，经过对混凝土原材料检验检测控制、混凝土配合比优化、模板工艺控制、混凝土二次振捣工艺及养护工艺的改进，最终成功地使普通混凝土达到了镜面混凝土外观要求。普通混凝土拆模后镜面效果如图1所示，混凝土表观呈现大理石光泽，光可鉴人。

图1　普通混凝土拆模后镜面效果图

2 关键工序技术研究及控制

2.1 混凝土配合比优化及控制

混凝土和易性直接影响入仓混凝土质量，试验证明混凝土半成品和易性与坍落度相关。因此，混凝土和易性通过坍落度来定量控制。通过微调砂率、外加剂来调整混凝土半成品坍落度，将混凝土坍落度波动范围控制在（18±0.5）cm 范围内，维勃稠度控制在 7～8s 之间，保证在不同室外温度条件下运输过程中混凝土的黏聚性和保水性，以克服混凝土离析、泌水率过大而导致的混凝土色差变化等问题。混凝土施工配合比优化结果见表 1。

表 1　混凝土施工配合比

每立方米混凝土各种材料用量 /kg	水	水泥	砂	石	粉煤灰	外加剂	水胶比	砂率	坍落度
	165	300	707	1090	80	8.1	0.39	39	185
每包水泥配料用量/kg	27.5	50	117.8	181.7	13.3	13.5			
重量配合比例	0.55	1	2.36	3.63	0.27	0.027			

2.2 涂刷模板漆膜

刷模板漆可以浇筑出高标准的混凝土，成品混凝土表面呈仿大理石状，表面细腻、平整光滑，具有镜面的效果。采用模板漆，可以减少混凝土表面 90%～95% 的气泡；可以保护模板，特别是钢模板遇水生锈的问题能完全解决；也可使旧模板整洁一新，具有旧模翻新效果。

漆膜质量好坏会直接影响自由水的分离和排出，是混凝土消除气泡的关键。使用模板漆应注意：选择质量合格、经过实践检验效果良好的模板漆；固定专人进行漆膜涂刷，保证漆膜涂刷质量；使用磨光机和鼓风机进行模板的除锈和除尘工作，在模板除锈和除尘质量没有验收之前不进行漆膜的涂刷；做好防潮、防雨措施，在涂刷漆膜过程中使用帐篷对模板进行遮盖；选择在每天温度较高时段进行漆膜涂刷；做好模板漆膜的保护工作，避免刮伤，以保证混凝土的镜面效果。

2.3 混凝土振捣控制

混凝土振捣质量是保证混凝土达到内实外光的关键，混凝土外观缺陷与混凝土振捣质量有关。实践证明：采用一次振捣施工，其质量不如采取二次振捣的质量好，二次振捣能够提高混凝土本身的抗裂性能。

3 工艺控制措施

3.1 原材料控制

镜面混凝土对原材料有很高的技术要求，加强原材料检测，保证骨料级配连续，颜色均匀，表面洁净，并符合质量要求是控制镜面混凝土质量的关键。为此，在本工程选用骨料时，要求砂、石子使用一个地区的，且砂、石等材料的色泽和颗粒级配基本一致，与镜面混凝土对骨料的要求存在较小的差异。粗骨料质量要求见表 2。砂子优先选用中砂或粗砂，为提高混凝土的抗裂性，含泥量严格控制在 2% 以内。

表 2　粗骨料质量要求

序号	检测项目	指标
1	含泥量（按质量计，%）	≤0.5
2	泥块含量（按质量计，%）	≤0.2
3	针、片状颗粒含量（按质量计，%）	≤8

细骨料质量要求见表 3。细骨料使用中砂或粗砂，并满足质量要求。

表 3　细骨料质量要求

序号	检测项目	指标
1	含泥量（按质量计，%）	≤2
2	泥块含量（按质量计，%）	≤0.5

本项目粉煤灰使用湖北省清源电厂生产的 I 级粉煤灰，与镜面混凝土相比未对减少粉煤灰掺量提出要求。水泥选用亚东水泥厂生产的 P·O 42.5 级普通硅酸盐水泥，在整个墙体施工中水泥为同一厂家、同一品种、同一强度等级，未要求采用同一批号，与镜面混凝土要求略有差别，但仍保证了混凝土表面观感一致，质感自然。外加剂选用武汉凌博外加剂厂生产的 FDN-5000 型高效缓凝减水剂，外加剂掺量根据试验确定，质量及应用技术应符合现行国家标准《混凝土外加剂》（GB 8076）、《混凝土外加及应用技术》（GB 50119）等有关环境保护的规定。

3.2 模板制作及存放

本项目模板由具有资质的工厂定型制作 2.5m×4.5m 钢模板，面板为 6mm 厚的钢板。模板进场后，采用水泥砂浆进行了表面氧化处理。模板氧化 24h 后，使用 330 型无尘磨光机进行了打磨除锈处理。打磨后的模板表面经过鼓风机清扫后，除去了锈蚀和污渍。模板规格及处理与镜面混凝土工艺基本一致。

模板使用压路机压实，并在经过整平处理的场地集中存放。堆放模板时，在场地上按照 2×2m 的间距摆放 2m 长的方木，排距 1m 作为垫木，模板由吊车平稳摆放到方木上，模板之间的间排距按 0.5m 控制。

模板打磨工序经过验收合格后，开始涂刷防锈漆。防锈漆选择水性高分子成膜物质为主剂、配以多种活性助剂的环保模板漆。模板漆的质量标准应达到表 4 的要求。

表 4　　　　模板漆质量标准要求

序号	项目名称	标　准	备注
1	干燥时间	25℃条件下表干时间小于 0.5h，实干时间小于 24h	主控项目
2	耐磨性	500 转加荷 500g 时小于 3mg	主控项目
3	耐热性	80℃条件下不小于 120h 不起泡，不脱落	主控项目
4	耐碱性	3%盐水浸泡超过 1 个月不生锈	主控项目
5	易成膜性	成膜迅速，耐水冲刷	一般项目
6	环保型	无毒、无味、不燃、使用方便	一般项目
7	隔离性	具有优异的隔离性能，易拆模	一般项目

3.3　模板支撑排架设计

模板支架采用钢管组合移动排架（图 2）。移动排架底盘纵向为 3 根 18m 长 I18 工字钢，横向为 8 根 4.17m 长 100 型槽钢，按照 6m 间距布置。槽钢插入工字钢的翼板之间并焊接成整体。以中间的工字钢为中点，每道槽钢上按照 1.98m 间距对称布置 φ300 行走轮，在底排横向杆上安装两道导向轮。

在底盘纵向上按照净距 0.95m 将钢管焊接在底盘上，横向按照图纸要求安装立杆，立杆与底盘横杆之间使用扣件连接。其上依据图纸按照满堂脚手架的技术要求搭设脚手架。水平剪刀撑按照 3 跨一道布置，纵横剪刀撑按照 4 跨一道布置。脚手架顶部满铺 5cm 马道板，马道板两端用 12♯铁丝绑扎在脚手架上。

脚手架搭设完成需要通过技术、质量和安全部门的联合检查才能投入使用。模架移动采用人工推移的方法，保证定位准确。

3.4　模板漆施工

模板涂漆膜工艺与镜面混凝土工艺一致，其施工控制如下：

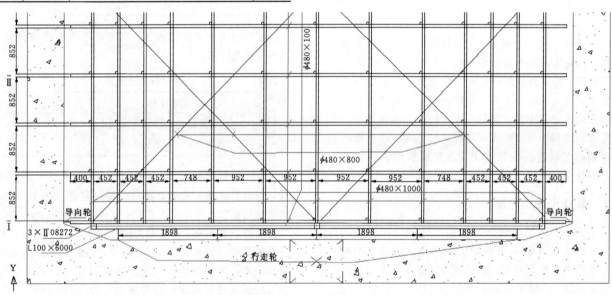

图 2　行走式满堂模板排架示意图（单位：mm）

（1）清理模板。使用模板漆之前先把模板清理干净，清除浮尘、锈渍、油污、蜡、水渍等，以提高模板漆对模板的黏结力。

（2）用羊毛刷蘸取模板漆涂刷在模板上，涂刷不宜过厚，涂刷均匀，无漏刷、无挂流现象。用量一般为 15～25m²/kg。

（3）涂刷之后，一般 1h 后模板漆可表干，24h 实干。待模板漆实干后方可浇筑混凝土。

（4）第一次脱模后对模板进行简单的清理，即可再次支模。

（5）模板使用 3～4 次后，漆膜脱落无法满足再次脱模的情况下，需除去旧的漆膜，方可重新涂刷，可采用角磨机打磨或者采用脱漆剂。

涂刷时需注意以下事项：

（1）涂刷模板需要注意未来半天内的天气情况，如果有雨水、结露、结霜等情况，切忌涂刷模板漆，否则模板漆在未成膜被雨淋的话，需要重新去除；在 15℃情况下，模板漆半小时内即可表干，表干后可适当遮盖，以免被雨淋。24h 实干后即可进行模板的吊装及浇筑混凝土。

（2）涂刷工具可采用棕毛刷、滚筒及喷涂。推荐采用棕毛刷，涂刷时需要勤拉、勤收，确保涂刷均匀一致。如用滚筒，需采用抗溶剂的短毛滚筒，摊料时采用W形，然后竖向横向摊均，最后朝着一个方向收即可。如用喷涂，建议采用无气喷涂。涂刷时注意不要流挂、漏刷。模板清洁及模板漆的涂刷具体参照模板漆厂家的使用说明进行。模板上有凹陷，用原子灰（铁腻子）将缝隙、凹陷填满、刮平，或用模板漆加大白粉或滑石粉调成腻子（比例视情况而定），待其实干后用200～400目的砂纸打磨平整，然后刷模板漆即可。钢模板已锈蚀同样可以刷模板漆，但需要先进行除锈处理。

3.5 混凝土拌和

混凝土搅拌与镜面混凝土施工工艺一致，按配合比严格计量，加料顺序：水泥→砂子→石子；如有添加剂时，应与水泥一并加入；粉末状的外加剂同水泥一并加入，液体状的与水同时加入。为使混凝土搅拌均匀，搅拌时间不得少于90s，当冬季施工或有添加剂时，应延长30s。

3.6 混凝土入仓

混凝土入仓采用泵送。接管时，接头必须安装牢固、稳定，接头加垫圈密封。泵送混凝土必须保证混凝土泵能连续工作，如发生故障停歇时间超过10min或混凝土已出现"离析"现象，应立即用压力水或其他方法冲洗净管内残留的混凝土。泵管移动的时候，很容易将混凝土洒到模板上。为避免浇筑混凝土过程中混凝土离析和洒到模板上，在软管上系一条帆布袋，浇筑混凝土时安排专人负责泵管摆放位置和收放帆布袋，以保证混凝土浆不溅到模板上。施工方法同镜面混凝土施工工艺。

3.7 浇筑振捣

掌握好混凝土振捣时间，以混凝土表面呈现均匀的水泥浆、不再有显著下沉和大量气泡上冒到混凝土面为止。为减少混凝土表面气泡，采用二次振捣工艺，第一次在混凝土浇筑入模振捣，第二次在第二层混凝土浇筑前进行，顶层混凝土一般在0.5h后进行二次振捣。

振捣棒软轴上使用油漆标注每次插入深度标志，每次振捣时按照标志投放振捣棒。两侧墙体对称下料。浇筑层厚0.3m，浇筑过程中安排4个φ50振捣棒同时振捣，振捣棒应插入到下层混凝土不少于10cm，距离模板10～15cm范围内。振捣棒采用快插慢拔方式，振捣时间不少于30s，直至混凝土不再下沉时为止。当一侧浇筑层第一次振捣完成，4个振捣棒再次振捣一遍，以保证气泡充分排出。

浇筑过程中安排专人检查模板变形，及时调整支撑。如果发现脚手架变形，立即停止浇筑，查找原因并

解决后再进行浇筑。浇筑前安排专人沿混凝土运输路线了解交通状况，以单车行走时间来确定需用车辆数量，确保浇筑的连续性。浇筑过程车辆由专人进行调度，确保浇筑间隔时间不超过30min。

3.8 混凝土养护

浇筑完成8h后，对模板洒水养护。混凝土浇筑36h后方可拆除模板。拆模后混凝土表面温度与环境温度差大于15℃时，表面应覆盖养护，使其缓慢冷却。拆模后应及时养护，以减少混凝土表面出现色差、收缩裂缝等现象。在墙体顶端沿混凝土面布设喷淋管，对脱模后的混凝土采取喷淋的方式进行养护，混凝土表面覆盖塑料薄膜保证湿润。拆模前和养护过程中均应经常洒水保持湿润，养护时间不少于7d。冬季施工时若不能洒水养护，采用涂刷养护剂与塑料薄膜、阻燃草帘相结合的养护方法，养护时间不少于14d。

浇筑完混凝土后，裸露的钢筋头最好做防锈处理（刷水泥浆），以防止生锈后经雨水流到混凝土上。

4 普通混凝土翻新措施

混凝土建筑的使用年限不仅取决于设计强度，还取决于它的使用环境。混凝土结构在水的长期侵蚀和空气中水分子的渗透下会使混凝土反碱、碳化（劣化）、钢筋腐蚀，混凝土寿命减少；混凝土所在环境中或空气中的有害气体（氯离子）侵蚀，也将改变混凝土的外观效果。本项目试验初期，洒水养护过程因未严格按照养护要求保持混凝土表面湿润，养护过程中干湿交替，导致混凝土表面水分流失出现氧化，影响了镜面质量。为此，在混凝土表面采用A8-1透明型和A8-4环氧型混凝土保护剂进行了防护施工，使混凝土与空气有效隔离，利用保护剂与混凝土表层游离氢氧化钙结合形成一层硬膜，封闭混凝土中的水分，保证了混凝土中的水分自身完成水化反应，不仅解决了混凝土防碳化问题，也将普通混凝土面处理成清水混凝土面。其工艺措施快速、简单。施工方法如下：

（1）基层要求：打磨混凝土表面，去除表面浮浆，使基层坚固平整。

（2）底涂施工：在基层表面直接涂刷，辊涂施工时，注意辊子上不要积累过多的树脂，保证辊子上树脂的均匀，无过多积料。

（3）面涂施工：底涂干燥3h后，涂刷A8-4面涂，涂刷方向与底涂垂直。

（4）干燥养护7d可投入使用。

A8-1透明型和A8-4环氧型混凝土保护剂的耐老化强度高，适合重腐蚀、潮湿和干湿交替环境、腐蚀介质环境的混凝土保护。

A8-1透明型混凝土保护剂为浅灰色黏性流体。干

燥时间：表干时间不大于 30min，实干时间不大于 24h。耐水性：不起泡、不粉化、允许轻微变色。耐碱性：不起泡、不粉化、允许轻微变色。抗氯离子渗透性：渗透性极低。

A8-4 环氧型混凝土保护剂色泽呈均匀状态，内部无沉淀、无结块。干燥时间：表干时间不大于 4h，实干时间不大于 24h。耐候性：人工加速老化 1000h 无膨胀、裂缝、脱落、软化和粉化现象。耐碱性：10d 无膨胀、破裂、脱落、软化和溶出现象。黏结强度：不小于 1.5MPa。二氧化碳透过性：小于 1mm。冻融抵抗性：300 个循环无脱落、破裂、起泡现象。氯离子扩散系数：$10 \sim 12 m^2/s$。

5 质量保证措施

5.1 安装模板及浇筑混凝土注意事项

（1）模板堆放时最好采用木垫块，吊装时尽量减少接触钢筋头，钢筋头将模板漆划伤后可能会影响模板漆的附着力以及表面观感。

（2）浇筑混凝土时尽量不要让振捣棒碰到模板漆，否则振捣棒会将接触的模板漆损坏。

（3）一旦模板漆造成损坏从而造成局部脱落时，可采用 100 目的粗砂纸打磨掉松动的漆膜，然后用模板漆补刷即可。

（4）吊装模板前将模板表面的浮尘、泥巴等擦干净或用高压水枪冲洗干净即可。

（5）达到一定的周转次数后，模板漆表面已经显得粗糙，从而进行脱漆处理，脱漆采用厂家配套的特种脱漆剂。

5.2 控制混凝土外观质量措施

（1）基底处理严格按照技术要求进行，模板漆涂刷厚薄均匀、光滑且有一定的光泽。

（2）注意现场文明施工，模板装卸过程中注意不要用钢筋或其他硬物刮花模板漆，这样即便修补后可以正常使用，但对混凝土外观的颜色会略有影响。

（3）一套模板模板漆的周转次数要一致，要重涂时必须一起重涂，否则会因同套模板上模板漆的光洁度不一致而影响到混凝土的外观。

（4）模板漆重涂时必须将原有的漆膜除掉，或采用配套的脱漆剂将原模板漆脱掉，严格禁止在原有的漆膜上涂刷模板漆，否则会影响附着力，进而影响模板漆的周转次数和使用效果。

（5）模板在周转到下一仓时，模板漆上的浮灰一定要清理干净，以防止上面的浮灰影响到下一仓的外观。

（6）尽量在白天天气好的时候涂刷模板漆，避免傍晚涂刷模板漆时干燥较慢或露水凝结在未固化的油漆上而影响使用效果。

（7）涂刷模板漆的时候，要关注天气预报，尽量避免在有雨水或雾气的天气里涂刷模板漆。

（8）浇筑完混凝土后，表面上裸露的钢筋头要做防锈处理（刷水泥浆），以防止生锈后经雨水流到混凝土上。

（9）注意成品保护及混凝土的养护。

6 结语

武汉地铁 11 号线东段出入线隧道和路基段普通混凝土施工，通过普通混凝土原材料检验检测控制、混凝土配合比优化、模板工艺控制、混凝土二次振捣工艺及养护工艺的改进，最终使其达到了镜面混凝土外观要求。本次研究对普通混凝土达到镜面混凝土外观的施工工艺方法和控制手段有了较深的理解，获得了较好的经验。从镜面混凝土表观特征与工艺措施的结合入手，抓住了镜面混凝土成因的关键。在实施过程中，通过严格的施工工艺管理，达到了施工目的和效果，具有较好的社会经济效益，为普通混凝土浇筑或修复、为镜面混凝土提供了新的途径。

浅谈景观道路露骨料透水混凝土施工技术

李瑞祥　刘　刚　吕伟明/中国水利水电第十一工程局有限公司

【摘　要】 人行游路作为景观工程中必不可少的一部分，形式种类也较多，而其中应用最多的当属透水混凝土游路。露骨料透水混凝土作为透水道路中一种新型施工工艺，也越来越多地被使用在工程中。本文以郑州市贾鲁河综合治理工程露骨料透水混凝土景观道路为实例，对相关施工方法和技术进行介绍，为从事该行业的相关技术人员提供参考。

【关键词】 人行游路　景观　露骨料透水混凝土　新型工艺

1　露骨料透水混凝土技术简介

露骨料透水混凝土是以胶结料为黏合材料，将一定粒级的骨料黏合在一起形成多孔型铺面，以透水混凝土为基层而构成的一种透水铺装地面。其特点是运用天然石子自身的色彩、形状以及润湿的光泽效果，使面层骨料实现非人工雕琢的自然铺面效果。露骨料透水混凝土可以增加城市可透水、透气面积，加强地表与空气的热量和水分交换，调节城市气候，降低地表温度，有利于缓解城市"热岛效应"；充分利用雨雪降水，增大地表相对湿度，补充城区日益枯竭的地下水资源，防止因地下水资源枯竭而形成的地层下陷，发挥透水性路基的"蓄水池"功能；改善城市地表植物、土壤有益微生物的生存条件和调整生态平衡；减轻雨水季节城市道路排水系统的负担，减小地表径流，降低暴雨对城市水体的污染；同时防止路面积水和夜间路面反光，冬天不在路面形成黑冰（由霜雾形成的一层几乎看不见的薄冰，极危险），提高车辆、行人的通行舒适性与安全性。

2　工程概况

贾鲁河综合治理工程治理长度合计 62.77km，其中，综合治理长度为 49.67km，河道疏挖长度为 13.1km。主要建设内容包括湖泊湿地开挖 134.1m²、闸坝等各类配套建筑物 71 座、桥梁防护 28 座以及蓝线内滨水景观建设总面积 546.67 万 m²（包括绿化种植、景观节点、设施小品、景观照明、绿化灌溉等）。

河道两侧修建景观游路共 101.4km，铺装形式主要有普通透水混凝土、透水砖、花岗岩、防腐木铺装以及露骨料透水混凝土铺装，其中露骨料透水混凝土路面铺装面积约 19000m²。

3　透水混凝土构造和技术要求

3.1　透水混凝土构造

本工程透水混凝土构造从下至上依次为素土夯实、20cm 厚级配碎石、3cm 厚砂滤层、10cm 厚 10mm 粒径 C25 透水混凝土、3cm 厚 6mm 粒径 C25 露骨料透水混凝土、双丙聚氨酯密封处理（图1）。

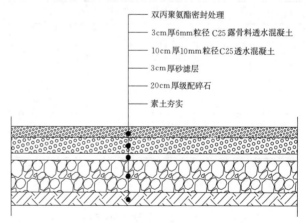

图1　露骨料透水混凝土构造层次

3.2　露骨料透水混凝土技术要求

露骨料透水混凝土施工需满足现行《透水水泥混凝土路面技术规程》（CJJ/T 135）等相关规范要求。混凝土强度等级为 C25、抗折强度大于 4.5MPa、目标孔隙率为 15%、坍落度为 20～50mm、透水系数不小于

2.5mm/s、冻融循环 D100、耐酸雨、耐碳化、路面平整度误差不大于 4mm,厚度偏差不超过 2mm;表面红色石子显露,显露的石子表面干净,不挂硬化的水泥浆。

3.3　露骨料透水混凝土铺装难点

(1)表面裸露的石子必须冲刷干净,冲刷时间与混凝土强度增长相协调,冲得过早石子易掉,过迟不易冲洗干净,并受气候条件的影响。

(2)炎热的夏季施工透水混凝土容易失水,造成初凝时间缩短,影响成型质量。

4　原材料技术指标及配合比

4.1　原材料技术指标

(1)胶结材料。

1)水泥:P·O 42.5 级水泥,质量符合现行国家标准《通用硅酸盐水泥》(GB 175),并附有检测报告、出厂日期证明。

2)外加剂应符合现行国家标准《混凝土外加剂》(GB 8076)的规定。透水混凝土增强料的生产厂家应附有产品使用说明书及质量保证书。

(2)骨料。颜色均匀无杂色,颗粒大小范围在 6～8mm 之间,搅拌前必须严格过筛,先筛除大的粒径再筛除小的粒径,粒径均匀者也应筛出石粉以防影响透水。碎石是透水混凝土的主要材料之一,其质量必须要严格控制,碎石的物理性能指标见表 1。

表 1　　碎石的物理性能指标表

序号	指标名称	指标
1	压碎指标/%	<15
2	针片状颗粒含量/%	<15
3	含泥量/%	<2
4	表观密度/(kg/m³)	>2500
5	紧装堆积密度/(kg/m³)	1350
6	空隙率/%	<47

(3)水。普通自来水即可,并应符合现行标准《混凝土用水标准》(JGJ 63)的规定。

(4)外加剂。应符合《混凝土外加剂》(GB 8076)的规定。透水混凝土增强料的生产厂家应附有产品使用说明书及质量保证书。

4.2　混凝土配合比

鉴于透水混凝土凝结快的特点,底层的普通透水混凝土和面层露骨料透水混凝土均采用现场制备。混凝土配合比设计原理是各原材料的体积加上目标孔隙的体积

等于单位体积,因此是按下式计算:

$$\frac{m_g}{\rho_g} + \frac{m_c}{\rho_c} + \frac{m_f}{\rho_f} + \frac{m_w}{\rho_w} + P = 1$$

式中　m_g、m_c、m_f、m_w ——单位体积混凝土中粗骨料、水泥、增强剂、水的用量,kg;

ρ_g、ρ_c、ρ_f、ρ_w ——粗集料、水泥、增强剂、水的表观密度,kg/m³;

P ——目标孔隙率,15%。

根据现场施工条件(气候、混合料的运距和各工序的衔接情况等),确定混合料坍落度为 20～50mm;制备的混凝土拌和物,胶结材料能均匀包裹骨料,成形后孔隙均匀分布于混凝土中,形成贯通的孔隙网。经计算和试验室试配调整,并进行现场实际批量生产检验,确定混凝土配合比如表 2 所示。试配完成的透水混凝土拌和料如图 2 所示。

表 2　　　　C25 透水混凝土配合比表

透水混凝土种类	水灰比	材料用量/kg			
		水	水泥	碎石	增强剂
C25 基层	0.27	100	370	1530	11.3
C25 面层	0.27	110	410	1500	12.3

注　水灰比可根据工程实施时气候、温度和风力进行调整。

图 2　试配完成的透水混凝土拌和料

5　主要施工工艺

5.1　施工工艺流程

透水混凝土施工工艺流程见图 3。

5.2　基层处理

(1)根据施工现场的条件结合图纸及透水混凝土的结构进行开挖土方,放出边线桩。

(2)路槽达到设计标高后,用平地机整平,采用蛙式打夯机分层压实,按照填土压实度要求进行夯实。夯实均匀,没有漏夯、死角,然后检查压实度,等待铺筑级配砂石。

(3)铺筑 20cm 厚级配碎石垫层和 3cm 厚砂滤层,要

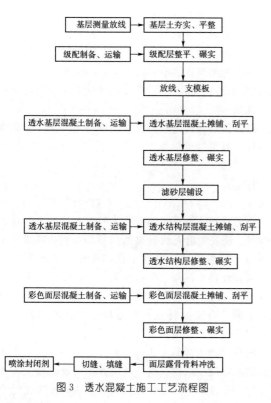

图3 透水混凝土施工工艺流程图

求铺设厚度均匀。

5.3 透水基层摊铺

混凝土采用自行拌和，小翻斗车运输至工作面，摊铺在基础层上，用刮杠找平；基础层用手推式夯机夯实；顶部采用刮杠找平，并对密实度不足的地方进行补料处理；采用混凝土收光机对面层进行收光处理，靠近侧石两边用人工收光；一次摊铺的面积不要太大，在上一次搅拌材料未处理完前不要急于进行下一个工作面，避免出现明显接头现象；基层混凝土摊铺后，应覆盖彩条布及草帘保证养护，3d后视强度情况（强度达到设计强度40%~50%）可进行缩缝切割（缩缝位置应按施工图布置，有必要时加密），切割完成后仍需继续养护、保温。

5.4 透水面层施工

在露骨料透水混凝土面层施工前，应对基层进行清洁处理，处理后的基层表面应粗糙、清洁、无积水，并保持一定湿润状态，适当涂刷界面剂以利于基层的连接。

拌和及运输：采用现场搅拌，小翻斗车运输，自搅拌机出料到运到铺筑地点时应尽量控制在10min之内。

布料：透水混凝土拌和物以人工均匀摊铺，应用铁锹反扣，严禁抛掷。找准平整度与排水坡度，摊铺厚度应考虑其振实预留高度，其松铺系数宜为1.1。施工时特别注意边角处有无缺料现象，如有缺料，要及时补料

进行人工压实。透水混凝土摊铺时间长于30min或遇大风天气时，现场混凝土要及时覆盖塑料布，防止透水混凝土水分过快散失。

振捣：透水混凝土布料完成后，用刮杠刮平，并用平板振捣器进行振捣，然后刮平，对缺料的地方及时补料，并用透水混凝土专用设备进行表面振捣及整平，直至与模板等高为止。

表面修整：对碾压后的路面应及时修饰透水混凝土的边角，对于缺料的部位应及时填料修整，对于较干部位可先均匀喷洒一层水，再加料修整。

喷涂清洗剂：喷涂露骨料清洗剂必须在透水混凝土摊铺、压实、面层收光完毕后进行，露骨料清洗剂采用气泵进行喷涂。清洗剂不可事先调配，必须在面层收光时进行调配。将清洗剂倒入漏斗壶中，对面层进行逐一喷涂。喷涂清洗剂一定要保证全覆盖，如需要，可进行两次喷涂。清洗剂喷涂一定要均匀到位，喷涂不到的表面，石子不能被冲洗出来，喷涂过薄将导致表面冲刷不干净。喷得过厚，将会使被冲掉的水泥浆过多，导致表面石子黏结不牢固，一般控制喷涂厚度不超过2mm。清洗剂喷涂后，立即用塑料薄膜进行覆盖，塑料薄膜上再用彩条布进行二次覆盖，如遇大风天气，需采用重物压住薄膜，以确保没有面层暴露在空气当中。薄膜覆盖完毕后由专人记录时间，负责人根据现场温度和湿度，定时对面层水泥情况进行观察，以确保最佳冲洗时间，通常在清洗剂喷涂10~20h后进行冲洗（根据天气情况而定）。

露骨料冲洗：清洗采用高压水枪进行。冲洗必须按顺序进行，先掀开一段塑料薄膜，清洗完毕后再掀开下一段塑料薄膜，不可将塑料薄膜全部掀开后再一起冲洗。露骨料透水混凝土表面修整完毕后，应及时少量喷水并覆盖塑料薄膜进行养护，养护周期和普通混凝土相同，养护期间应在路面周围设置围挡，严禁上人、上车。

养护：浇水次数根据现场温度和湿度情况进行控制，应能保持透水混凝土处于湿润状态，日平均气温低于4℃时，不得浇水。透水混凝土养护用水应与拌制用水相同。采用塑料布覆盖养护的透水混凝土，其全部表面应覆盖严密，并应保持塑料布内有凝结水。

5.5 路面切缝、填缝

透水混凝土路面养护5d后开始切割伸缩缝，在路面上弹线，由路面切割机切缝，切缝要求如下：

（1）缩缝面层间距5m，缝宽8mm，缝深贯穿至整个面层。

（2）胀缝面层间距20m，缝宽20mm，缝深贯穿至整个面层。

（3）切缝完成后，人工清理透水混凝土缝壁，用钢丝刷刷净缝壁的泥土等杂物，并保持缝壁透水混凝土呈

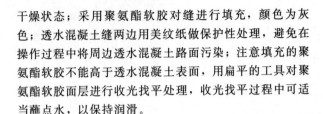

干燥状态；采用聚氨酯软胶对缝进行填充，颜色为灰色；透水混凝土缝两边用美纹纸做保护性处理，避免在操作过程中将周边透水混凝土路面污染；注意填充的聚氨酯软胶不能高于透水混凝土表面，用扁平的工具对聚氨酯软胶面层进行收光找平处理，收光找平过程中可适当蘸点水，以保持润滑。

5.6　密封剂

以上所有的工序施工完毕后，采用高压清洗机对透水混凝土的表面进行清洗。表面干燥 24h 后即可进行喷涂双丙聚氨酯密封剂。刚喷涂完的地面周围应设置保护栏或醒目明示警告语，勿使行人、车辆入内，避免造成表面污染或损毁未干的封闭剂涂层。

6　施工控制

（1）环境温度接近 0℃时，禁止施工；粒径保持一致，增强美观，石子必须进行筛选和清洗。

（2）确认施工面积，合理准备材料。

（3）清洗剂需在面层收光时进行调配，要做到现用现称量，不得提前配置，以避免调配时间过长而造成面层砂浆干结固化。

（4）清洗剂材料比例为 2%～5%。根据现场的实际操作可以对清洗剂的掺加量进行调整，以满足实际的需要。

（5）施工完毕后，要保证 7d 以上的时间不要上人。

（6）地潮气严重时，不可进行喷涂密封剂施工。

（7）透水混凝土摊铺前，对基础碎石进行洒水。

（8）采用高压水枪进行冲洗，水枪喷射的方向应和清洗顺序方向一致，不可将冲刷掉的面层砂浆污染已清洗的面层。

（9）如现场产品在冲洗时出现掉渣现象，应立即停止清洗，并继续覆膜养护。

7　结语

露骨料透水混凝土路面除了具有普通透水混凝土的特性外，还表现出天然石材的质地和颜色，体现出了石材本身的自然美观，集透水性和美化环境的效果于一身，是普通透水混凝土的升级提升产品。随着透水混凝土在景观园路上的越来越多的应用，露骨料透水混凝土以其美观、自然的特点，作为环境友好型绿色铺装材料，将得到更广泛地推广应用。

露骨料透水混凝土作为一种新型材料，施工工序较普通透水混凝土繁琐；对冲洗时间把握要求较高，如果时间把握不准确，可能导致大面积报废；冲洗完的水泥浆如处理不善，将造成环境污染。随着该技术的应用发展，新工装、新工艺和新成果的出现，将会使这一技术更加日趋成熟。

透水混凝土路面施工技术研究

姬天戈/中国水利水电第十一工程局有限公司

【摘　要】透水混凝土是一种新型的、环保型的路面材料，其有利于促进水循环，能让雨水向混凝土面层、基层及土基渗透，使雨水暂时储存在它的内部孔隙里，让土基里的水分通过它的内部空隙向大自然中自然蒸发，从而发挥维护生态平衡功能。目前，透水混凝土主要适用于新建、扩建、改建的市政工程、室外工程、市政园林工程中的人行道轻荷载道路、步行街、广场和停车场等路面。做好透水混凝土施工技术的研究与分析，不仅能保证路面的施工质量要求，同时也为以后的同类型工程打下良好的基础。本文主要针对郑州市贾鲁河综合治理工程透水混凝土路面施工技术进行了具体的研究与分析。

【关键词】透水混凝土路面　渗透　施工技术　生态平衡　环保型

1　工程概况

郑州市贾鲁河综合治理工程位于河南省郑州市，工程起点为尖岗水库，终点至中牟县大王庄弯道，跨越二七区、中原区、高新区、惠济区、金水区、郑东新区、中牟县7个区（县）。治理长度为62.77km，其中河道综合治理长49.67km。主要建设过程内容包括河道疏挖、河堤填筑、拦蓄水建筑物、排水涵闸、景观绿化等。贾鲁河综合治理工程作为郑州市生态建设的头号工程，引进了海绵城市的概念，将河道两侧的游路路面结构设计为彩色透水混凝土路面，游路总长度约104km。透水混凝土路面结构形式分为全透水结构和半透水结构，该工程采用全透水结构形式，路面结构层形式为素土夯实、300mm厚级配砂石、30mm厚砂滤层、90mm厚10mm粒径透水混凝土、30mm厚6mm粒径C25（D50）彩色强固透水混凝土、面层喷涂双丙聚氨酯密封处理。道路横坡采用1.0%。游路两侧设置路边石。彩色透水混凝土路面每隔20m设一道横向集水暗管，暗管采用硬式透水管，内径75mm。透水混凝土结构层见图1。

2　透水混凝土施工方法

透水混凝土又称多孔混凝土、无砂混凝土、透水地坪，是由骨料、水泥、增强剂和水拌制而成的一种多孔轻质型混凝土。透水混凝土路面浇筑施工方法主要采用摊铺机施工和人工摊铺施工。摊铺机施工具有摊铺厚度

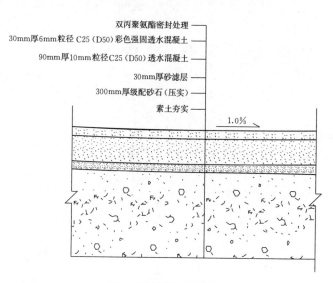

双丙聚氨酯密封处理
30mm厚6mm粒径C25（D50）彩色强固透水混凝土
90mm厚10mm粒径C25（D50）透水混凝土
30mm厚砂滤层
300mm厚级配砂石（压实）
素土夯实
1.0%

图1　透水混凝土结构层

均匀、表面平整度好、工作效率高等特点。由于透水混凝土属于干性混凝土料，初凝较快，每次施工浇筑的混凝土方量不可能太大，以免影响收面质量。采用人工摊铺施工能够较好地控制路面平整度和高程，也有利于保证面层收面的质量。综上所述，结合该工程现场实际情况，选用人工摊铺透水混凝土的施工方法。

3　透水混凝土配合比及施工

3.1　透水混凝土配合比

透水混凝土的配合比技术是决定混凝土质量的重要

因素，配合比设计时要重点考虑强度和孔隙率，依据设计图纸及相关规范要求，进行透水混凝土配合比设计。透水混凝土的配合比计量是确保其强度的主要关键工序，所以，计量是一个重要的质量控制环节。现场骨料中的含水量对物料配合比有一定的影响，因此，测试骨料中含水率是为了调整物料配合比中的用水量。先按计算目标配合比试拌，检验透水混凝土的相关性能。合理配备水泥混凝土浆体用量和外加剂用量，保证浆体在振动作用下不过多坠落并能均匀地包裹住集料。水胶比经试验确定，选择范围控制在 0.25～0.3。另外，根据试验得到透水混凝土强度、孔隙率和水胶比的关系，确定水泥用量和水用量，确定最终配合比。

3.2 透水混凝土施工

透水混凝土是由粗骨料及其表面均匀包裹的水泥基胶结料相互黏结，并经水化硬化后形成的具有连续孔隙结构的混凝土。它具有透水性大、强度高、毛细现象不显著、施工简便等特点，可铺筑成五彩缤纷的彩色透水混凝土地面。透水混凝土的施工工序主要包括施工准备、搅拌、运输、摊铺及振实、成型、接缝处理、养护等工序。透水演示见图2。

图2　透水演示

3.2.1 施工准备

在透水混凝土作业浇筑之前，首先组织相关施工作业人员进行技术交底工作，对施工中的重点难点、关键环节详尽说明，协调好人员、物资、机械等方面的工作。严格控制透水混凝土的配合比。施工前检查机械设备是否完好，应急保障措施确保到位，保证透水混凝土施工质量达到设计要求。

3.2.2 透水混凝土施工

（1）搅拌。透水混凝土必须采用机械搅拌，搅拌机的容量根据单次施工工程量大小、施工进度、施工顺序和运输工具等参数选择。透水混凝土拌制先将集料和50％用水量加入搅拌机拌和30s，再加入水泥、增强料、外加剂拌和40s，最后加入剩余水量，搅拌50s以上。混凝土拌和物的搅拌时间，即自材料全部进入搅拌筒起，至拌和物开始出料止的连续搅拌时间，不应小于120s。拌和时要根据集料的实际含水率，调整透水混凝土配合比中的用水量，由施工现场试验确定实际施工配合比。

（2）运输。透水混凝土属于干性混凝土料，其初凝较快，一般根据气候条件控制混合物的运输时间，运输一般控制在10min以内，运输过程中不要停留，运输车辆必须保持平稳，防止混凝土产生离析。

（3）摊铺及振实。透水混凝土初凝较快，摊铺必须要及时。对于游路路面，大面积施工采用分块隔仓方式进行摊铺物料，拌和物摊铺应均匀，平整度和排水坡度要符合要求，其松铺系数宜选择为1.1。将混合料均匀摊铺在工作面上，按照路边石上墨线弹出的高程线，用靠尺找准平整度，控制一定的泛水度。振实采用专用低频振动器压实并辅以人工补料及找平，最后抹合拍平，抹合不能有明水。平整压实机是透水混凝土施工中的专用工具，它是一种旋转并带有低频振动的机械，它能对虚铺自由状态下的透水混凝土进行压实，使其符合设计厚度和标高，并在正常养护后不但能达到一定的抗压强度和抗折强度，而且还能满足一定的孔隙率要求。透水混凝土面层压实后，采用磨光机进行收面，必要时配合人工拍实、磨平。整平时要保护路缘石洁净不受混凝土的污染，接缝处板面要平整。透水混凝土面层收面见图3。

图3　透水混凝土面层收面

（4）接缝处理。透水混凝土路面每30m应设置一道胀缝，在透水混凝土面层与其他构造物连接处也应设置胀缝。胀缝要与路面中心线垂直，缝壁必须垂直，缝隙宽度必须保持一致，缝中不得连浆。缝隙上部灌注沥青砂浆填缝料，下部应设置胀缝板，胀缝板采用聚苯乙烯泡沫塑料板。透水混凝土路面沿路中心线做纵向缩缝，沿路纵向每隔4m分块做缩缝，缩缝采用切缝法。当混凝土达到设计强度的35％～40％时，应采用切缝机进行切割。切缝时用水冷却，但应避免切缝水渗入基层和土基。

（5）养护。透水混凝土路面施工完毕后，要及时覆盖塑料薄膜和彩条布进行保湿养护。养护时间根据透水混凝土强度增长情况而定，一般养护时间不宜少于14d。养护期间要封闭道路，不得行人、通车，预防面层未达到强度即受到重力碾压被破坏、面层孔隙泥土堵塞污染；养护期间应保护塑料薄膜的完整，当破损时应立即修补。待表面彩色透水混凝土成型干燥后3d左右，对混凝土表面进行双丙聚氨酯喷涂密封处理，以增强耐久性和美观性，同时也防止不及时导致透水混凝土孔隙受污而堵塞孔隙。

4 透水混凝土施工质量控制重点

4.1 原材料及配合比控制

透水混凝土在满足强度要求的同时，还需要保持一定的孔隙贯通来满足透水性的要求，因此，在配制混凝土时选择合格的原材料尤为关键。透水混凝土原材料的质量直接关系到整个工程的实体质量，要严格把控进场材料的质量关，材料进场要有厂商提供的质量证明文件，在运用到实体工程前也要做好相应的抽样检测，确保原材料质量满足相关的规范要求。

透水混凝土强度和透水性与水灰比有直接关系，所以，还要通过配合比设计、制备工艺以及添加剂来达到保证强度和孔隙率的目的。按照配合比要求材料要称量准确，拌和过程中要保证拌和时间。当水灰比较小时，若保证一定的混凝土孔隙率，成品试块中水泥含量会增多，而水的含量减少，导致试块硬化快，大幅度降低透水混凝土拌和物的流动性；同时也会导致混凝土中粗骨料不能被完全包裹，导致空隙较多，这样虽然透水性较好，但是混凝土整体强度降低。反之，当水灰比较大时，除对混凝土的透水性有负面影响外，混凝土的强度也会受到较大影响。

4.2 施工过程质量控制

（1）透水混凝土面层与基层之间结合状况，对透水混凝土面层的质量有直接影响。在面层施工前，对基层做清洁处理，保证基层清洁，无积水，并保持一定的湿润是十分必要的。透水混凝土上面层应在下面层初凝前进行铺筑，充分保证两层之间的有效结合。

（2）透水混凝土因其孔隙率大，水分散失快，摊铺时要尽量迅速和准确。当气温较高时，施工时间应尽量避开高温时间段，在温度较低时进行施工。振实过程中平板低频振动器振动时间不能过长，防止表面过于密实，可能出现离析现象，导致面层透水性差。

（3）透水混凝土路面完成后，其抗压强度、透水系数应符合设计要求；路面应板面平整、边角整齐、无裂缝，石子分布应均匀一致，不得有松动、脱落现象。路面伸缩缝应垂直、直顺，缝内不应有杂物，伸缩缝在规定的深度和宽度范围内应全部贯通。彩色透水混凝土的路面颜色必须要保证均匀。路面施工时，应采用不同搅拌机分别搅拌不同色彩的混凝土，防止出现较大的色差。

5 透水混凝土常见的质量问题

透水混凝土在应用过程中，常见的质量问题有裂缝、沉降、表面磨损、空鼓等形式。主要原因如下：

（1）裂缝：局部交通流量过大，车辆荷载严重超限可导致裂缝的产生；不适宜的透水系数选择，或将导致透水速度过快，对基层产生冲刷，从而使基层形成凹坑，使基层承载能力下降，导致面层开裂；温度对于开裂也有较大的影响，切缝不及时，容易出现胀缩不均的现象，从而引发开裂；基层施工工艺不当，基层存在裂缝、不均匀沉降等缺陷，面层施工前未对缺陷处理也会导致出现反射性的裂缝。

（2）沉降：施工中由于基础、基层压实度等其他相关指标不满足设计要求时，会引起结构层整体产生沉降。

（3）表面磨损：透水混凝土表面磨损主要原因是车辆超重，局部摩擦力过大或者车辆急刹车，都会给路面带来一定程度的磨损。

（4）空鼓：上面层与下面层结合部位处理不到位，上、下面层施工间隔时间过长，上面层未在下面层初凝前进行铺筑，没有形成很好的连接，两层间形成空鼓。

6 透水混凝土与普通混凝土对比

透水混凝土作为一种新的环保型、生态型的铺筑材料，与普通水泥混凝土对比，优点体现在以下几个方面：

（1）高透水性：透水混凝土具有较强的透水性，下雨时能较快消除道路、广场的积水现象，当集中降雨时能减轻城市排水设施的负担，防止河流泛滥和水体污染。普通水泥混凝土路面为不透水结构，雨水通过路表排除，泄流能力有限，当遇到大雨或暴雨时，雨水容易在路面汇集，大量集中在机动车和自行车道上，导致路面大范围积水，影响交通安全。

（2）安全性：透水混凝土路面防止路面积水和夜间路面反光，冬天不会在路面结冰，增加路面安全性和通行舒适性。有关试验证明，在雨天透水混凝土刹车痕迹是普通混凝土里面的1/3，是普通沥青路面的1/2。

（3）保持生态平衡：透水混凝土的透水性，能使雨水迅速渗入地下，保持地面湿度，维护地下水及土壤的生态平衡，又能避免因过度开采地下水而引起地基下沉。普通水泥混凝土的路面阻碍了雨水的下渗，使得雨水对地下水的补充被阻断，再加上地下水的过度抽取，城市地面容易产生下沉。不透水路面是"死亡性地面"，会影响地面的生态系统，它使水生态无法正常循环，打破了城市生态系统的平衡，影响了植被的正常生长。

（4）高散热性：透水混凝土路面具有独特的孔隙结构，其在吸热和储热功能方面接近于自然植被所覆盖的地面，调节城市空间的温度和湿度，缓解城市"热岛效应"。普通水泥混凝土不透水路面使城市空气湿度降低，加速了城市"热岛效应"的形成。

（5）高降噪性：透水路面的孔隙率较大，具有吸音作用，可减少环境噪声。传统的水泥混凝土路表面，轮胎噪声大，车辆高速行驶过程中，轮胎滚进时会将空气压入轮胎和路面间，待轮胎滚过，空气又会迅速膨胀而发出噪声，雨天这种噪声尤为明显，影响了居民的生活与工作。

（6）抗冻融性：透水混凝土铺装比一般混凝土路面拥有更强的抗冻融能力，不会受冻融影响而断裂，因为它的结构本身有较大的孔隙。透水混凝土雨季透水，冬季化雪，也增加城市居住的舒适度。

（7）易维护性：透水混凝土路面大量的孔隙能吸附城市污染物（如粉尘），减少扬尘污染，维护方便，只需用高压水洗的方法，即可处理孔隙堵塞问题。

（8）装饰效果：透水路面拥有系列色彩配置，可以根据周围环境需要进行设计，具有较强的装饰性和观赏性。

7 结语

透水混凝土路面施工技术通过在郑州市贾鲁河综合治理工程上的应用，在施工质量和经济效益等方面效果显著，从混凝土的观感质量到实体质量都达到了设计及规范的要求，取得了理想的效果，也获得了业主、监理等单位的一致好评。透水混凝土施工技术相关的QC成果课题也荣获了多项省部级的奖项，为以后同类型的工程施工创造了较好的技术条件。随着研发的进一步深入，透水材料的改进，它的应用前景会更加宽广，环保型透水混凝土工程将成为未来城市道路的发展趋势。

预冷技术在官地水电站拌和系统中的应用

于景波/中国水利水电第十一工程局有限公司

【摘　要】 本文介绍了官地水电站右岸拌和楼预冷系统的设计方案和运行中应注意的问题。系统采用"二次风冷＋片冰＋冷水拌和"的预冷方案，系统设计合理，运行稳定，制冷效果良好，保证了大坝和进水口混凝土的施工质量。

【关键词】 预冷系统　预冷方案设计　出机口温度　运行管理

1 基本资料

1.1 系统基本资料

官地水电站右岸混凝土拌和系统布置于右坝肩的竹子坝沟内，主要供应有温控要求的大坝混凝土和进水口的混凝土。

系统配置一座 $4 \times 3m^3$ 自落式搅拌楼和一座 $2 \times 6m^3$ 强制式搅拌楼，常温混凝土生产能力为 $480m^3/h$，预冷混凝土生产能力为 $370m^3/h$，要求碾压混凝土出机口温度低于12℃，常态混凝土出机口温度低于11℃。

1.2 设计基本资料

预冷混凝土大部分为三级配碾压混凝土，以此为控制级配进行预冷计算。片冰的生产按常态混凝土控制。

预冷混凝土配合比见表1，多年月平均气温、水温见表2。

表 1　　　　　预冷混凝土配合比表

混凝土级配	材料用量/(kg/m³)						
	水	水泥	粉煤灰	砂	大石	中石	小石
三级配碾压混凝土	88	77	115	773	487	650	487
三级配常态混凝土	108	140	60	731	482	643	482

表 2　　　　　　　　　　　　　多年月平均气温、水温表

月　份	1	2	3	4	5	6	7	8	9	10	11	12
气温/℃	11.0	14.6	19.1	21.8	22.8	22.7	23.0	22.9	20.6	18.7	14.6	11.1
水温/℃	7.2	9.6	12.3	15.7	17.6	18.0	18.4	18.5	16.8	15.2	11.3	8.2

2 热平衡计算

混凝土自然拌和出机口温度和预冷混凝土出机口温度按式（1）计算，其中骨料、水、水泥、粉煤灰的温度参照各月气象资料和经验取值。

$$T_0 \sum m_i c_i = \sum m_i c_i T_i - Q_c \eta m_B + Q_J \qquad (1)$$

式中　T_0——出机口温度，℃；

T_i——第 i 种原材料温度，℃；

m_i——第 i 种原材料重量，kg/m³；

c_i——第 i 种原材料比热，kJ/(kg·℃)；

Q_J——机械热，kJ/m³；

Q_c——机械热，kJ/m³。

计算出的混凝土各月自然拌和出机口温度见表3。

表 3　　　　　　　　　　混凝土各月自然拌和出机口温度表

月　份	1	2	3	4	5	6	7	8	9	10	11	12
出机口温度/℃	12.2	15.6	20.0	22.7	24.6	24.6	25.7	25.6	22.8	20.6	16.1	12.4

3 预冷方案

预冷系统按 $370m^3/h$ 的强度进行配置，根据已配置 $4\times3m^3$ 及 $2\times6m^3$ 楼的生产能力，按 $2\times6m^3$ 强制式搅拌楼承担 $230m^3/h$、$4\times3m^3$ 自落式搅拌楼承担 $140m^3/h$ 进行强度划分，对 2 座搅拌楼均作制冷配置。

如表 3 所示，7 月混凝土自然出机口温度最高为 25.7℃，根据 7 月的热平衡计算，大石温度为 0℃、中石温度为 1℃、小石温度为 3℃、冷水温度为 4℃、加片冰为 $10kg/m^3$ 时，混凝土出机口温度可以降为 11.7℃，满足碾压混凝土出机口温度低于 12℃的要求。常态混凝土可以加冰 $30\sim50kg/m^3$，温度也能满足要求，不再计算。7 月预冷混凝土出机口温度计算见表 4。

表 4　7 月预冷混凝土出机口温度计算表

材　料	材料用量 /(kg/m³)	比热 /[kJ /(kg· ℃)]	用量× 比热/[kJ /(m³· ℃)]	温度 /℃	热含量 /(kJ/m³)
水泥	77	0.92	70.81	60	4248.55
粉煤灰	115	0.92	105.75	45	4758.93
大石	487	0.84	407.13	0	0
中石	650	0.84	543.40	1	543.40
小石	487	0.84	407.13	3	1221.40
砂	773	0.84	646.23	23	14863.24
砂含水	46.38	4.18		23	4458.97
拌和水	31.62	4.18	367.84	4	396.51
片冰潜热	10			0	−3015
机械热					2721
合计			2578	11.7	30197

注　片冰潜热取 −335kJ/kg，有效利用系数取 0.9，10kg 片冰潜能为 −3015kJ。

温控的具体方案为：

加冰及低温水拌和：碾压混凝土加片冰及 4℃低温水拌和。每立方米混凝土加冰量为 $10\sim15kg$；在一次风冷料仓内对三级骨料进行一次风冷，使大石、中石冷却到 8℃，小石冷却到 11℃；在搅拌楼料仓内继续对三级骨料进行二次风冷，使大石、中石、小石分别冷却到 −1℃、0℃、2℃；对上料皮带系统进行保温，一次风冷骨料的温度回升按 2℃控制。在过渡季节，根据外界气温及混凝土出机口温度要求，可选择采用风冷、加冰、冷水拌和混凝土的其中一种或几种组合。优先顺序为：冷水、加冰、搅拌楼风冷、一次料仓风冷。

4 冷负荷计算

4.1 风冷骨料

风冷骨料冷负荷按式（2）计算：

$$Q_{Gi} = K_1 Q_h m_i C_i \Delta T_{Gi}/3600 \quad (2)$$

式中　Q_{Gi}——第 i 种风冷骨料冷负荷，kW；

　　K_1——风冷骨料冷耗综合系数，取 $1.4\sim1.5$；

　　C_i——第 i 骨料比热，kJ/(kg·℃)；

　　ΔT_{Gi}——第 i 种骨料的温降，℃；

　　m_i——单位体积混凝土中第 i 种骨料重量，kg/m^3；

　　Q_h——预冷混凝土小时生产强度，m^3/h。

冷风循环量按式（3）计算：

$$L_i = 3600Q_{Gi}/\rho_1(h_2 - h_1) \quad (3)$$

式中　L_i——各分料仓冷风循环量，m^3/h；

　　ρ_1——分料仓进风密度，kg/m^3；

　　h_1、h_2——分料仓进、出风焓值，kJ/kg。

空气冷却器冷负荷按式（4）计算：

$$Q_{Fi} = K_2 L_i \rho_1 \{(h_1 - h_2) + (d_1 - d_2)[Q_c + (0 - T_r) C_B]\} \quad (4)$$

式中　Q_{Fi}——各分料仓空气冷却器冷负荷，kW；

　　K_2——风冷负荷综合系数，取 1.05；

　　d_1、d_2——空气冷却器进出口循环风的含湿量，kg/m³（干空气）；

　　Q_c——冰的潜热，335kJ/kg；

　　T_r——空气冷却器冷却管表面温度，取制冷剂蒸发温度，℃；

　　C_B——冰霜比热，kJ/(kg·℃)。

空气冷却器面积按式（5）计算：

$$F_i = K_3 Q_{Fi}/(K \Delta T_m) \quad (5)$$

式中　F_i——各分料仓空气冷却器冷却面积，m^2；

　　K_3——空气冷却器冷耗综合系数，取 1.05；

　　K——空气冷却器传热系数，kW/(m²·℃)，按设备技术文件取值；

　　ΔT_m——制冷剂蒸发温度与空气冷却器进出冷风温度的对数平均温差，一般取 $12\sim16$℃。

一次风冷骨料计算成果见表 5，二次风冷骨料计算成果见表 6。

表 5　　　一次风冷骨料计算成果表

项　目	$2\times6m^3$ 强制式 搅拌楼			$4\times3m^3$ 自落式 搅拌楼		
	大石	中石	小石	大石	中石	小石
风冷骨料冷负荷 /kW	546	729	473	332	444	288

续表

项 目	2×6m³强制式搅拌楼			4×3m³自落式搅拌楼		
	大石	中石	小石	大石	中石	小石
冷风循环量/(m³/h)	64826	86524	56183	39460	52667	34198
空气冷却器冷负荷/kW	676	903	541	412	550	330
空气冷却器冷却面积/m²	2207	2945	1766	1343	1793	1075

表6   二次风冷骨料计算成果表

项目	2×6m³强制式搅拌楼			4×3m³自落式搅拌楼		
	大石	中石	小石	大石	中石	小石
风冷骨料冷负荷/kW	400	583	364	244	355	221
冷风循环量/(m³/h)	54430	66044	49482	33131	40200	30120
空气冷却器冷负荷/kW	454	550	412	276	335	251
空气冷却器冷却面积/m²	1478	1794	1343	900	1092	818

4.2 制冰冷负荷

制冰冷负荷按式（6）计算：

$$Q_B = K_4 m_B Q_h (C_w T_w - C_B T_B + 335)/3600 \quad (6)$$

式中 Q_B——制冰冷负荷，kW；

　　　K_4——冷量补偿系数，取 1.2~1.3；

　　　m_B——每立方米混凝土的加冰量，kg/m³；

　　　Q_h——预冷混凝土小时生产强度，m³/h；

　　　T_w——制冰机进水温度，℃；

　　　T_B——制冰机出冰温度，℃；

　　　C_w、C_B——水、冰的比热，kJ/(kg·℃)。

本系统的制冰冷负荷按 4×3m³ 拌制常态混凝土和 2×6m³ 拌制碾压混凝土进行计算，碾压混凝土加冰按 15kg/m³、常态混凝土加冰按 50kg/m³ 计算，制冰冷负荷为 1438kW。

4.3 制冷水冷负荷

制冷水冷负荷按式（7）计算：

$$Q_w = K_5 Q_h m_w C_w (T_j - T_c)/3600 \quad (7)$$

式中 Q_w——设计工况下的制冷水冷负荷，kW；

　　　K_5——冷量补偿系数，取 1.1~1.2；

Q_h——预冷混凝土小时生产强度，m³/h；

　　　m_w——每立方米混凝土的冷水及加冰量之和，kg/m³；

　　　T_j、T_c——冷水机组进、出水温度，℃；

　　　C_w——水的比热，kJ/(kg·℃)。

本系统的制冷水冷负荷按 4×3m³ 拌制常态混凝土和 2×6m³ 拌制碾压混凝土进行计算，碾压混凝土加冷水按 25kg/m³、常态混凝土加冷水按 65kg/m³ 计算，制冷水冷负荷为 363kW。

5 主要设备选型

根据上述计算结果，系统总制冷量为 10910kW，其中，一次风冷所需冷量为 4071kW、二次风冷所需冷量为 4071kW、制冰所需冷量为 2326kW、冷水机组所需冷量为 442kW。一次风冷配置 3 台 100 万 kcal/h 螺杆式制冷压缩机，1 台 50 万 kcal/h 螺杆式制冷压缩机；二次风冷配置 3 台 100 万 kcal/h 螺杆式制冷压缩机，1 台 50 万 kcal/h 螺杆式制冷压缩机；片冰生产配置 2 台 100 万 kcal/h 螺杆式制冷压缩机；冷水生产配置 1 台 38 万 kcal/h 螺杆式冷水机组。

一次风冷系统主要设备见表 7，二次风冷系统主要设备见表 8。

表7   一次风冷系统主要设备表

序号	名称	规格	单位	数量	功率/kW	备注
1	螺杆式制冷压缩机	100 万 kcal/h	台	3	450×3	V=10kV，标准工况
2	螺杆式制冷压缩机	50 万 kcal/h	台	1	220×1	标准工况
3	冷风机	2400m²	台	1		
4	冷风机	3000m²	台	1		
5	冷风机	1800m²	台	1		
6	冷风机	1600m²	台	1		
7	冷风机	2100m²	台	1		
8	冷风机	1300m²	台	1		

表8   二次风冷系统主要设备表

序号	名称	规格	单位	数量	功率/kW	备注
1	螺杆式制冷压缩机	100 万 kcal/h	台	5	450×5	标准工况
2	螺杆式制冷压缩机	50 万 kcal/h	台	1	220×1	标准工况

续表

序号	名称	规格	单位	数量	功率/kW	备注
3	螺杆式冷水机组	38万kcal/h	台	1	125	名义工况
4	冷风机	1700m²	台	1		
5	冷风机	1400m²	台	3		
6	冷风机	1200m²	台	1		
7	冷风机	1000m²	台	3		
8	片冰机	60t/d	台	3	3×3	片冰温度低于−10℃
9	冰库	100t	座	1	25×1	

6 预冷工艺设计

6.1 风冷

一次风冷在风冷料仓中进行,每个料仓自上而下分为预冷区、冷却区、贮料区。在冷却区内设有百叶窗式供、回风道,冷风通过供风道在冷却区底部向上均匀扩散,骨料在料仓内自上而下流动,与冷风进行逆流式热交换,骨料得到连续冷却,冷透了的骨料在贮料区的下部排放,回风经回风道进入空气冷却器进行再次冷却。仓外的风冷平台上布置冷风机,冷风机与各料仓一对一配置,组成各自独立的冷风循环系统。冷风生产采用氨泵强制供液,空气冷却器供液形式为上进下出,该工艺增大了制冷剂循环量,强化了蒸发效果。

粗骨料一次风冷后经胶带机进入搅拌楼料仓进行二次风冷,二次风冷与一次风冷流程基本相同,不同处在于二次风冷需采用更低的蒸发温度。

6.2 片冰

片冰由3台60t/d的片冰机生产。生产的片冰储存于一座100t冰库,以调节生产并保持片冰干燥、过冷。片冰通过螺旋机送入相邻的2×6m³强制式搅拌楼小冰仓内,再经过称量用以混凝土搅拌,片冰通过输冰皮带机送入相邻的4×3m³自落式搅拌楼小冰仓内,再经过称量用以混凝土搅拌。

6.3 冷水

系统采用1台LSLGF500Ⅲ型冷水机组生产冷水,最不利工况冷水生产量为28m³/h。生产冷水蒸发温度为−2℃,该机组与循环水箱、循环水泵形成独立系统运行,保证生产冷水温度稳定。混凝土设计采用4℃冷水拌和,考虑输送温升,按3℃生产冷水。本系统采用冷水在冷水机组蒸发器与冷水箱之间通过循环泵往复循环降温工艺的同时,配置10m³大体积冷水箱进行生产调节,以确保冷水出口温度低于3℃。

6.4 保温工程

系统设备、氨管道、通风管道保温采用阻燃橡塑海绵保温材料,一次风冷料仓采用10cm厚夹芯聚苯乙烯保温板(单侧彩钢板),顶层上铺4mm厚钢板。胶带机栈桥采用10cm厚夹芯聚苯乙烯保温板。

7 结语

官地水电站右岸混凝土拌和系统运行以来,共生产预冷混凝土136万m³,高温季节预冷混凝土生产能力可达400m³/h,出机口温度低于12℃的保证率为96%。实践证明,该系统设计合理,各项技术指标符合设计要求,说明采用"二次风冷＋片冰＋冷水拌和"的预冷方案是可行的。

大型 PCCP 输水管道绝缘接头加固及防渗处理方法

纪国勇 李玉龙 李卫丰/中国水利水电第十一工程局有限公司

【摘 要】 绝缘接头主要由承插口两个绝缘钢件和中间隔离混凝土组成，因钢件进行了绝缘处理，与混凝土之间的黏结力差，安装时靠专用夹具临时固定，仅能防止安装过程中绝缘接头钢件与混凝土不脱离。安装完成后专用夹具拆除，在后期运行中地形一旦出现微弱的不均匀沉降，易造成钢件与混凝土脱离，形成渗水通道，严重影响管线运行安全。为解决回填后绝缘接头的漏水，通过分析绝缘接头薄弱环节，总结出从内部加固及防渗的处理技术，解决了绝缘接头处漏水问题，取得了较好工程质量和经济效益。

【关键词】 预应力钢筒混凝土管 绝缘接头 防渗处理 接头加固

1 引言

预应力钢筒混凝土管（简称 PCCP 管）具有较强耐久性，在大型输水工程中使用具有成本低、易施工的特点。但 PCCP 预应力钢丝防腐要求极高，当地下环境腐蚀性较强时，需采用伴随管道埋设锌阳极进行阴极保护，避免预应力钢丝腐蚀。近年来，阴极保护防腐技术已经成为 PCCP 输水管线的重要防腐措施之一。在南水北调工程、大伙房输水工程、磨盘山引水工程、引黄工程等大型调水工程中都采用了 PCCP 管作为主输水管材，且对 PCCP 管道都采用了阴极保护。但由于不同管线埋设区域的腐蚀环境差异、杂散电流的影响及管线材质的不同，对管线采用阴极保护的极化电位设计的范围也不同，需要采用电气绝缘接头对两侧管线进行电连续性的隔离，以确保两侧管线区域段得到不同的极化电位和消除杂散电流的影响。如果采用阴极保护而没有实现可靠的电导通绝缘，会对预应力钢丝产生过保护或欠保护的不利影响。过保护将会造成预应力钢丝发生氢脆性反应，导致钢丝断裂；欠保护将不能实现防腐蚀的目的，降低工程使用年限。可以说没有电导通绝缘就没有阴极保护，因此需要在 PCCP 管道与钢管衔接处采用绝缘处理。

目前常用的绝缘工艺主要有绝缘法兰、绝缘短管、整体型绝缘接头、装配式绝缘接头和承插式绝缘接头等。其中承插式绝缘接头绝缘性能好，生产制造简单，生产和安装功效高，大幅度降低了工程造价，因此得到广泛应用。

承插式绝缘接头由两个独立的承插口钢件和混凝土组成，承插口钢件进行了绝缘处理，与混凝土之间的黏结差，不利于后期运行时地层沉降引起的变形，承插口间易出现漏水现象。在辽西北供水工程（三段）管道建安工程二标 24 个承插式绝缘接头中有 17 个出现不同程度的漏水。据统计，其他各标段大部分绝缘接头均出现漏水，严重影响后期运行安全。本文主要针对辽西北供水工程（三段）管道建安工程二标中绝缘接头漏水情况，充分分析其原因，总结出了既满足加固处理要求，而且造价较低的内部处理方法，也很好地解决了漏水问题。

2 绝缘接头漏水原因分析及通常的处理方法

绝缘接头漏水的原因是：在安装回填完成后，地层产生自然沉降，绝缘接头一侧连接钢管，另一侧连接 PCCP 管，钢管与 PCCP 管重量不一致，导致绝缘接头处易出现不均匀沉降，造成绝缘接头承插口端变形，进而导致承插口钢件脱离，形成漏水通道。通常情况下，漏水一般采用外部处理法，即先进行降排水，再取大开挖，管道全部出露后从外部进行混凝土加固防渗处理。

外部处理方法主要存在以下问题：

（1）重新将管线开挖出来，然后再进行处理，需要进行长期降排水，施工成本高。

（2）PCCP管道已经安装完成，开挖时容易碰伤管道，造成二次伤害。

（3）在降排水过程中，容易造成上下游管线底部细颗粒土随排水流失，从而造成管底空洞，管线再次沉降，也容易造成管道二次伤害。

（4）外部处理主要采用混凝土包封加固，施工过程中，容易造成承插口钢件防腐层破损，破坏绝缘接头的绝缘性。

3 绝缘接头防渗处理方法

基于以上原因，结合本工程的特点，拟对常规方法进行改进，提出从管道内部处理的方法，即直接在管内采取临时止水措施，然后加固承插口，再进行永久防渗措施。该方法施工简单、工艺可靠，可避免对周边管线造成二次伤害。研究过程中，通过对多个绝缘接头加固防渗处理，其止水效果良好，绝缘性能也能满足设计及规范要求，主要处理方法包括承插口加固和防渗措施，

具体叙述如下。主要处理方法包括承插口加固和防渗措施，具体叙述如下。

3.1 承插口加固措施

凿除绝缘接头中部承插口连接段槽口内壁素混凝土和聚硫密封胶，露出绝缘接头插口端钢板，取出槽内25mm×40mm橡胶条，在插口连接段槽内增设两道30mm厚钢板环，第一道钢环高度为65mm，第二道钢环高度为55mm。两道钢环采用5cm厚的横向连接钢板进行固定，横向连接钢板的尺寸为68mm×65mm×5mm和40mm×55mm×5mm，布设间距为20cm，均焊接在绝缘接头加劲环上，使钢环与横向连接钢板、加劲环连接成受力骨架共同受力，防止绝缘接头在受外荷载及地基沉降时发生变形。

为防止焊接时的热变形，横向连接钢板与绝缘接头承插口钢板应预留间隙，加劲环与横向连接钢板的焊接采用均匀对称电焊，不得满焊。

加固完毕后，在原25mm×40mm橡胶条处填塞聚硫密封胶，填塞厚度为32mm，然后安装胶条，最后填塞C35细石混凝土。

为了增加混凝土与钢板之间的黏结力，在绝缘接头过渡环与两道钢环之间增加一道$\phi6$环向钢筋，每5cm设置一道$\phi6$横向钢筋。

承插口加固措施见图1。

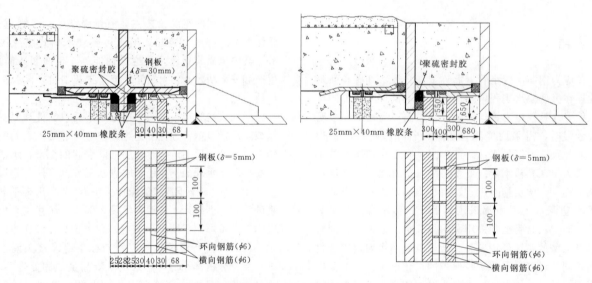

图1 承插口加固措施图（单位：mm）

3.2 防渗措施

3.2.1 外水渗漏封堵措施

绝缘接头加固完毕后，将原安装胶条位置清理干净，设置32mm聚硫密封胶，然后安装胶条，高度与绝缘接头过渡环齐平。

胶条安装完成后，将槽内清理干净，采用C35补

偿收缩细石混凝土填塞，并人工压实，保证混凝土密实。

填塞混凝土时，在混凝土内埋设灌浆孔，待混凝土达到3d强度以后，在混凝土内灌入聚氨酯止水。

3.2.2 内水渗漏处理措施

上述外水渗漏措施实施完成后，按标准管缝渗漏水处理措施进行该部位的处理，使用聚脲和胎基布对绝缘

接头范围内进行防腐、防水、耐磨处理。

4 施工工艺

4.1 施工工序

施工工序为：内壁混凝土凿除→第一道加劲环安装及焊接→第二道加劲环安装及焊接→钢筋安装→聚硫密封胶施工→25mm×40mm 橡胶条安装→内壁混凝土施工。

4.2 施工方法

（1）内壁混凝土凿除。为了减少施工对绝缘接头其他部位的扰动，绝缘接头内壁混凝土凿除时，先用电钻钻孔，然后人工凿除。凿除的混凝土块装袋后，人工运输至管外弃除。

图 3　现场钢环安装示意图

钢环采用 30mm 厚的钢板切割成型，采用等离子切割机切割。高度为 65mm 钢板用一块 2.25mm×1.275mm 的钢板切割，可切割 10 块，钢板利用率为 52.13%；高度为 55mm 钢板用一块 2.25mm×1.157mm 的钢板切割，可切割 10 块，钢板利用率为 48.7%。

因为绝缘接头安装完后长时间埋在地底下，在此期间受到外土压力的作用，椭圆度变形较大，这是造成漏水的主要原因。在安装钢环时，必须采用从内向外的外力作用，确保钢环能够紧贴绝缘接头承插口端钢板。在钢环上设环向支撑系统，通过支撑系统末端的液压千斤顶施加外力。支撑系统主要由 16 组支撑杆件和中心连接板组成，支撑杆件由连接板、连接杆和液压千斤顶组成，中心连接板为直径 800mm、厚 12mm 的圆形钢板，钢板一侧设置加强劲，确保钢板的刚度。支撑系统的安装顺序详见图 4。

为了防止在施加外力作用下钢环侧翻而影响加固效果，增设横向钢板。横向钢板尺寸为 68mm×65mm×5mm 和 40mm×55mm×5mm 两种尺寸，环向间距为

（2）加劲环安装及焊接。加劲环钢板厚度为 30mm，第一道加劲环高度为 65mm，第二道加劲环高度为 55mm。钢环嵌在绝缘接头中部承插口钢槽内，无法整体安装，结合现场情况，两道钢环平均分成 5 段进行安装，每段弧长长度为 2.34m。安装时，从底部往上安装，即先安装底部一段，然后两侧均衡上升。钢环安装顺序见图 2，现场钢环安装见图 3。

图 2　钢环安装顺序示意图

20cm。当安装到第 4 步时各个千斤顶开始逐步加压受力，确保钢环紧贴绝缘接头承插口钢板，以便安装最后一块加劲环弧段。安装至第 6 步时，将全部千斤顶加压，检查钢环与绝缘接头承插口钢板的间隙，然后将各加劲环弧段全部焊接成整体。为了防止热变形，加劲环与绝缘接头承插口钢板采用均匀对称电焊，不得满焊。

第一道钢环安装完后，按照同样的方法安装第二道钢环。

（3）钢筋安装。钢筋主要设在过渡环与第一道钢环、第一道钢环与第二道钢环之间的凹槽内，将钢筋切断后，点焊在钢环上，钢筋的布置高度为 1/2 钢环高度（图 5）。

（4）止水处理。其主要分为外水内渗处理和内水外渗处理。

1）外水内渗处理。钢环安装完毕后，将原安装胶条位置清理干净，布置 32mm 聚硫密封胶，然后安装胶条，高度与绝缘接头过渡环齐平。胶条安装完成后，再将槽内清理干净，然后采用 C35 补偿收缩细石混凝土填塞，并用人工压实，保证混凝土密实。填塞时，在混凝

土内埋设灌浆孔，待混凝土达到 3d 强度以后，在混凝土内灌入聚氨酯止水。外水内渗处理见图6。

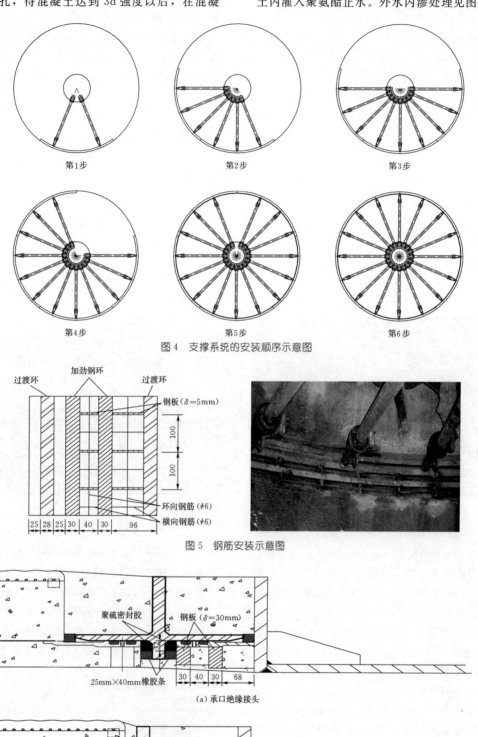

图 4 支撑系统的安装顺序示意图

图 5 钢筋安装示意图

（a）承口绝缘接头

（b）插口绝缘接头

图 6 外水内渗处理示意图

2）内水外渗处理。施工流程如下：

初步清理：用抹布、抹子、电镐等将处理区周围的杂质、水等清理干净。

清除油污：主要清理管道内壁表面的油污及污染物，清理范围以管缝为中心两侧各 500mm 的管道内壁。清理油污主要采用稀释的洗涤剂，洗涤剂与水配比为 1∶10，配比可调，以能完全清理掉油污为主，尽量减少洗涤剂用量；按照配比用量杯分别量取洗涤剂、水装入喷壶中摇匀，并配备一个装有清水的喷壶用于清理管缝及混凝土面残留的洗涤剂。

作业时从顶部向底部喷刷 1∶10 稀释洗涤剂，用毛刷刷洗，再用装有清水的喷壶喷水清理，然后用抹布擦干，最后用暖风机烘干。要求管道内壁表面污染部位颜色与混凝土面颜色基本一致。

管道内壁打磨：①打磨范围不小于聚脲处理宽度；②打磨前用石墨笔、钢板尺画出打磨边线，打磨过程中严格按照边线进行控制；③打磨后混凝土出现砂粒即可，打磨区域边缘错台高度不大于 1mm；④打磨完成后，用吸尘器除尘、抹布擦干，并用暖风机烘干。

聚脲施工：根据管道设计压力，涂刷不同厚度的聚脲涂层。管道设计压力小于 1MPa 的接缝处采用一层胎基布，聚脲涂层厚度不小于 3mm；管道设计压力大于等于 1MPa 的接缝处采用两层胎基布，聚脲涂层厚度不小于 4mm。具体要求如下。

①涂刷界面剂：界面剂涂刷范围与打磨范围一致。涂刷前将表面烘干（干面施工），应在表面反复涂刷，不能漏刷，保证无死角。表干后涂刷聚脲，表干以不粘手为准。

②第一层聚脲涂刷：利用刮板在接缝修复表面涂刷聚脲，应将表面抹平、均匀，不可见棱角，各部位颜色均匀，且不宜过厚。由底部向上部涂刷，涂刷过程中应上下来回刮，表干后进行下一步施工。

③第二层聚脲涂刷：胎基布可以购买标准宽度的，也可自行加工，自行加工的应保证各边平齐。铺设时，铺一块涂刷一块，边卷边赶，要反复刮涂，浸透胎基布，以胎基布网格不可见为准。涂刷中防止胎基布打卷、出现褶皱等，宜从中间向两边涂刷。胎基布搭接长 100mm。

④第三层聚脲涂刷：在第二层聚脲表干后进行，从底部向顶部均匀刮涂、找平，胎基布网格应完全看不见。

⑤第四、五层聚脲涂刷：对于管道设计压力大于等于 1MPa 的接缝处，需铺设第二层胎基布，具体做法与③、④相同。

涂刷过程中出现流挂现象时应降低涂刷速度，并及时摊铺，表干后应及时检查涂刷质量，检查是否有漏刷，如有应及时补刷。作业过程中要保证处理部位干燥，防止形成气泡。

5 资源投入

设备、人员和周转材料等的投入情况如下。

5.1 设备配置

需要的设备名称、型号及数量见表 1。

表 1 设备的名称、型号及数量表

设备名称	规格型号	单位	数量	备注
发电机	50kW	台	1	
电焊机		台	2	
液压千斤顶	20t	个	17	1 个备用
工具车		辆	1	
手推车		辆	1	
工作桁架		台	1	

5.2 人员

需要的人员情况见表 2。

表 2 人员情况表

工种	数量	备注
工长	1	现场施工总负责
电工	1	负责布线、电路维护等供电工作
电焊工	2	负责安装焊接工作
杂工	4	负责混凝土凿除、配合安装、混凝土灌注、注浆等工作
合计	8	

5.3 周转材料

需要的周转材料名称、型号及数量见表 3。

表 3 周转材料的名称、型号及数量表

名称	规格型号	单位	数量
钢板 $\delta=12$	圆形直径 800mm	块	1
钢板 $\delta=5$	122mm×200mm×5mm	块	16
钢管	$\phi60$，长 1300mm	根	16
高强螺丝	$\phi14$，8.8 级	个	64
照明灯		个	2
电缆线	三相四线	m	200

6 使用效果

2016 年 4 月，在碾盘河处对 C29＋976.847～C29＋

977.845 的 3 个绝缘接头，按处理措施进行现场试验。通过现场试验彻底解决了漏水问题，并于 2016 年 5 月 12 日进行了绝缘接头绝缘性能的检查。检查结果表明，现场处理过程中没有破坏原绝缘接头的绝缘性能。

通过工程实践，验证了绝缘接头漏水处理的施工技术成熟可靠，实用性和操作性强，且能节约成本，有效地解决了绝缘接头漏水问题。

7 结语

通过对出现渗漏的大型 PCCP 管道绝缘接头加固及防渗处理技术研究，将常规的外部处理变为内部处理，从内部加强了承插口绝缘接头的抗不均匀沉降能力、有效制止了接头断裂后的漏水问题，且不影响绝缘接头的绝缘性能。

通过本成果的应用与推广，特别是对富含地下水的地层中，有效地解决了外部处理中开挖难度大，降排水费用高的问题。在实际操作中，采取内部处理施工方法简单、安全，工期可控，质量有保障，并且大幅度降低了施工成本。

参考文献

［1］ 李保华. 大口径 PCCP 管线承插式绝缘接头技术研究［J］. 水利规划与设计 2015（5）.

地铁车站地质破裂带 WSS 注浆施工技术

曹宜乐　张亚峰　贾晓航/中国水利水电第十一工程局有限公司

【摘　要】 本文结合深圳地铁 9 号线海上世界站地质破碎带 WSS 注浆施工实践，详细介绍了 WSS 注浆施工技术原理、施工工艺、控制要点及质量控制措施。该施工方法对松散破碎地层加固堵漏具有良好效果，可在类似地层中采用，并有一定的推广价值。

【关键词】 地质碎裂带　WSS 注浆施工　加固堵漏

随着城市现代化发展，具有运量大、速度快、安全可靠、准点舒适特点的地铁公共运输系统越来越受到人们的青睐。在地铁建设过程中存在沉降控制、地面交通安全运营、地铁车站渗水等一系列技术难题，因此，在施工中地层的加固堵漏及承载能力的提高显得尤为重要。地质破碎带 WSS 注浆施工技术在深圳地铁 9 号线二期南海大道支线工程中得以成功应用，并取得了较好效果，为类似工程施工提供了参考和借鉴。

1　工程概况

深圳地铁海上世界车站基坑总长为 386.2m，标准宽度为 20.10m，深 17.1~18.0m，支护安全等级为一级。该站场地面高程在 4.57~5.25m 之间，地表由残积物、冲洪积物平整而成。上覆第四系土层主要为人工填土层、全新统冲洪积层、上更新统冲洪积层，下伏基岩为燕山期粗粒花岗岩，岩石出露面比较高，局部距离地面 1~2m。海上世界站存在 3 层地质破碎带，破碎带横穿基坑，宽度 20~30m，破碎带采用 WSS 注浆加固技术进行加固防渗。

2　技术特点

本工程 WSS 注浆加固技术的特点如下：

（1）钻灌一体化，二重管既是钻杆用来钻孔，也是注浆管用以直接注浆。

（2）二重管端头装有 30cm 浆液混合器，使两种浆液在输出时充分混合均匀，且不易堵管。

（3）采用无收缩注浆液，其固结硬化时间容易调整，浆液无流失，固结后不收缩，对地下水无污染。

（4）适用于多种地层加固，从钻孔至注浆完毕，可连续注浆作业。

（5）采用后退式注浆，钻孔深度大，施工速度快，经济效益好。

3　工艺原理

WSS 注浆加固技术主要采用坑道钻钻孔，并进行同步注浆加固堵漏。先用 A、B 液（水玻璃＋磷酸）后退式分段注浆进行地层排水，提高地层的抗渗性。当整个加固体采用 A、B 液后退式分段注浆施工完成后，再用 A、C 液（水玻璃＋水泥浆）后退式注浆进行软弱或破碎地层固结，以改变原地层物理性质并提高地层抗压强度，使软弱、松散的地层变成抗渗性能好、抗压强度高和稳定性好的地层，且具有较强的止水作用。地面注浆施工设备布置见图 1。

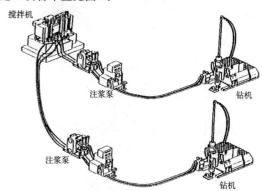

图 1　地面注浆施工设备布置示意图

4　施工工艺流程及操作要点

4.1　施工工艺流程

WSS 注浆施工工艺流程见图 2。

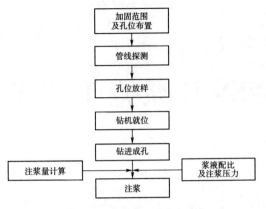

图2 WSS注浆施工工艺流程图

4.2 施工操作要点

（1）加固范围及孔位布置。注浆平面范围内在围护结构外侧布置2排注浆孔，孔间距0.9m，呈梅花形布置；第1排注浆孔距离围护结构外边缘1.5m，孔间距0.9m；第2排注浆孔距离第1排注浆孔0.9m，孔间距0.9m；沿围护结构方向5.4m为一单元，垂直围护结构方向增加2个孔对每单元进行封闭。注浆平面孔位布置见图3。

在深度方向加固体范围为：第1排桩加固体深度自地下水位以上2m，到结构底板以下2m；第2排桩加固体深度自地下水位以上2m，到结构底板以下5m。注浆加固体范围见图4。

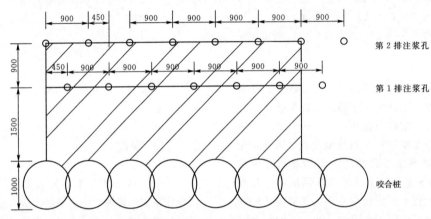

图3 注浆平面孔位布置示意图（单位：mm）

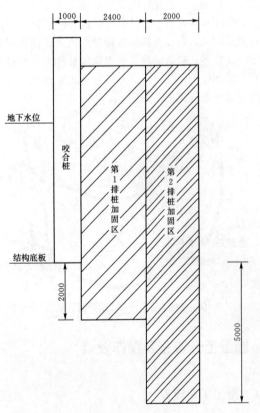

图4 注浆加固体示意图（单位：mm）

（2）管线探测。先进行管线调查，如果该区域无管线即可施工；如果有管线，则开挖探沟，确定地下管线的方位，并采取保护措施。

（3）孔位放样。施工前根据设计要求用全站仪对每个孔位放样，经过复测验线合格后，用钢钉在地面定位，保证桩孔中心偏差小于50mm。

（4）钻机就位。根据设计要求，将钻机对准孔位，垂直角度钻进，要求孔位偏差为±3cm，孔斜率不大于1%。对准孔位后，钻机不得移位，也不得随意起降。

钻机就位后，对桩机进行调平、对中，调整桩机的垂直度，保证钻杆与桩位一致；钻孔前应调试旋挖机、泥浆泵，使设备运转正常；校验钻杆长度，并用红油漆在钻塔旁标注深度线，保证孔底标高满足设计深度。

（5）钻进成孔。首孔施工时，要慢速运转，并注入清水从浆液混合器端部流出，掌握地层对钻机的影响情况。密切观察溢水出水情况，出现大量溢水出水时，应立即停钻，分析原因后再施工。每钻进一段，检查一段，及时纠偏，孔深偏差应小于30cm。

（6）注浆量、注浆压力及浆液配比计算。

1）注浆量可根据公式计算确定。由于浆液的扩散半径与土孔隙很难精准确定，只能根据该区段工程地质、水文条件和注浆效果及所选注浆材料，进行注浆量的估算。

注浆量按下式估算：

$$Q = An\alpha$$

式中 Q——注浆量，m^3；

      A——注浆范围体积，m^3，按扩散半径 2m 计算；

      n——孔隙率，按土类取值，素填土 50%，填块石为 60%，砾质黏性土 40%，全强风化混合花岗岩 35%，中风化混合花岗岩 25%；

      α——浆液填充率，按土类取值，素填土 40%，填块石为 50%，砾质黏性土 40%，全强风化混合花岗岩 30%，中风化混合花岗岩 20%。

计算注浆量见表 1。

表 1   计 算 注 浆 量

第 1 排孔位计算注浆量（每延米）/m^3	
素填土	$Q=3.14\times2^2\times50\%\times40\%=2.51$
填块石	$Q=3.14\times2^2\times60\%\times50\%=3.77$
砾质黏性土	$Q=3.14\times2^2\times40\%\times40\%=2.01$
全强风化混合花岗岩	$Q=3.14\times2^2\times35\%\times30\%=1.32$
中风化混合花岗岩	$Q=3.14\times2^2\times25\%\times20\%=0.63$

注浆量也可根据经验值确定。经验值注浆量见表 2。

表 2   经 验 注 浆 量

第 1 排孔位计算注浆量（每延米）/m^3	
素填土	1.5 倍土体积 = $1.5\times3.14\times0.75^2=2.64$
填块石	2 倍土体积 = $2\times3.14\times0.75^2=3.52$
砾质黏性土	1.5 倍土体积 = $1.5\times3.14\times0.75^2=2.64$
全强风化混合花岗岩	1 倍土体积 = $1.0\times3.14\times0.75^2=1.76$
中风化混合花岗岩	0.5 倍土体积 = $0.5\times3.14\times0.75^2=0.88$

此外，化学浆液注浆在第 2 排和每单元两端的封闭孔中进行，注浆量为 1m^3/m。综合注浆量的计算值、经验值以及化学灌浆的注浆量，确定不同地层中的注浆量（表 3）。

表 3   每孔注浆量（每延米）

注浆量/m^3 地层	第 2 排		第 2 排和每单元封闭孔	
	双液浆	化学浆	双液浆	化学浆
素填土	2.5	0	2.5	1.0
填块石	3.5	0	3.5	1.0
砾质黏性土	2.2	0	2.2	1.0
全强风化混合花岗岩	1.5	0	1.5	1.0
中风化混合花岗岩	0.75	0	0.75	1.0

2）注浆压力。根据地层性质、地层水土压力，注浆压力为 0.3～0.35MPa。注浆期间采用注浆压力和注浆量双重控制，即注浆量达到设计值或注浆压力达到设计值时，可停止注浆。

3）浆液配比。各种配比如下：

A 液 = 水玻璃（$45Be''$）：水 = 1：1（使用前稀释至 50%）。

B 液 = 磷酸：水 = 1：10。

C 液 = 水泥（42.5R 普通硅酸盐水泥）：水 = 0.5：1。

A 液：B 液 = 1：1。

A 液：C 液 = 1：1。

注浆时，可根据现场实际情况适当调整配合比，并适当加入特种材料以增加可灌性和堵水性能，提高止水效果。

浆液材料的具体要求如下：

A 液要求：①波美度为 40 的水玻璃；②水玻璃的初凝时间 2～3min，凝固强度 3～4MPa/2h。

C 液要求：①注浆用水采用清洁自来水；②注浆用水泥采用 42.5R 普通硅酸盐水泥，水泥各项指标均符合国家标准。

（7）注浆。注浆孔开孔直径不小于 73mm，严格控制注浆压力（0.5～1MPa），浆液凝结时间为 2～3min，浆液扩散半径为 2m，同时密切关注注浆量。当压力突然上升或从孔壁、断面砂层溢浆时，应立即停止注浆，查明原因后采取调整注浆参数或移位等措施重新注浆。注浆孔施工过程中均采用后退式注浆。

注浆过程中，必须精心操作和控制。在某点上的压力达到预定值时，缓缓提升钻杆，以压力减小或钻杆提升 0.3～0.5m 为宜。注浆结束后将注浆管洗净收回，对注浆孔进行密封，恢复原状。浆液强度、硬化时间、渗透性可根据施工现场进行合理调整。

5   几种注浆技术的对比分析

地层碎裂带注浆很多，几种常用注浆工艺的优缺点见表 4。

通过综合分析和对比，地铁车站地质碎裂带选用 WSS 工法，能满足工程要求，止水及土体加固效果较好。

表 4   常用注浆工艺的优缺点

工艺	特 点	优 点	缺 点
袖阀管	工艺复杂，易出现串浆及卡管	适用于软土地基加固	不能注双液浆，造价高
WSS 工法	注浆材料渗透性好，可较均匀地加固不良地质，可灌性好，污染小；人为控制注浆，可各方向连续注浆；设备配套简单，施工成本低	适用范围广，连续性强，高效经济，可行性强，环境保护好	—

工 艺	特 点	优 点	缺 点
高压旋喷注浆	适用范围广，施工简便	造价低，设备体积小，占地少，噪声低	浆液扩散范围小，遇有结石或硬物阻碍时无法达到加固范围，固结体收缩较大

6 质量控制

（1）严格按照施工工艺和操作规程进行操作，做到标准化规范作业。对于专业性强的工种应加强技术培训，努力提高全员技术素质。

（2）使用 42.5R 普通硅酸盐水泥或矿渣水泥，受潮结块水泥不得使用。水泥等材料的各项技术指标符合现行国家标准，并应附有出厂检验单。

（3）浆体应按照试验确定的配合比，经计量后用搅拌机充分搅拌均匀，水泥浆搅拌时间为 3～5min，但不得超过 30min，注浆过程中不停缓慢搅拌。浆液配比应符合设计要求，配浆时最大误差为 ±5%。未搅拌均匀或沉淀的浆液严禁使用。

（4）注浆速度为 20～30L/min。

（5）钻孔施工长度及角度偏差符合要求，钻孔孔位因客观条件限制不能满足设计要求时，应移位并计算确定参数，必要时补充钻孔。

（6）注浆过程中，时刻注意泵压和流量的变化。若吸浆量很大或压力突然下降，注浆压力长时间不上升，应查明原因；压力突然升高，应及时查找原因，进行处理；工作面漏浆，可采取封堵措施；发生串浆时，可采取两孔同时注浆措施。

（7）施工时采取分序注浆方式，并宜采用间隔跳孔、逐步约束、先下后上的注浆施工方法。

（8）在填土底面注浆时，该处易受地下水影响，易跑浆。此时应注意以下几点：①为避免地下动水稀释浆液或将浆液带走，填土底面注浆时必须掺加 A、B 液，控制浆液凝固时间在 10～20s 之间；②为保证浆液不至于跑得太远，采用间歇定量分次注浆的方法；③任一钻孔注浆时，应将其相邻孔作为观测孔，观察孔内排水、排气、冒浆等情况，并做详细记录，以确定浆液扩散情况。

（9）当注浆量超过该孔加固土体体积 20% 还未达到上述结束注浆标准时，应及时分析原因，察看是否存在跑浆等问题，采取相应解决措施。

（10）注浆施工时，应在地表设置 3～5 个水准观测点进行监测，不允许地面产生裂缝和抬升情况。一旦发现地面有产生裂缝和抬升倾向，必须及时调整注浆压力和注浆量。

（11）注浆结束 28d 后对注浆效果进行检验。

（12）施工结束后需对场地进行沉降观测，对处理效果做进一步的验证。

7 结语

采用 WSS 注浆技术，可较均匀地加固不良地质，可灌性高，污染小，可人为控制注浆及各方向连续注浆；设备配套简单，施工成本低，对渗水较大的地层、止水及土体加固效果较好。

深圳地铁 9 号线二期南海大道支线工程车站破裂带中应用 WSS 注浆技术，与袖阀管注浆相比，节约 46.8 万元，工期提前 1 个月。

微型钢管桩在深圳地铁基坑支护中的应用

曹宜乐　吴　祥　张亚峰/中国水利水电第十一工程局有限公司

【摘　要】 本文结合深圳地铁9号线海上世界站微型钢管桩施工，详细介绍了微型桩施工技术、施工工艺、控制要点及质量控制措施，该工艺可在复杂环境下基坑支护中提高功效，具有一定的推广价值。

【关键词】 深圳地铁　微型钢管桩　施工技术　基坑支护

　　随着我国工程建设的不断发展，工程项目中基坑支护得到广泛的应用，并成为工程中的重大课题。微型钢管桩在一些特定场合中，以其独特的优势开始逐渐受到设计和施工人员的重视。本文对微型钢管桩的施工技术进行研究，将为基坑施工新途径提供有益的指导。

1　工程概况

　　深圳地铁9号线海上世界站基坑总长为386.2m，标准宽度为20.10m，深17.1～18.0m，支护安全等级为一级。地面高程一般在4.57～5.25m之间，地表由残积物、冲洪积物平整而成。上覆的第四系土层主要为人工填土层、全新统冲洪积层和上更新统冲洪积层，下伏基岩为燕山期粗粒花岗岩，岩石出露面比较高，局部位置距离地面1～2m。海上世界站存在3层地质破碎带，破碎带横穿基坑，宽度20～30m。海上世界站站后区间左侧桩号（ZDK3＋355.172～ZDK3＋376.029）纵向存在132kV高压电缆。经现场探挖，132kV电缆外套是PVC管，内填隔离油，局部采用外套PVC管直埋方式进行敷设。电缆中段有一处电缆接头油井（1.6m×1.7m×1.5m）侵入基坑内，位于混凝土支撑上方，若采用咬合桩，安全风险大，在此条件下，微型钢管桩为最佳选择。

2　微型钢管桩的技术特点

　　（1）采用金科590履带式液压钻机钻孔，钻进3m后加钻杆，连续作业；自带空压机排除粉尘；钻机性能好，效率高。

　　（2）微型钢管桩可承受强大的冲击力，承载力大，水平阻力大，抗横向力强，设计灵活性大。可根据需要，变更桩的壁厚，还可根据需要选定适用设计承载要求的外径。

　　（3）微型钢管桩可自由地焊接接长或气割切断，故桩长容易调节，可快速施工。

　　（4）钢管桩易于接头焊接，桩身分段拼接且接缝的强度与母材的强度相等，能够定出适应需要的埋设深度，焊接安全，适用于长尺寸施工。

　　（5）采用冠梁与微型桩顶部焊接，与上部结构容易结合，保证上下同步工作。

　　（6）微型钢管桩自重轻、不易破损、容易搬运和堆放操作。

　　（7）微型钢管桩施工简便，可以缩短工期，提高效益。

3　微型桩施工方法

3.1　施工流程

　　施工流程见图1。

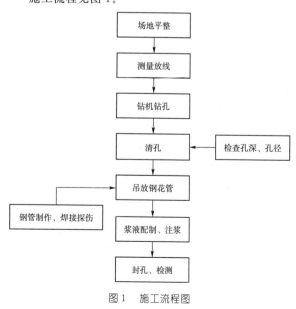

图1　施工流程图

3.2 施工工艺

(1) 施工准备。整平作业场地，检修钻孔设备，注浆设备到位，确保正常作业。

(2) 钻机就位。在工作平台搭设后钻机就位。移动钻机使转盘中心大致对准护筒中心，起吊钻头，移动钻机，使钻头中心正对桩位。桩位偏差应控制在20mm以内，直桩的垂直度偏差不宜大于1%，斜桩的倾斜度应按设计要求做相应调整。保持钻机底盘水平后，即可开始钻孔。斜桩成孔时，采用钻机脚板垫高到要求的方法，用罗盘检查钻杆的倾斜度。

(3) 钻孔。钻孔采用金科590履带式钻机，孔径300mm，间距450mm，钻进3m后，续接钻杆2m，继续钻进，保持连续作业。微型桩施工时应防止出现穿孔和浆液沿砂层大量流失的现象，可采用分序施工、间歇施工和增加速凝剂掺量等措施加以处理。

(4) 清孔。钻进中采用泥浆护壁成孔，成孔后用水冲清孔。钻孔时泥浆比重控制在1.18左右，清孔后泥浆比重控制在1.12左右。

(5) 微型桩钢管防腐。微型桩的腐蚀主要是金属材料的腐蚀；微型桩加筋的腐蚀是一种电解现象，钢材发生腐蚀，应是其阴极和阳极同时发生反应，引起这种反应的力就是两级区的电位差。引起微型桩腐蚀的主要原因是地下水和氧的腐蚀介质作用，水和氧与钢铁发生反应生成铁锈。

微型桩的防护应满足以下基本要求：①应按微型桩的使用年限、微型桩所处环境的腐蚀程度及微型桩破坏后果等因素确定防护类型与标准；②微型桩防护的有效期应等于微型桩的使用有效期；③采取防护措施的加筋应能将荷载传递到桩体；④微型桩及其防护系统在制作、运输、安装过程中不应受到损坏；⑤用于防护的材料在相应的工作温度范围内保证不开裂、不变脆或液化，具有化学稳定性，不与相邻材料发生反应，并保持其抗渗性。

微型桩的腐蚀防护主要有以下几种方法：①镀锌处理；②表面涂环氧树脂；③采用套管；④提前对腐蚀程度进行估算，适当加大加筋尺寸。

(6) 钢管焊接与吊装。单根钢管长度小于设计孔深长度时，则焊接加长，焊缝需经过探伤检测满足要求，钢管外侧焊接导向筋，钢管壁打孔，间距2m，呈梅花形布置。钻孔前按设计方案要求将钢管接长，搭接部位要用套筒搭接焊，套筒高度不小于钢管直径的两倍，套筒壁厚不小于钢管壁厚，在套筒周边焊接，焊缝应饱满，并应检查钢管的垂直度。焊工必须有焊工证，施焊前应试焊。端部采用6mm钢板封闭，并在下部4~6m段布置出浆口，直径10mm，间距300mm，呈梅花形交错布置；采用胶带封口，得到一定压力后自动开封。

(7) 注浆。水泥浆配制时，水泥浆的水灰比控制在0.4~0.6之间，水泥浆宜用高速搅拌机制浆，以确保搅拌均匀，减少离析，再转入低速搅拌储浆桶，边搅边注浆。

微型桩注浆参数主要包括：注浆龄期、水泥浆液的配比、注浆压力、注浆量和注浆持续时间等。微型桩注浆参数的选择是注浆技术的关键。

注浆龄期是指桩身材料的强度达到要求时所需要的时间。由于注浆时要施加较高的压力，必须要等到桩身具有一定的强度之后才可注浆。

水泥浆液的配比是指水和水泥及水泥掺料的质量比。不同浓度的浆液具有不同的性能，稀浆液便于输送，渗透能力强；中等浓度的浆液有填食、压密的作用；高浓度浆液对于已经注入的浆液有脱水作用。浆液如果采用水泥浆，水灰比选择在0.4:1~0.6:1之间；采用水泥水玻璃浆液时，水灰比应在1:1~0.6:1之间。在实际注浆时，一般先用稀浆液，然后再用中等浓度的浆液，最后用高浓度的浆液。必要时可掺入适量的外加剂以改善浆液的性能，提高注浆效率。用作防渗堵漏的树根桩，允许在水泥浆液中掺入不大于3%的磨细粉煤灰。

当注浆压力超过桩周土上覆土自重压力和强度时，将有可能导致上覆土层破坏，桩身上浮。因此，注浆压力一般以不使地层结构破坏或发生局部和少量破坏为前提。注浆压力与桩长、桩端土层的性质有关，桩身越长，桩端土层强度越高，则所需的注浆压力越大；桩身越短，桩端土层强度越低，则所需的注浆压力越小。此外，在不同的阶段，所需要的注浆压力也不同，注浆开始阶段由于要克服很大的初始阻力，所需的压力较大；平稳注浆过程中，所需的压力较小。一般情况下，可根据注浆试验成果确定注浆压力。

注浆量的确定：计算每根桩从开始压浆至终止压浆所使用浆液的体积。在浆液水灰比为1:1的情况下，桩端注入水泥量可按公式估算。

注浆持续时间是指从注浆开始到注浆结束的时间段。一般情况下，桩的注浆持续时间不超过2h。也可以采取多次注浆技术来提高注浆的效果。

初次注浆：清孔至孔口冒出的泥浆达到符合要求的泥浆比重时（注浆前不能终止清孔），才能开始注浆。初次注浆时注浆泵正常压力控制在0.3MPa左右，微型桩施工如出现缩颈和塌孔的现象，应将套管下到产生缩颈或塌孔的土层深度以下。注浆作业时，注浆浆液应均匀上冒，直至灌满，孔口冒出浓浆，压浆才告结束。注浆过程应连续，如因一些原因中断注浆，应立即处理。注浆管的提升应根据注浆压力变化进行，每次提升高度不超过50cm，直至水泥浆完全置换孔内泥浆从孔口溢出为止。注浆完毕，立即拔初次注浆管，每拔出2m补灌一次，直至拔出为止。在整个注浆过程中，严格控制注浆顶面标高（设计桩顶标高以上加灌长度应大于50cm）。

二次注浆：初次注浆浆液达到初凝后（一般 5～7h）开始二次注浆。由注浆泵通过注浆管压入注浆浆液，并从注浆管的开口处溢出。在注浆压力的作用下，浆液顶开橡皮套，冲破初凝的水泥浆，挤压填充到桩体与土壁之间的空隙，从而提高桩的承载能力。二次注浆的挤压效果取决于注浆压力、初凝时间、水灰比、土层特征等因素。二次注浆的注浆压力为 2～4MPa。一般从底部往上层注浆，注浆时边注边上拔。上拔速度应保证水泥浆溢出，且要控制速度，速度太慢造成材料浪费。拔管后在桩顶填充碎石，并在 1～2m 范围内补充注浆。二次注浆管可用于代替 1 根钢筋连接筋。

4 微型桩施工

海上世界站站后区间由于 132kV 电缆侵占咬合桩位置，无法施工咬合桩。为保证基坑稳定体系的安全性，

在高压电缆侧设置一排微型桩，保证不侵占主体结构边线。微型桩直径 300mm，间距 450mm，钢管直径 219mm，壁厚 10mm，灌注水灰比为 1∶1 的水泥浆或浇筑 M35 砂浆。微型钢管桩共 52 根，钢管桩顶部施工 600mm×1200mm 冠梁。

浇筑混凝土支撑梁时，每道混凝土支撑梁端部设置 4 根水平传力钢管（直径 127mm，壁厚 10mm），下穿 132kV 电缆，水平传力钢管锚入人工挖孔桩 600mm，锚入 600mm×1200mm 冠梁 300mm。600mm×1200mm 冠梁顶部设置 600mm 厚挡水坎。挡水坎顶部与人工挖孔桩顶部 1200mm×1200mm 冠梁顶部高程相同，均为 4.8m。在挡水坎与 1200mm×1200mm 冠梁之间设置 7 道 400mm×400mm 的混凝土连接梁，连接梁中心线与外部人工挖孔桩钢筋柱中心重合。在钢管桩底部 0.5m 处设置横向钢腰梁，腰梁设一排锁脚锚杆 2φ28，长度 8m，间距 3.2m。具体关系如图 2 所示。

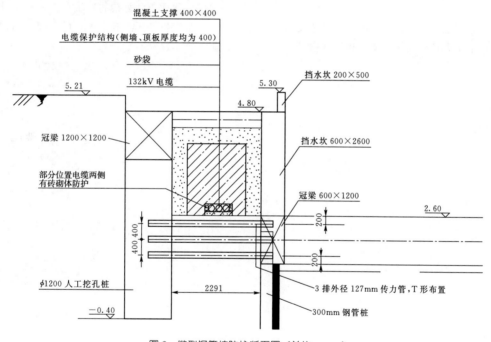

图 2　微型钢管桩防护断面图（单位：mm）

5 质量控制

（1）成孔质量控制。成孔前为保证桩的垂直度，需有水平尺前后、左右调整好钻机的平整度；为控制桩位偏差，成孔前先用仪器精确定出桩位，并在每个桩位上做出标记。开钻时，钻头中心对准标记记头方可开钻。为保证桩径，开钻前要用尺子测量钻头尺寸，发现直径不够立即调换或补焊钻头。钻机每进尺累计达到 200m 后要测量钻头一次，因成孔时是钻机带水压成孔，成孔至设计标高后，要用钻机直接洗孔，目测孔内泥浆不再浑浊方可放置钢管投放石料，并做好施工记录。

（2）注浆管制作质量控制。注浆管采用 219mm× 10mm 钢管，共计 52 根，设计桩长 8m 和 12m，施工中钢管需要焊接。钢管焊接采用内径大一个型号的 273mm 钢管套筒连接，外侧采用 3 根长 15cm、φ12 钢筋绑焊加强。8m 桩注浆钢管下部 3m 范围内，每隔 30cm 梅花形布设一组出浆孔，出浆孔直径 8mm，可用电焊机直接点孔，注浆下管前用透明胶带封孔。12m 桩注浆钢管下部 4m 范围内，每隔 30cm 梅花形布设一组出浆孔，出浆孔直径 8mm，注浆下管前用透明胶带封孔。

（3）水泥浆液质量控制。严格按 0.5∶1 的比例配置，配置时水泥以每袋 50kg 计算，水的用量在水箱内画上刻度线，水泥浆在搅拌桶内至少搅拌 3min 后才可

以开始注浆，使其搅拌均匀。如果因设备出故障或其他原因致使浆液搅拌时间超过30min，为不影响桩身质量，应把浆液废弃。

（4）施工控制与检测。施工过程中对每个施工班组及时检查，检查重点是桩长、水灰比、水泥用量。桩长可直接测量注浆钢管长度，水灰比直接在现场用比重计监测，每灌注完10根桩以后，要及时核实水泥实际用量，如果不符合设计要求及时加以调整，并对已施工过的桩进行补灌。

对承受竖向荷载的微型桩，采用静载试验检验其承载能力和沉降特性；对作为抗拔的树根桩，采用抗拔静载试验检测其抗拔力；对作为复合地基的树根桩，除检测单桩承载力外，还应检测复合地基承载力；桩身完整性可采用低应变进行检测。

6 微型桩安全控制

（1）微型桩施工之前，对每个班组进行技术交底和安全交底，使每个工人都牢固树立质量和安全意识。

（2）焊接钢管的作业人员必须持证上岗，佩戴好防护面具，穿戴好防护手套。

（3）注浆时注浆管不得弯折缠绕，时刻注意压力表，以免压力过高导致伤人。

（4）前场插拔注浆管人员佩戴防护眼镜，以免浆液溅入眼中，每个班组施工之前，安全员现场检查是否佩戴防护眼镜，佩戴以后方可施工，对不佩戴者要进行处罚。

（5）每根桩注浆结束后，注浆管要保持压力3min，等压力消散之后拔掉注浆管，这样既有利于注浆效果和保证桩身质量，也避免了压力过高造成安全事故。

7 结语

微型钢管桩目前在建筑市场较为多见，特别是在基坑支护锚固结构中能起较大的作用。微型钢管桩可在狭小空间、地质条件复杂的环境下作业，尤其在复杂环境下灌注桩等桩基无法施工时，可为围护结构快速施工提供施工技术保障。

复杂土层锚索成孔关键技术

张 华 吴亚伟/中国水利水电第十一工程局有限公司

【摘 要】 深圳市轨道交通7号线西丽湖站基坑锚索深度范围内土层复杂多变，特别是在穿越砾砂层及残积土层时锚索成孔难度更大。在该类地层中钻孔易破坏原来地层的相对稳定或平衡状态，造成孔壁坍塌、缩颈、涌水及涌沙。另外，土锚钻孔采用循环泥浆护壁工艺会在孔壁上形成泥皮，如何最大限度地消除孔壁泥皮对抗拔承载力的影响也是一个难题。文章总结了在复杂土层地质条件下的锚索成孔方法及技术要点，以期能给类似工程提供借鉴。

【关键词】 锚索成孔 复杂土层 抗拔承载力 三翼合金钻头

1 工程概况

西丽湖站是深圳市轨道交通7号线工程的起点站，车站包括站前单渡线及站后折返线，车站位于南山区深圳市野生动物园南侧、西湖林语名苑北侧丽水路上。车站有效站台中心里程为DK0＋390.926，车站西端设站前单渡线，东端设站后折返线。车站起讫里程为DK0－0.986～DK0＋559.226，车站总长560.216m。西丽站基坑支护工程安全等级为一级。基坑围护结构采用钻孔灌注桩及地下连续墙。支撑系统包括动物园高边坡段竖向设1～2道锚索＋1道混凝土支撑＋2道钢管支撑；折返线临时路面盖板段竖向设1道混凝土支撑＋1道锚索＋2道钢管支撑；折返线清华大学段采用竖向设2道锚索＋1道混凝土支撑＋1道钢管支撑。预应力锚索设计参数见表1。

西丽湖站基坑周边环境复杂，车站结构离西湖林语小区及动物园管理处房屋较近，且整个站址范围地形起伏较大，局部存在偏压。故深基坑支护施工除要求必须满足自身结构安全外，还必须确保周边环境与建筑物、道路管线的安全。

表1　　　　　　　　　　　　　　　　　　　预应力锚索设计参数表

锚索序号	锚索长度/m 自由段＋锚固段		拉力设计值/kN	预加力/kN	孔径/mm	水平间距/mm	钻孔角度
锚索1（动物园高边坡段）	第一道	(2s15.2) 16＋14	280	150	150	1350	15°、20°间隔布置
	第二道	(3s15.2) 14＋17	395	200			
锚索2（动物园地连墙段）	第一道	(3s15.2) 13＋17	370	150	150	2384	15°
	第二道	(3s15.2) 11＋19	430	200			
锚索3（清华大学地连墙段）	第一道	(2s15.2) 15＋13	280	150	150	1500	15°
	第二道	(3s15.2) 13＋17	390	200			
锚索4（清华大学钻孔桩段）	第一道	(2s15.2) 14＋13	280	150	150	1350	15°、20°间隔布置
	第二道	(3s15.2) 12＋17	390	200			
锚索5（右线吊脚桩段）	(3s15.2) 8＋8		315	150	150	1350	15°、20°间隔布置
锚索6（左线吊脚桩段）	(3s15.2) 8＋8		370	150	150	2700	15°、20°间隔布置

注 示例"(2s15.2) 16＋14"表示该类型锚索由2根公称直径为15.2mm的钢绞线组成，其自由段长度为16m，锚固段长度为14m。

2 工程地质

根据工程地质勘查报告，场地揭露的岩土层按时代、成因和物质组成划分为五大类，即第四系全新统人工堆积层（Q_4^{ml}）、第四系全新统冲积层（Q_4^{al+pl}）、第四

系上更新统坡积层（Q_3^{dl}）、花岗岩残积层（Q^{el}）、下伏燕山期花岗岩（γ_5^3）。在预应力锚索施工范围内，锚索穿越土层自上而下为：①₁素填土、④₅粉质黏土、④₁₁砾砂、⑥₁粉质黏土、⑦₁砾质黏性土、⑧₁全风化花岗岩。场地内各地层特征描述详见表2。

表 2 场地内各地层特征表

时代成因	地层名称	层厚/m	地 层 特 征
Q_4^{ml}	①₁素填土	0.5~6.0	可塑~硬塑，主要成分为黏性土，由花岗岩残积土或风化土回填而成，混砂砾，局部夹碎块石，偶夹混凝土块、砖块等杂物，结构松散
Q_4^{al+pl}	④₅粉质黏土	1.5~5.8	可塑，局部含砂，土质不均匀
	④₁₁砾砂	0~5.3	松散~稍密，饱和，含10%~20%的黏粒
Q_3^{dl}	⑥₁粉质黏土	2.2~11.2	可塑~硬塑，土质不均匀，含石英质砾砂
Q^{el}	⑦₁砾质黏性土	0.75~15.2	硬塑~坚硬，局部风化为砂质黏性土，局部可塑状，含较多石英颗粒，由花岗岩风化土残积形成，土质粗糙，遇水易崩解
γ_5^3	⑧₁全风化花岗岩	最大揭露厚度7.1	岩体呈坚硬土状，手捏易散，遇水易崩解
	⑧₂强风化花岗岩	最大揭露厚度5.45	岩体呈土夹碎块状、砂土状，浸水崩解
	⑧₃中风化花岗岩	最大揭露厚度1.6	中粗粒结构，块状构造，岩体呈碎块~块状，风化裂隙发育
	⑧₄微风化花岗岩	最大揭露厚度9.8	粗中粒结构，大块、块状构造，岩体呈块状，有少量风化裂隙，岩质坚硬

根据其赋存介质的类型，场地地下水主要分为孔隙水和基岩裂隙水。孔隙水主要赋存在冲洪积砂类土、黏土、坡积黏土及残积砾质黏性土、全风化花岗岩中；基岩裂隙水赋存于强风化及中等风化花岗岩中。

3 锚索成孔中遇到的难题

根据西丽湖站基坑锚索施工顺序，首先对锚索5、锚索6共计22根锚索进行施工，锚索5、锚索6为基坑围护结构吊脚桩锁脚锚索。该锚索所处地层主要为强、中风化花岗岩及微风化花岗岩，为岩石锚索，采用风动潜孔锤钻孔，取得较好效果。但在锚索1、锚索2、锚索3及锚索4钻孔时，冲击器常出现堵塞或冲击不连续、排渣不干净现象，甚至导致吸附钻杆和埋钻事故。而当起钻拔出钻具后又出现塌孔、缩颈现象，往往需要来回反复多次扫孔，导致成孔困难、效率低下，经常要返工。因此，根据工程地质条件和场地条件选用适当的成孔工艺，对提高施工效率、降低经营成本及保证成孔质量显得尤为重要。

4 锚索成孔困难原因分析

对锚索1、锚索2、锚索3和锚索4成孔困难问题进行分析，其主要原因如下。

4.1 不良的特殊性土层

本场地表层为素填土，属不良的特殊性土层，主要成分为黏性土，由花岗岩残积土或风化土回填而成，混砂砾，局部夹碎块石，偶夹混凝土块、砖块等杂物，结构松散，孔隙发育。钻孔过程中钻孔出现垮塌、漏风、串风及排渣不干净现象。因此，在该层难以成孔，往往需要多次扫孔。

4.2 地层的复杂多变

本工程锚索钻孔大多需穿越冲洪积砂类土、坡积粉质黏土及残积粒质黏性土层。地质勘察报告揭示，该类地层土质不均且地层复杂多变，遇水物理性质差，易崩解，饱和状态下受扰动后，极易软化变形，强度、承载力骤减。在该类地层中钻孔易破坏原来相对稳定或平衡状态，造成孔壁坍塌、缩颈、涌水及涌沙现象，从而造成锚索成孔困难；而采用套管跟进钻孔，虽解决了不易成孔、塌孔的问题，但对钻机性能要求高，特别是穿越砂层时，由于砂层摩阻力大，造成套管钻入困难，钻机需要提供足够大的扭矩和给进压力，且套管起拔时也很困难，不仅能耗大，成本高，施工周期较长，在工期紧的工程中影响尤为突出。

4.3 地下水丰富

地下水位较高，水量丰富，存在一定的水头压力，

对孔壁的稳定非常不利，从而造成成孔困难。

5 复杂土层锚索成孔关键技术

在复杂土层中进行锚索钻孔时，面对冲击器堵塞、串风、漏风、塌孔、排渣不干净以及摩阻力大等一系列难题，采用风动潜孔锤钻进工艺及套管跟进钻孔工艺已不能满足本工程要求，同时也对钻机等设备及其性能的选择提出了更高的要求。

5.1 钻孔设备及钻具选择

实践表明，对于此类复杂土层锚索钻孔设备宜选用液压回转钻机。选用 HM－90 型履带式全液压回转钻机，该钻机液压动力头的输出扭矩大，液压推进，钻进能力强，动力头的输出转速为无级变速，可根据不同的施工要求和地质情况自主选择钻进参数，以达到最佳钻进效率。钻机配套钻具可选择中空光圆钻杆或麻花钻杆，钻头选用三翼合金钻头。

5.2 锚索成孔关键技术要点

复杂土层锚索成孔关键技术要点如下：

（1）钻孔设备采用 HM－90 型履带式全液压回转钻机，钻头采用三翼合金钻头切削土体；钻机就位后，应调整钻机，使其保持平稳，按设计要求的角度进行钻孔。

（2）钻孔施工前应设置泥浆循环系统，泥浆循环系统供浆设备采用 3SNS 型注浆泵泵送泥浆。该注浆泵公称流量达 100L/min，并能控制供浆压力及流量。

（3）在锚索自由段钻孔采用膨润土循环泥浆护壁工艺和原土造浆护壁工艺相结合的钻孔方法；配置好的泥浆在注浆泵的压力下，浆液通过中空钻杆从钻头中压出，在钻头推进力及泥浆的作用下，泥浆携带钻削下的土渣从钻杆与孔壁间的间隙排出孔口，溢进泥浆沟，返回沉淀池中净化，净化后流入泥浆池后再次使用，形成循环使用。钻进中应注意以下几点：

1）钻孔过程中，对地层变化、地下水及一些特殊地层情况做好施工记录，并根据孔内返渣情况判断土层变化情况。

2）当钻至砂类土、残积粒质黏土等松散易坍塌地层时，应采用膨润土循环泥浆护壁，入孔泥浆比重应为 1.1～1.3，泥浆的黏度一般控制在 19～28s 之间，含砂率不大于 4%；其他黏结性较好的土层可采用孔内原土造浆护壁钻进。

（4）在锚固段钻孔采用水泥浆护壁工艺和原土造浆护壁工艺相结合的钻孔方法，制备好的水泥浆通过注浆泵泵送至孔内形成循环，新制备的水泥浆水灰比一般为 1：1～0.5：1，同时在钻进过程中根据不同地层对护壁泥浆中水泥添加量进行调整。松散易坍塌地层可适当增加水泥浆比重，这样不仅能够有效降低原土造浆所产生的黏粒在护壁泥浆中所占的含量，而且通过提高孔内供浆压力还会起到固壁效果，从而最大限度地减小了锚索锚固段孔壁泥皮对抗拔承载力的影响。

（5）终孔后钻杆不要立即拔出，继续用水灰比为 1：1 的水泥浆进行循环清孔，直到孔内排出的水泥浆手摸无明显颗粒为止，清孔后应立即下索并进行后序作业。

6 注意事项

钻进过程中，应经常检查土层变化情况，根据地层条件的不同采用不同的钻进措施。施工时采取以下措施：

（1）在硬塑层中钻进时应采用快转速钻进，以提高钻进效率。

（2）在砂类土、残积粒质黏土等松散易坍塌地层钻进时，应采用慢转速轻压钻进，并应适当增加浆液比重和黏度。

（3）在易缩孔地层中钻进时应采用慢进尺和高转速钻进，并应适当增加扫孔次数，防止缩孔。

（4）由硬地层钻至软地层时，可适当加快钻进速度；由软地层钻至硬地层时，应减速慢进。

（5）钻孔过程中应严格控制钻杆起拔速度，减少钻具起拔对孔壁的扰动，避免造成塌孔事故。

7 结语

本工程基坑锚索共计完成 203 根，成孔质量及一次性成孔率均得到了显著的提高，经过现场预应力张拉实测，土层预应力锚索抗拔承载力均达到设计值，张拉伸长量与设计修整伸长量均符合有关规范要求。

锚索成孔施工应根据地质情况及施工条件选择相适应的成孔方法，同时应兼顾施工工期、经济成本等影响因素。深圳市轨道交通 7 号线西丽湖站基坑支护工程，解决了锚索成孔中遇到的难题，取得了满意的效果，其经验可供类似地层条件的工程借鉴。

参考文献

［1］ CECS 22：2005. 岩土锚杆（索）技术规程［S］. 北京：中国计划出版社，2005.

［2］ JGJ 120—2012. 建筑基坑支护技术规程［S］. 北京：中国建筑工业出版社，2012.

［3］ 黄运飞. 深基坑工程实用技术［M］. 北京：兵器工业出版社，1996.

高压旋喷灌浆技术在复杂地层条件下的应用

杜海民　郭利英/中国水利水电第十一工程局有限公司

【摘　要】 本文以工程实践为例，从高压旋喷灌浆工艺参数的选择、施工顺序及成墙方式、施工工艺流程、施工方法及异常情况的处理措施等方面，详细介绍了高压旋喷灌浆技术在漂石、大块石含量较高的复杂地层条件下的应用，可为类似工程施工提供实践经验。

【关键词】 高压旋喷灌浆　工艺流程　施工方法　处理措施

1　高压喷射灌浆技术简介

高压喷射灌浆技术是利用高压水或高压浆液形成的高压射流，冲击、切割、破碎地层土体，并使水泥浆液与地层土体颗粒相互充填、掺混和凝结，从而形成桩柱或板墙状的凝结体，用来提高地基防渗或承载能力。高压喷射灌浆技术按喷射形式可分为旋喷、摆喷和定喷三种，每种喷射方式根据喷射设备与喷射介质的不同，又可分为单管法、双管法、三管法和新三管法。其中高压旋喷灌浆技术是利用高压射流进行旋转切割、喷射的同时，对喷管做提升运动，在地层中形成圆柱形桩体。高压喷射灌浆技术一般适用于淤泥质土、粉质黏土、粉土、砂土、碎石、卵（碎）石等松散透水地层或填筑体内的防渗处理。

2　工程应用实例

在水电水利行业，施工围堰往往处于河床冲积层或岸坡崩坡堆积层，其中漂石、大块石含量较大，地质条件复杂，采用高压喷射灌浆进行防渗处理的适用性仍需进一步探索和实践。笔者在工程实践中先后参与了4个类似工程的施工，取得了良好效果，积累了一定的经验。高压旋喷灌浆技术工程实例见表1。

表1 高压旋喷灌浆技术工程实例

项目名称	地质条件	围堰概况	工程效果
云南梨园水电站厂房基坑围堰	堰基覆盖层为冲积层和冲洪积层混合堆积体，冲积层（Q^{al}）中含砂、卵、砾石夹漂石、孤石，冲洪积层（Q^{al+pl}）中含碎块石、漂石、卵石夹砂土，下伏基岩为弱风化玄武岩	堰体设计为"预留岩坎＋局部回填＋两排高压旋喷桩套接成墙防渗"，堰顶轴线长304.40m，防渗体采用双管法和三管法高压旋喷灌浆技术。孔距80cm、排距80cm，平均孔深39.52m，最大孔深55m，总工程量为30192m	采用单孔声波、跨孔声波法检测并进行强度换算，单孔平均强度为9.50MPa、最大18.37MPa；跨孔平均强度为6.91MPa、最大11.70MPa。基坑开挖后渗水量较小，满足施工需求
尼泊尔上塔马克西水电站坝基防渗	坝基为河床冲积层，深度超过200m，其中漂石、大块石含量较大	坝基设计采用"拉森钢板桩＋悬挂式高压喷射防渗墙防渗"，轴线长104.40m，防渗墙采用三管法高压旋喷灌浆技术。孔距60cm、平均孔深14m，共173个孔，总工程量为2422m	抽检14个孔，由地质钻机钻孔取芯，采用"五点法"进行压水试验，渗透率均小于5Lu
尼泊尔上马相迪A水电站厂房基坑围堰	堰基崩坡积碎石土夹块石整体呈松散～稍密状态，局部中密状态，冲积砂卵石夹漂石最大厚度超过35m，勘探期间未揭穿。下伏基岩为灰白色、中厚层状石英岩	围堰下部预留岩坎设计采用悬挂式"单排高压旋喷＋单排帷幕灌浆防渗"，围堰轴线长153m，其中高压旋喷防渗处理段长68m，采用三管法高压旋喷灌浆技术。孔距100cm、孔数68个，平均孔深18m，总工程量为1224m	基坑开挖后渗水量较小，满足施工需求

续表

项目名称	地质条件	围堰概况	工程效果
河南天池抽水蓄能电站下水库大坝下游围堰	堰基处河床冲洪积物最大厚度约24m。冲洪积物由漂石、卵石、砾石夹砂等组成,漂石最大直径达3m,属强透水—极强透水,下伏基岩为花岗岩,呈强风化,厚度0～3m	考虑与量水堰相结合,围堰按永临结合设计,堰体及其基础防渗采用"两排高压旋喷桩套接成墙防渗",防渗体深入弱风化不透水层0.5～1.0m。防渗墙轴线长120m,采用两管法高压旋喷灌浆技术。孔距60cm,排距80cm,平均孔深16.5m,最大孔深28m,总工程量为6600m	经对高压旋喷防渗墙试验段开挖检查,结果满足设计要求

3 高压旋喷工艺参数选择

高压旋喷工艺参数的选择直接影响着工程质量、施工工效和造价成本。主要工艺参数包括水、气、浆的压力及流量、提升速度、旋转速度、进浆密度、回浆密度、孔距、排距、排数及有效桩径或喷射范围等。工程实践表明,在适宜的地层中,高压旋喷施工质量与切割、破碎地层土体高压射流压力成正比。

有效桩径或喷射范围是高压旋喷施工的最基本参数之一,主要取决于所处的地层地质条件、切割及破碎地层土体高压射流的压力等参数。一般有效桩径达80～140cm。尼泊尔上马相迪A水电站厂房基坑围堰高压旋喷防渗墙工程,在回填土层中实测有效桩径达190cm;尼泊尔上塔马克西水电站坝高压旋喷防渗墙试验段开挖后现场实测有效桩径达140cm。根据高压旋喷桩套接成墙的搭接厚度不小于15～20cm的基本要求,孔距可取60～120cm,有效墙厚可达50～100cm。

排数与排距应根据防渗墙的深度、地层地质条件及所选用的高压旋喷施工参数等确定,对于临时工程可参照工程类比法确定;对重要工程或永久工程则应通过现场试验确定。通常情况下,防渗墙深度在20m以内采用单排孔;深度在20～30m时采用单排或两排高压旋喷桩套接成墙;深度达30m以上时采用两排或三排高压旋喷桩套接成墙。

高压旋喷灌浆根据喷射设备与喷射介质的不同,分为单管法、双管法、三管法和新三管法,其常用施工参数见表2。

表2　　　　　　　　　高压旋喷常用施工参数表

名称		单位	单管法	双管法	三管法	新三管法
水	压力	MPa	—	—	35～40	35～40
	流量	m³/min	—	—	70～80	70～80
气	压力	MPa	—	0.6～0.8	0.6～0.8	0.6～1.0
	流量	m³/min	—	0.8～1.2	0.8～1.2	0.8～1.2
浆	压力	MPa	25～40	25～40	0.5～1.0	35～40
	流量	L/min	70～100	70～100	60～80	70～100
	进浆密度	g/cm³	1.4～1.6	1.4～1.6	1.5～1.6	1.4～1.6
	回浆密度	g/cm³	≥1.3	≥1.3	≥1.2	≥1.2
提升速度	粉土层	cm/min	10～20			
	砂土层	cm/min	10～25			
	砾石层	cm/min	8～15			
	卵(碎)石层	cm/min	5～10			
	大孤石	cm/min	上下界面静喷			
旋转速度		r/min	(0.8～1.0)v（v为提升速度）			
孔斜允许偏差		—	不大于1%H（H为孔深）			
孔位允许偏差		mm	≤50			
孔底高程		m	深入弱风化不透水层0.5～1.0m,"悬挂式"符合设计			

4 高压旋喷灌浆施工

4.1 施工顺序及成墙方式

高压旋喷灌浆施工一般分两序或三序进行。对于两

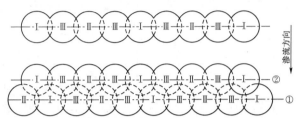

排高压旋喷桩套接成墙，应先进行下游侧一排孔灌浆，后进行上游侧一排孔灌浆。对于三排高压旋喷桩套接成墙，则应先施工下游侧一排孔，再施工上游侧一排孔，最后进行中间排孔的灌浆施工。高压旋喷防渗墙的成墙方式及施工顺序见图1。

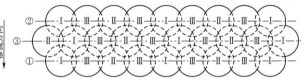

说明：1. 图中数字①、②、③为排间施工顺序；
2. 图中数字Ⅰ、Ⅱ、Ⅲ为高喷分序序号。

图1 单排、两排和三排高压旋喷桩套接成墙方式及施工顺序图

4.2 施工工艺流程

高压旋喷灌浆施工工艺流程根据钻孔与灌浆机械及工序的不同，可分为"钻孔与旋喷灌浆流水作业式"和"钻孔与旋喷灌浆一体机式"两种。其中，前者适用于地层条件复杂多样、漂石块石粒径大且含量多成孔困难，采用跟管钻机先行钻孔，旋喷机跟进灌浆，形成流水作业；后者适用于地层条件较为均匀、单一，易于成孔，采用旋喷钻孔灌浆一体机进行钻孔与旋喷施工。

"钻孔与旋喷灌浆流水作业式"工艺流程：施工准备→测量放线→钻机就位→跟管钻孔→钻机移位→下入PVC管护壁→跟管拔出→旋喷机就位→孔口试喷→下入喷射管→浆液拌制→高压旋喷灌浆→旋喷钻机移位→下一孔施工。

"钻孔与旋喷灌浆一体机式"工艺流程：施工准备→测量放线→旋喷钻孔一体机就位→钻孔完成→浆液拌制→高压旋喷灌浆→旋喷钻孔一体机移位→下一孔施工。

4.3 施工方法

4.3.1 施工准备

施工准备主要包含施工用风、水、电管线，施工便道、现场制浆站等临时设施的规划与修建，及施工场地平整。临建设施力求做到简单、实用、美观与标准化；场地平整一般先用挖掘机、推土机等将施工区域内的树根、杂草、垃圾、大块石、漂石等透水性强的材料清理干净，对坑槽地段，则分层回填粒径不大于30cm的开挖细粒料，再利用振动碾碾压密实。

4.3.2 测量放线

钻机就位之前，由现场施工人员配合测量人员利用全站仪或GPS等测量仪器，测放出防渗墙轴线及每个高喷孔的孔位与孔口高程等，并用钢筋头进行现场标识。

4.3.3 钻孔

当采用"钻孔与旋喷灌浆流水作业式"施工工艺

时，一般选用冲击式或冲击回转式可跟管钻机，全孔跟管钻孔，钻孔直径为130～150mm；当采用"钻孔与旋喷灌浆一体机式"施工工艺时，选用旋喷钻孔一体机钻孔。钻机就位后用水平仪检查钻机前、后、左、右，并调整使其呈水平状态，确保钻杆呈垂直状态后方可开孔，开孔孔位与设计孔位的偏差不大于5cm。钻孔时要保证钻孔的垂直度，钻进过程中每6m应至少校核一次钻孔的垂直度，当发现钻孔倾斜时，及时采取补救措施。对于封闭式防渗墙，终孔高程应经地质专业人员现场确认。在钻进过程中，随钻孔进度做好钻孔记录，钻孔记录应准确反映地层岩性、有无地下水及孔口返渣情况。

4.3.4 下入PVC管护壁与跟管拔出

当采用"钻孔与旋喷灌浆流水作业式"施工工艺时，钻孔完成后，及时在跟管内下入PVC管进行护壁，之后利用拔管机将跟管拔出。护壁应采用材质脆性较好的 ϕ90～110mm PVC管，以稍加用力即可用脚踩碎为宜，以便浆液喷出时将PVC管破碎，并与桩体混合材料结合紧密。

4.3.5 旋喷机就位、孔口试喷及下入高喷管

当采用"钻孔与旋喷灌浆流水作业式"施工工艺时，旋喷机就位后，应首先调整使机身处于水平状态、喷管处于垂直状态，且与钻孔走向一致。在喷管入孔前，应进行孔口试喷，以检查机械及管路是否处于完好、畅通状态。下管过程中，每根喷管在接入前，均应利用洁净水对喷管进行冲洗，以确保管路畅通。喷管下至设计孔深后，应进行试旋转与提升，确保喷管在孔内可以正常旋转与提升。当采用"钻孔与旋喷灌浆一体机式"施工工艺时，钻孔完成后，则无须提起钻杆，而是直接接入灌浆管路，进入灌浆工序。

4.3.6 浆液拌制

高压旋喷灌浆一般采用纯水泥浆，标号应根据工程需要确定，常用P·O 42.5级普通硅酸盐水泥拌制。浆液水灰比为 $1.5:1～0.6:1$（密度为 $1.4～1.7 g/cm^3$），常用的水灰比为 $1:1$（密度为 $1.5～1.55 g/cm^3$）。浆液

拌制严格按照配合比进行，称量误差应控制在 5% 以内，并利用比重计对浆液密度进行校核。浆液拌制时，首先利用高速搅拌机搅拌，时间不得少于 60s，并经筛网过滤后自流至低速搅拌桶，灌浆时由灌浆泵自低速搅拌桶中直接抽取。每盘水泥浆液自开始加水拌制至喷射完毕不得超过 4h。

4.3.7 高压旋喷灌浆

当喷管下放至设计孔深后，按预先设计的工艺参数进行原位旋转喷射（即只旋转不提升的静喷），当孔口返浆后方可开始提升；特殊情况下，如因孔内松散、大块石架空等渗透系数较大，孔口不返浆时，静喷时间不得小于 3min。

喷射过程中，要随时检查水泥浆液密度、浆压、水压、提升速度、旋转速度等参数，确保符合设计要求，并定时测定孔口回浆密度，按设计规定的提升速度和旋转速度进行施工。

高压旋喷灌浆应采用自下而上连续进行喷射，若中途拆卸喷射管，则该处应搭接，并进行复喷。复喷长度不小于 0.2m。因故中断后再恢复施工时，应对中断段进行复喷，搭接长度不小于 1.0m。当喷射达到桩顶时，应放慢提升速度，利用回浆或水泥浆及时回灌，直至孔口浆面不下降为止。灌浆过程中，应做好记录，包括灌浆孔段、时长、各工艺参数以及吃浆量、异常情况的处理措施及效果等。

4.4 异常情况的处理措施

工程实践中，在高压旋喷施工过程中可能出现的异常情况主要包含：塌孔、串浆、孔口不返浆、"抱管"以及遭遇大孤石、局部渗漏等。

4.4.1 塌孔

护壁措施：当钻孔过程中出现塌孔无法继续钻进，或在下管过程中无法将喷管下放至设计深度时，在钻孔或二次钻孔时应采用泥浆或膨润土浆护壁，必要时先采用水泥浆进行固结灌浆加固处理，24h 后再二次扫孔。

跟管钻孔：当采用护壁措施仍无法保证成孔质量时，可采用跟管钻进，钻孔直径为 130～150mm，钻孔完成后，在跟管内下入 φ90～110mm PVC 管进行护壁后，利用拔管机将跟管拔出。

4.4.2 串浆

在喷射灌浆过程中，若在相临孔串浆且较为严重时，应堵塞串浆孔，待该孔灌浆结束后，及时对串浆孔进行扫孔处理后，再进行喷射灌浆或继续钻进。

4.4.3 孔口不返浆

当新灌浆孔在设计孔底处进行原位静喷时，因孔内有较大裂隙或碎石层，导致孔口不返浆时，应根据实际情况，至少静喷 3min 后，方可开始提升喷射。

在高压旋喷灌浆过程中，发生孔口不返浆时，应停止提升，并查找原因。若因孔内严重漏浆时，可适当降低喷射压力、流量，进行原位静喷，或加大浆液比重，或在浆液内加入速凝剂、水玻璃等加速浆液凝固。必要时也可向孔内直接灌注砂浆、黏土浆或砂子、黏土、膨润土等堵漏材料。当孔口返浆量明显减少时，应适当降低提升速度。

4.4.4 "抱管"

在喷射灌浆过程中，若遭遇粉细砂层且出现"抱管"现象，无法按原设计的旋转速度喷射时，则应以不出现"抱管"现象为前提，适当提高旋转速度，但应控制在 20r/min 以内。

若"抱管"现象较为严重，则可提起喷管，直接向孔内灌注经过筛的黏土或膨润土，并利用喷管进行旋转搅拌，进而对细砂层形成二次护壁。

4.4.5 遭遇大孤石

在钻孔过程中，如遭遇大孤石，必须准确记录孤石上、下界面的位置，在喷射灌浆至孤石上、下界面时，应静喷 3～5min，同时适当加大浆液比重。

4.4.6 局部渗漏

应用于临时围堰防渗的高压旋喷，在基坑开挖过程中，发现围堰有局部渗漏现象，当渗水量不大时，可采用增加水泵进行"强排"；当渗水量较大，无法保证施工正常进行时，可先找出渗漏点，并向基坑内蓄水至围堰内外侧水平基本平衡后，在渗漏点处再增加一排高压旋喷桩或采用帷幕灌浆进行局部堵漏处理。

5 结语

在漂石、大块石含量较大的河床冲积层或岸坡崩坡堆积层等复杂地层条件下采用高压旋喷灌浆进行防渗处理，钻孔时应准确、详细地记录不同孔深范围内的地层岩性，特别是漂石、大块石与强透水层的分布情况；严格控制钻孔垂直度与终孔高程；应根据不同地层地质条件，选择相应的工艺参数；喷射灌浆过程中，严格按照预定的工艺参数组织施工，严格控制浆液密度、提升速度、旋转速度以及冲击、切割、破碎地层土体的高压射流的浆压或水压；喷射灌浆时，应对孔内浆液漏失进行准确的判断和处理。只有通过对上述各项工作做出精心研究，做到心中有数，才能确保施工质量达到满意的效果。

饱和粉细砂地层基坑开挖支护施工方法分析研究

白雪锋　毛俊波/中国水利水电第十一工程局有限公司

【摘　要】　在桥梁基础施工中，受地质条件的影响因素很多，基础施工难度越来越大。基坑作为桥梁施工管理中的一个重要环节，必须严格按照相关要求施工，确保施工质量和施工进度。基坑施工方法选择得正确与否，将直接决定施工能否顺利实施。本文以京沪黄河南引桥工程为实例，对比分析几种常用基坑开挖支护方法在饱和粉砂地层中使用的优缺点，其经验可为类似工程提供借鉴。

【关键词】　桥梁基础　承台施工　基坑支护　施工管理

1　工程概况

黄河南引特大桥位于黄河南岸经济发达的济南市郊区，沿线城镇、工厂、村庄较密集，路网发达、电网线路密布、地下管线众多。南引特大桥在 DIK413＋769 处跨越济南绕城高速，在 DIK416＋714 处跨越津浦铁路，还跨越县乡公路 20 余处。全桥共有 166 个承台，开挖深度在 3.5～9.6m 之间。承台平面结构尺寸最大为 1460cm×1460cm，最小为 710cm×1040cm。本段征地红线左侧 6.8m，右侧 11.2m。设计开挖方案为有水无挡。

本工程地下水为第四系孔隙潜水，水量相对较丰富，补给区范围较大，涌水量约为 15m³/h。水量受季节影响较大，局部地下水具有承压性，个别形成泉，雨季涌水量有所加大。DIK412＋062～DIK413＋900 段地下水对普通混凝土具有硫酸盐弱侵蚀性，其他地段均不具有侵蚀性。地下水位高程为 23m 左右，高出承台顶 1～2m。在承台开挖施工范围内的土质主要为杂填土、粉土和粉砂土。

按照设计方案进行承台基坑开挖施工，由于地质条件较为复杂，结果边坡垮塌严重。通过施工实践，显现了承台施工开挖深度较大、涌水量较大、征地宽度不够、危及施工场地周围农田和民房的安全等一系列问题。为了找到一个能满足施工需要更好的施工方法，经过现场研究，先后试验了基坑放坡、基坑深井降水放坡、槽钢桩支护、拉森钢板桩支护等开挖方法。下面就这四种开挖方法进行对比分析研究。

2　施工方法对比分析

2.1　基坑放坡开挖

2.1.1　主要施工方法

基坑放坡开挖施工方法用于 33♯承台，采用反铲直接进行开挖，然后在坡脚设排水明沟和集水井对地下水进行抽排。由于受征地边线限制，开挖坡度为 1：0.7。开挖采用 1m³ 液压反铲分层放坡开挖方式，开挖完成后进行垫层混凝土的浇筑，然后进行承台钢筋混凝土的施工。

2.1.2　基坑施工投入资源

一个工作面施工一个承台，投入的主要设备材料包括：1m³ 反铲、15t 自卸汽车、污水泵等，投入的人员包括：机械工 2 名、工长 1 名、杂工 10 名、水泵工 2 名。

2.1.3　施工效果

基坑开挖完成后（图 1），边坡渗水携带出大量颗粒，导致边坡垮塌严重，持续垮塌使施工时间持续约 20d。垮塌导致基坑边线超出征地边线，实际形成边坡坡度为 1：2.5～1：3，超出征地边线约 6m，且便道塌断，交通道路中断，整个承台基坑施工开挖工程量也大幅度增加。

2.2　基坑深井降水放坡开挖

2.2.1　主要施工方法

基坑深井降水放坡开挖施工方法用于 13♯承台，

图1 33号基坑开挖实际情况

在承台的北京方向和上海方向设置两排深井井点，一般沿开挖边线以外1m布设，每排布置3个井点，分别布置在开挖线的4个角和中间位置，井深根据承台开挖深度为开挖底高程以下6m。水井采用500mm无砂水泥管，管外设15mm厚反滤层。成井后采用QJD1－10/18－1.5型号的潜水泵抽排水。水位降低至承台底以下后采用反铲放坡开挖，然后进行承台钢筋混凝土的施工。

2.2.2　基坑施工投入

一个工作面施工一个承台，投入的主要设备材料包括：循环钻机1台、反铲1台、自卸汽车4台、污水泵8台、无砂水泥管72m、豆石22m³；投入的人员包括：工长1名、技术员1名、电工2名、杂工6名、水泵工2名。

2.2.3　基坑施工效果

采用深井降水后，降水带出大量细颗粒，出现降水井周边大面积塌陷，危害到附近民房安全，且降水影响征地边线外的农作物生长，村民反应强烈，导致当地村民频繁阻工，降水作业时降时停，降水效果不理想，对边坡稳定作用不大。

2.3　基坑槽钢（工字钢）桩支护开挖

2.3.1　基坑主要施工方法

槽钢（工字钢）桩支护开挖施工方法用于32♯承台，施工时首先在地面下挖1.5m，然后进行槽钢桩施工（图2）。槽钢桩采用长度为6m，埋深不小于2m，对槽钢桩以上边坡采用1∶1放坡处理，平面位置位于承台边线外1m。

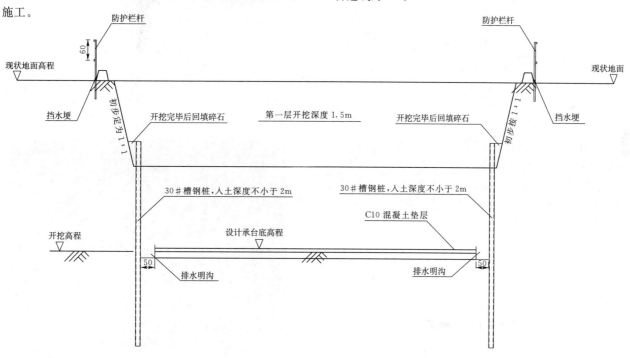

图2　基坑槽钢桩施工示意图（单位：cm）

施工工艺主要为：测量放线（放出槽钢桩位置），在槽钢桩位置下挖，采用反铲打入槽钢桩，对槽钢桩上部锁口处理，基坑开挖。待基坑开挖成型后浇筑垫层混凝土，然后浇筑承台钢筋混凝土。

2.3.2　施工投入

一个工作面施工一个承台，投入的主要设备材料包括：反铲1台、长臂反铲1台、自卸汽车4台、污水泵2台、槽钢30t、电焊机1台；投入的人员包括：工长1名、技术员1名、电工2名、机械工10名、杂工12名、水泵工2名、电焊工2名。

2.3.3　基坑施工效果

槽钢桩支护后，基坑开挖成型快，且对基坑施工起到了较好地防护作用。但因槽钢桩支护密封不严而出现大量渗水，导致周围塌陷，使支护结构变形严重（图3），降水量也较大，对施工安全和进度影响较大。

图3 48#基坑槽钢桩施工效果

2.4 基坑拉森钢板桩支护开挖

2.4.1 基坑主要施工方法

拉森钢板桩支护开挖施工方法主要用于10#、12#、15#、48#、49#、108#、128#等125个承台。使用CAT 330反铲改装的打桩机在承台结构尺寸外放1m边线处打入12m长拉森钢板桩（图4），然后进行锁口处理后采用长臂反铲分层进行承台基坑开挖。待基坑开挖成型后浇筑垫层混凝土，然后浇筑承台钢筋混凝土。

2.4.2 施工投入

一个工作面施工一个承台，投入的主要设备材料包

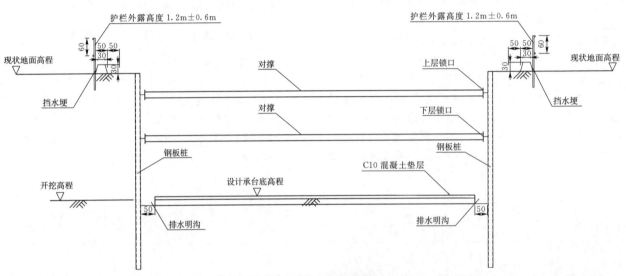

图4 拉森钢板桩施工断面图（单位：cm）

括：打桩机1台、反铲1台、长臂反铲1台、自卸汽车4台、污水泵2台、拉森钢板桩60t、槽钢10t、电焊机1台，投入的人员包括：工长1名、技术员1名、电工2名、杂工12名、水泵工2名、电焊工2名。

2.4.3 基坑施工效果

拉森钢板桩支护后（图5），采用长臂反铲分层开挖，大概3d基坑开挖成型，施工速度快，防水效果好，支护牢固，对承台施工起到很好地防护作用。

2.5 基坑技术、经济对比

4种基坑施工方法的经济技术比较见表1。

图5 拉森钢板桩施工效果图

表1   基坑施工方法的经济技术对比表

序号	施工方法	施工周期	施工直接成本	优缺点
1	基坑直接放坡开挖	约30d	9.6万元	优点：施工成本最低，设备投入较单一。 缺点：施工周期长，开工工程量较大，需额外征地，对交通影响大，安全隐患大，施工难度大，危及附近民房安全

续表

序号	施工方法	施工周期	施工直接成本	优　缺　点
2	基坑深井降水后放坡开挖	约15d	11万元	优点：施工成本相对较低，利于保证施工安全和质量。 缺点：施工周期较长，降水后地基沉陷危及附近民房安全，影响农作物生长，村民阻工严重，不能实施
3	基坑槽钢桩支护后开挖	约10d	12万元	优点：施工基本可行、施工周期短、成本较钢板桩低。 缺点：材料周转次数少、对地下水密封不严，涌水坍塌现象时有发生，基底清理难，质量不易保证，且支护结构变形严重，存在严重安全隐患
4	基坑拉森钢板桩支护后开挖	约7d	13.5万元	优点：安全、施工周期最短、对地下水起到封闭作用，降水量小，开挖工程量较小，能够快速成型，有利于施工进度、质量以及安全。 缺点：施工成本较高，需要大型专用设备（如打桩机、长臂反铲）配合

注　基坑放坡开挖中不包括增加征地、防护费用、道路重修等费用。

3　结论

通过上述分析，在黄河南引特大桥承台开挖方案中，基坑放坡开挖的方法虽然直接成本较低，但是隐形的征地赔偿等成本高，而且施工周期长，在实际施工中不可取；降水方案由于村民阻工，基本上不能实现；槽钢桩方案基本可行，但是安全风险较大；拉森钢板桩的方案尽管成本较高，但是有利于保证施工安全、施工质量以及工期等，是较为合理的方案。

土岩结合地层地下连续墙施工功效研究

唐　佳　闫世庆　姚　标/中国水利水电第十一工程局有限公司

【摘　要】　本文介绍了深圳地铁12号线黄田站土岩结合地层地下连续墙施工顺序，对槽孔布置和槽孔钻进工艺进行改良优化，确保了机械有效地利用，满足了生产进度要求，获得了良好的经济效益和社会效益，也为类似工程提供借鉴。

【关键词】　地下连续　墙施工顺序　浆液过滤

1　工程概况

深圳地铁12号线黄田站位于深圳市宝安区黄田107国道（广深公路）与兴华路交叉口以北，在107国道（广深公路）正下方。车站沿广深公路南北向布置，为地下两层岛式站台车站。黄田站采用明挖法施工，地下两层双跨框架结构，共计84幅800mm厚地下连续墙。黄田站平面位置示意图见图1。

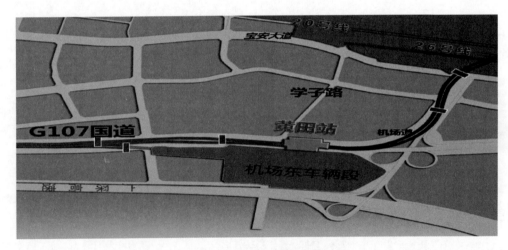

图1　黄田站平面位置示意图

2　工程地质条件

场地范围内上覆第四系全新统人工填积层（Q_4^{ml}）、全新世冲洪积层（Q_4^{al+pl}）、晚更新世冲洪积层（Q_3^{al+pl}）、残积层（Q^d）等。场地地层情况详见表1。

根据其赋存介质的类型，场地地下水主要有三种类型：第一种是赋存于第四系人工填土层中的上层滞水，主要赋存于填块石和杂填土层中；第二种是孔隙潜水，赋存于第四系全新统冲洪积中砂、圆砾中，残积砂质黏性土及黏性土层中含少量孔隙潜水，具微承压性；第三种为基岩裂隙水，主要赋存于基岩强～中等风化带中，为基岩裂隙承压水，其富水性因基岩裂隙发育程度、贯通程度及胶结程度而变化。

表1　　　　　　　　　　　　　　　　　　　　场地地层特征表

时代成因	地层名称	层厚/m	地层特征
Q_4^{ml}	①₁黏性土素填土	0.9～6.0	灰黄、褐黄、褐红等杂色，稍湿，结构松散～稍密，主要由黏性土混少量砂砾组成，局部夹有碎块石，含量约为3%。属Ⅱ级普通土

时代成因	地层名称	层厚/m	地 层 特 征
Q_4^{ml}	①₄填块石	1.5～3.0	灰白、灰色等，主要由混合花岗岩质块石组成，结构松散。块石一般 0.20～0.50m，最大直径超过 0.80m，含量大于50%，其余为碎石、角砾充填。属Ⅳ级软质岩
	①₆杂填土	1.0	灰、灰褐、黄褐等杂色，主要由呈碎块状的废混凝土块和断砖块、含量约占30%的建筑垃圾及部分生活垃圾填筑而成，呈松散～稍密状态。属Ⅱ级普通土
Q^{al+pl}	③₆粉质黏土	1.2～5.3	灰白色、褐黄色、褐红色，以可塑状态为主，局部呈软塑和硬塑状态，不均匀含有少量砂砾，摇振无反应，干强度较高。属Ⅱ级普通土
	③₁₀中砂	1.5～2.9	灰色、灰白色，主要成分为石英质，饱和，松散～稍密，不均匀含黏性土夹层，级配良好，分选性差。属Ⅰ级松土
	③₁₃圆砾	0.5	黄色、灰黄色。松散～稍密状态。圆砾呈亚圆、次圆状，直径 2～20mm，个别大于20mm，中、粗砂填充，含有少量黏粒。属Ⅲ级硬土
Q^{el}	⑦₂₋₂硬塑状砂质黏性土	1.5～6.5	褐黄、褐红、灰黄夹灰白等色，硬塑～坚硬状态，由混合花岗岩风化残积而成，摇振无反应，干强度中等，韧性中等～高。属Ⅱ级普通土
$M\gamma_3$	⑨₁全风化混合花岗岩（W₄）	0.5～11.2	褐红、灰褐、褐黄等色，原岩结构基本破坏，尚可辨认，岩芯呈坚硬土状，偶夹有少量强风化岩块。岩体基本质量等级为Ⅴ类，属Ⅲ级硬土
	⑨₂₋₁土状强风化混合花岗岩（W₃）	1.5～25.4	灰黄、褐黄等色、岩石风化剧烈，裂隙极发育。岩芯呈坚硬土、砂砾状夹少量碎块状，碎块手折断断，遇水易软化，强度降低。岩体基本质量等级为Ⅴ类，属Ⅲ级硬土
	⑨₂₋₂块状强风化混合花岗岩（W₃）	0.5～22.3	块状，褐黄色、灰褐色，局部灰白色，原岩结构清晰，原岩矿物除石英外，基本已风化，岩芯呈土夹碎块状及碎块状，手掰不易断，锤击易碎，局部夹有少量中等风化岩石碎块。岩体基本质量等级为Ⅴ类
	⑨₃中等风化混合花岗岩（W₂）	2.2～9.5	褐黄色、灰白色，粒状结构，片麻状构造，较破碎，裂隙较发育，裂面具铁染，岩芯主要呈碎块状，少量短柱状，岩芯锤击易碎，合金钻进困难，需金刚石钻进。岩石属较软岩～较硬岩，较破碎，岩体基本质量等级为Ⅳ类
	⑨₄微风混合花岗岩（W₁）	—	青灰色、灰白色，粒状结构，片麻状构造，较完整，裂隙稍发育，裂隙面呈闭合状，岩芯呈短柱～长柱状，少量碎块状，岩石锤击声脆，需金刚石钻进。岩石属坚硬岩，岩体基本质量等级为Ⅱ～Ⅲ类，属Ⅵ级坚石

3 地下连续墙施工遇到的难题

黄田站地连墙因地处交通要道，分两期施工，一期施工西侧，围蔽宽度只有 18.5m，二期整体围蔽。地连墙嵌固深度6m。实际施工发现，其中有1/3区域在开挖基底位置及下部1～2m就已经进入中风化混合花岗岩，按设计深度施工会造成成槽效率低下、钢筋班窝工，施工进度难以保证。因此，根据工程地质条件和场地条件选用适当的成槽工艺对提高施工效率、降低经营成本以及保证成槽质量尤为重要。

4 成槽施工困难分析

由设计纵剖面图表明，黄田站只有较小部分地连墙有少量入岩情况。由于地层起伏较大，实际入岩槽段远

多于计划，且入岩量较大。原采用的施工机械和施工工艺在实际地质条件下施工功效低。入岩量增大后，成槽效率也降低。

槽段有入岩和不入岩两种情况，针对入岩槽段和不入岩槽段传统施工效率低，未改进工艺的话还会因成槽慢导致钢筋班窝工，现场配套大型设备闲置等问题。

5 土岩结合地层成槽的关键技术

在土岩结合地层中进行地连墙成槽施工时，面对抓斗抓不动、施工效率低、入岩量大以及工序衔接等一系列难题，单纯采用液压抓斗抓槽工艺已不能满足工程需要，这就对施工工艺提出了更高的要求。

5.1 成槽设备的选择

实践表明，对于此类土岩结合的复杂地层，成槽施

工设备宜选用液压抓斗和冲击钻配合施工。在钻入中风化之前，宝峨 GB50 型液压抓斗抓槽效率高，入岩后抓斗换到别的槽段施工，而使用冲击钻入岩钻进作业。在施工中总结出土层槽段和含岩槽段的大致分布，根据抓斗与冲击钻工效进行合理配置。

5.2 土岩结合地连墙施工关键技术

（1）优化施工方案。根据深圳相关规范和设计要求，在地连墙进入嵌固段内遇中风化混合花岗岩需进尺 2.5m、遇微风化混合花岗岩需进尺 1.5m 即可达到终孔标准。对提前入岩的情况，现场施工人员需及时报质检人员，质检人员确认后上报监理，监理人员对取样深度和岩样确认后由勘察单位对岩性进行最终判定。确认终孔深度后，技术人员对钢筋班组下发钢筋放样单，制作钢筋笼。

（2）优化施工工艺。针对部分入岩槽段，施工机械配置为"宝峨 GB50 型液压抓斗＋2 台冲击钻"。即由液压抓斗抓至入中风化混合花岗岩后，改由 2 台冲击钻进行槽孔开挖。经对机械功效分析，按"两硬一软"施工功效最高，即液压抓斗分序先施工两幅入岩槽段，每幅槽段由 2 台冲击钻进行施工，液压抓斗第三个槽段施工无中风化岩槽段，如此循环。经实践表明，在第 4 幅墙入岩前第 1 幅墙已完成成槽工序，待第 4 幅墙入岩后可调过来继续冲孔，机械不闲置，钢筋笼加工顺序基本为第 3、第 1、第 2 幅墙，循环施工。地连墙施工顺序详见图 2。在施工场地受限的情况下，最高峰单台抓斗一周完成 6 幅地连墙施工，创 12 号线的施工记录。

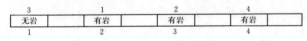

图 2　地连墙施工顺序示意图

（3）在冲击钻冲击岩石层时，制定"11 孔法""9 孔法"两种槽孔划分法（图 3）。即一期槽每幅地连墙布置 6 个主孔、5 个副孔进行施工；二期槽布 5 个主孔、4 个副孔进行冲击。在主、副孔完成后由方锤进行修边。

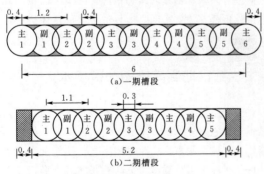

图 3　冲击钻施工槽孔示意图（单位：m）

由 2 台冲击钻相对放置冲击，对半分工、同向移动。如一期槽段，同时施工 1 与 4、2 与 5、3 与 6 主孔，然后施工 3 与 5、2 与 4、1 副孔，最后由一台冲击钻换方锤从一端向另一端修边，直至冲孔结束。

需要注意的是，在冲孔过程中，因冲击岩层较厚，前期冲击产生很多碎渣、砂砾。因碎渣、砂砾的缓冲作用，冲击钻头作用在完整岩石上的冲击力减小很多，做了许多无用功，如长时间冲槽而不过滤砂砾会导致后期冲击效率极低。所以在每完成两个主孔后需要进行浆液置换，过滤孔底大量砂砾。置换浆液过程为：新鲜浆液→由锤头带浆管至孔底→孔底浆液上翻经浆泵抽分砂器过滤→过滤后浆液进入泥浆箱继续抽入孔底。分砂过滤系统详见图 4。经过功效跟踪记录，发现经常过滤砂砾能比不过滤一次成槽的时间节省一半以上。

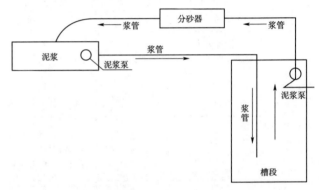

图 4　分砂过滤系统示意图

6　结语

对深圳地铁 12 号线黄田站地连墙施工进行分析研究，通过优化嵌固深度、合理组织施工、改良施工工艺，即使是在场地受限、土岩结合地层中施工的地连墙，也可大大提高施工效率，满足生产进度，从而降低施工成本，获得不错的经济效益和社会效益。

参考文献

［1］　史华伟，薛帅 . 地铁车站地下连续墙施工中关键工序及要点［J］. 山西建筑，2017，43（35）：91 - 92.

［2］　张春雨 . 浅谈地铁车站地下连续墙施工技术［J］. 居舍，2017（28）：68.

［3］　彭明刚 . 沿海地区上软下硬复杂地层地下连续墙成槽技术研究［J］. 中华建设，2018（11）：134 - 135.

浅覆土越河盾构隧道管片上浮力学特性研究

高 锋 冯宏朝 王少鹏/中国水利水电第十一工程局有限公司

【摘 要】 盾构隧道穿越跨河段浅覆土地层时，施工阶段管片上浮问题不容忽视。以土压平衡盾构穿越深圳地铁7号线大沙河段工程为依托，采用三维数值模拟与现场监测数据分析，对脱离盾构的管片衬砌结构在注浆压力作用下所发生的上浮现象进行计算研究。通过分析盾构掘进过程中管片上浮对地表沉降、管片变形量及受力的变化特征，探寻管片上浮对地表及衬砌结构的影响规律，对现场监控量测数据进行分析，进一步证实了数值模拟的合理性。

【关键词】 盾构隧道 数值模拟 管片上浮 力学特性

1 工程简介

深圳地铁7号线西丽湖站—西丽站区间隧道采用盾构法施工，隧道结构采用两个单线圆形衬砌形式，盾构管片环外直径6.0m，内直径5.4m，管片厚度30cm，幅宽1.5m。盾构下穿大沙河段隧道覆土厚度5.9～6.9m，从地面向下各地层分别为素填土、粉质黏土、砂层、全风化花岗岩、强风化花岗岩等，河床底中部存在一条断层，大沙河地质剖面图详见图1。盾构在穿越大沙河过程中，地层存在多次软硬交互现象，隧道结构在地下稳定水位以下，且位于西丽水库下游，冲刷严重。地下水与水闸河水互补，存在水力联系。盾构在此类地层掘进过程中，更容易出现管片上浮问题。

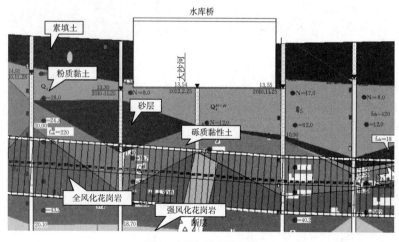

图1 大沙河地质剖面图

2 计算模型及参数

根据西丽湖站—西丽站区间盾构隧道线路位置及岩土工程勘察报告，选取盾构穿越大沙河段进行仿真模拟，其地层及结构物理力学参数详见表1。

数值模型3个方向尺寸选取的原则是把隧道开挖影响范围都包含在计算模型范围内，计算模型长96m（沿隧道轴线方向），宽 65m，高 38.1m，均能满足开挖土体影响范围 3～5 倍洞径的要求。模型边界条件为：沿 Z 轴隧道掘进方向，对模型前后两面施加 Z 方向约束；对模型左、右侧边界施加 X 方向约束；对模型底部施加 Y 向约束，地表为自由面，同时在河床施加均布荷载来模拟对应水位高度的水压力。计算模型如图 2 所示。

表 1　地层及结构物理力学参数表

地层名称	天然重度 /(kN/m³)	内摩擦角/(°)	黏聚力 /kPa	泊松比	弹性模量 /MPa
素填土	19.4	22.6	19.2	0.4	21.5
砾质黏性土	18.5	22	21.9	0.35	21.7
全风化花岗岩	19.3	24	23.7	0.35	26.1
强风化花岗岩	19.9	35	17	0.35	75
微风化花岗岩	26	55	2000	0.25	33000
管片	26	—	—	0.2	29325
液态注浆层	21	—	—	0.2	0.2
固态注浆层	21	—	—	0.2	40

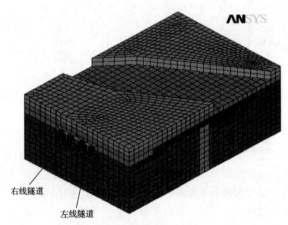

图 2　计算模型示意图

为了更好地分析盾构掘进过程中管片结构及地层变形，作出如下假定：①假设围岩为均匀、连续、各向同性的介质；②不考虑地下水对施工过程中的影响。土体、管片衬砌结构及注浆层均采用 ANSYS 软件提供的 SOL-ID45 单元模拟。土体材料采用各向同性弹塑性本构模型，屈服准则为 Druck - Prager 准则。为综合考虑盾尾空隙、土体向盾尾空隙的自然充填及注浆后浆体的分布情况对地表位移的影响，采用液态、固态注浆层模拟浆液硬化的时间效应；隧道管片、注浆层及盾构机按弹性材料看待，管片衬砌采用 C50 混凝土，考虑到管片衬砌接头对结构刚度的影响，将管片横向结构刚度折减 0.15，纵向等效刚度折减系数为 0.01。在数值计算中采用辅助手段来使模拟中的空间效应与实际一致，将隧道的开挖过程视为一个应力释放的过程，而且将开挖引起的应力释放分为两个部分，一部分在隧道开挖后且支护没有修筑之前释放 20%，剩余部分则在支护修筑之后释放。

管片脱离盾尾后，上方及两侧土体在重力作用下塌

落到管片上，盾尾间隙只存在于管片下方。浆液聚集在管片下部分时，在注浆压力作用下形成较大的分布力，即为管片上浮力。计算中将上浮力施加在局部管片外弧面 0°～180° 的范围内，即为管片下半部分。依据工程经验并结合其他区段盾构隧道注浆实例，注浆浆液采用单液浆，注浆压力为 0.3MPa，计算过程中考虑注浆的时效性，采用更换注浆层材料参数的方法来模拟注浆效果，即管片注浆后取其液态弹性模量，在 24h 后达到初凝状态，以模拟盾构掘进过程。

3　计算结果分析

为探究管片上浮力对地表及衬砌结构的影响，在计算中分别建立施加上浮力和不施加上浮力两种计算模型，将两种计算工况进行对比，获得上浮力作用下的地表沉降变形规律、管片上浮值及上浮状态下管片衬砌结构的受力特征。

3.1　地表沉降

为分析盾构隧道下穿大沙河过程中地表变形情况，当盾构下穿大沙河底部时，由于上覆土厚度较浅，对地表沉降的影响较大，通过对比施加上浮力与不施加上浮力两种情况下盾构穿越大沙河中部时的地表沉降曲线，获得管片上浮对地表的影响规律。图 3～图 6 为盾构下穿大沙河过程中横向地表沉降曲线图。

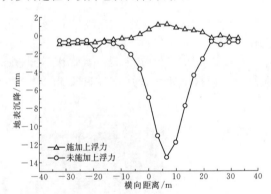

图 3　左线掘进 1/2 各工况地表沉降对比图

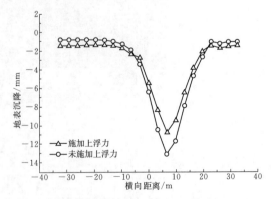

图 4　左线贯通各工况地表沉降对比图

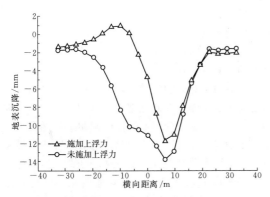

图5 右线掘进1/2各工况地表沉降对比图

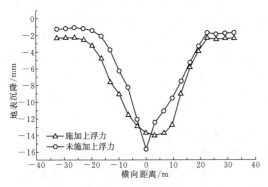

图6 右线贯通各工况地表沉降对比图

从图3可以看出,在左线隧道掘进过程中,若不考虑上浮力对管片结构的作用,左线盾构下穿大沙河时,河床中央上方地表发生沉降,最大沉降值为13.5mm;当考虑上浮力对管片的作用时,该处地表发生了明显的隆起现象,最大隆起值为1.24mm,主要是因为管片发生上浮后压缩上覆土体,开挖面支护压力对刀盘前方土体产生挤压效应,导致地表产生轻微隆起。由此可见,盾构在此地层条件下掘进,管片上浮对地表沉降的影响较为显著。从图4可知,左线隧道贯通后,河床中部地表发生沉降。左线掘进1/2时,此段管片上浮对土体产生压缩而使地表产生轻微隆起,当浆液凝固后,注浆压

力随之释放,伴随着盾构施工对地层的影响,该处地表产生二次沉降。从图5可知,右线盾构掘进至大沙河中部时,右线隧道中心轴线两侧各5m范围内的地表由于管片上浮力作用而出现隆起,最大隆起值为1.47mm;左线隧道附近地表出现沉降,最大沉降值为13.8mm。若不考虑上浮力,从地表沉降曲线可以看出此位置地表均发生沉降。从图6可知,右线隧道贯通后,大沙河河床地表发生沉降,随着盾构的掘进,地表沉降最大位置从左洞中心偏移到隧道中心,沉降槽形状为V形,最大沉降值为15.6mm。

3.2 管片上浮

在盾构施工过程中,通常情况下,管片在自重的作用下会发生整体沉降。但是,管片径向在较大的注浆压力作用下,会出现上浮现象。两种计算工况管片拱顶和拱底在上浮力作用下的变形量详见表2,规定管片位移向上为正值,反之为负。

表2 管片变形量

不同工况	施加上浮力		不施加上浮力	
	左线	右线	左线	右线
拱顶内侧变形量/cm	+4.68	+4.73	-3.22	-3.65
拱底内侧变形量/cm	+8.87	+8.61	+2.42	+2.18

从表中数据可知,当不考虑上浮力时,下卧土体的回弹作用不足以使管片产生上浮,管片通常出现沉降,最大沉降值为3.65cm。当考虑注浆压力所引起的上浮力对管片的作用时,竖向土压力及管片自重不足以抵抗上浮力对管片的作用,导致管片出现了整体上浮现象,管片的最大上浮值为4.73cm。同时,管片在上浮力的作用下,拱底的上浮量大于拱顶的上浮量,在穿越岩性地层的过程中,管片上浮后,拱顶受到了上覆岩体的约束,拱底在上浮力和下卧土的回弹作用下持续上浮,从而导致拱底的上浮量较大,管片竖直方向位移云图如图7所示。

（a）不施加上浮力

（b）施加上浮力

图7 不施加上浮力、施加上浮力时管片竖直方向位移云图

3.3 管片受力

当不考虑上浮力对管片的作用时，提取管片主应力结果，左线贯通时，管片最大拉应力为 4.37MPa，最大压应力为 7.19MPa；右线贯通时，管片最大拉应力为 6.40MPa，最大压应力为 7.68MPa。对盾构管片施加上浮力，当左线贯通时，管片最大拉应力为 3.93MPa，最大压应力为 6.47MPa，右线贯通时，管片最大拉应力为 4.41MPa，最大压应力为 7.12MPa。管片的压应力是比较安全的，满足混凝土的抗压强度；管片所受拉应力较大，但管片中配有受力钢筋，所以拉应力也不足威胁管片安全。

通过对比两种工况下的管片应力值及分布，可以看出，管片所承受的上浮力对管片应力值的影响不明显，但是在管片上浮后，拱腰内侧承受较大的压应力，拱腰外侧承受较大的拉应力，应力集中区与另一工况有所差异。

4 现场监控量测数据分析

盾构下穿大沙河的过程中，为了防止管片出现上浮，使用快速凝结的同步注浆材料，及时填充建筑间隙；管片上半侧的注浆点的注浆压力大于下半侧的注浆压力，降低管片由注浆压力所引起的上浮效应。同时，在此区段的掘进过程中，掘进速度设定在 20～30mm/min，千斤顶推力控制在 8500t 以下，防止过大的千斤顶推力加剧管片上浮。

盾构隧道下穿大沙河埋深较浅，周围有西丽水库大坝、水库桥及水库管理处等重要建（构）筑物，对地表沉降要求严格。由于受地形条件的限制，只能在大沙河两岸布设地表沉降监测点，同时，适当布置几个横向监测点，便于测量盾构施工引起的横向地表变化。为此，在大沙河两岸分别布设 5 个沉降监测点，平均间距为 6.5m，监测盾构穿越大沙河的过程中地表沉降情况。大沙河段地表沉降监测点布设示意图如图 8 所示，YDK1＋001 处监测点沉降随时间变化示意图如图 9 所示。

通常情况下，盾构施工一般会引起地表产生沉降。但是，盾构下穿大沙河的过程中，监测点处地表经历了先隆起后沉降的历程，这与数值模拟规律相一致。从图 9 可以看出，盾构在到达监测点位置时，此处地表出现明显的隆起现象，最大隆起值为 2.8mm，盾构通过后地表产生沉降，地表沉降值均在可控范围内。由此可见，在盾构下穿浅覆土地层时，由于管片上浮所引起的地表隆起现象不容忽视。

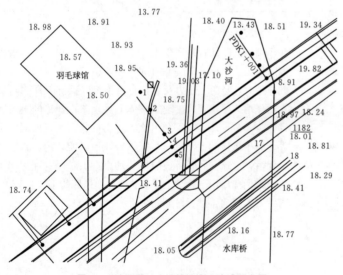

图 8 大沙河段地表沉降监测点布设示意图

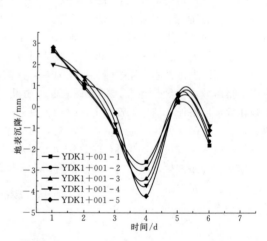

图 9 YDK1＋001 处监测点沉降随时间变化示意图

5 结语

通过有限元数值模拟及现场监测数据分析，得出了一些盾构管片上浮对地表沉降、管片变形及受力变化的规律性结论，具有一定的参考价值：

（1）揭示了管片上浮对地表沉降分布特性的影响规律，盾构到达河床中部时，此处地表产生轻微隆起，盾构通过后，地层受施工扰动产生长期延续沉陷，地表最终发生沉降。

（2）盾构在跨河段掘进过程中，管片衬砌结构最大上浮值为 4.73cm，管片拱底的上浮值大于拱顶的上浮值，导致隧道偏离轴线，施工过程中要做好监控量测，及时进行加固支护。

（3）上浮力对管片衬砌结构应力值的影响不显著，最大应力均不超过结构承载能力，但是管片应力峰值出现的位置发生了变化。

针梁式钢模台车在尼泊尔上马相迪 A 水电站中的探索应用

陈雪湘/中国水利水电第十一工程局有限公司

【摘　要】　针梁式钢模台车在隧洞衬砌施工中已很常见，结合尼泊尔上马相迪 A 水电站引水隧洞衬砌洞段不连续、衬砌区域多、隧洞距离长、含非标准洞段、衬砌后为圆形断面等情况，通过调整针梁式钢模台车在隧洞内常规安装技术，对台车衬砌循环施工进行工序定额化管理和控制，顺利完成台车安装及引水隧洞混凝土衬砌施工工作。本文结合项目实例对圆形针梁式钢模台车施工技术进行总结，以期为类似工程提供借鉴。

【关键词】　针梁台车　衬砌隧洞　应用

1　工程概述

上马相迪 A 水电站位于尼泊尔西部 GANDAKI 地区，是马相迪河上游河段上的一座以发电为主的径流引水式枢纽工程，控制流域面积 2740km²，工程主要由泄水闸坝、引水系统、发电厂房和开关站等建筑物组成。

引水隧洞共布置 3 条支洞，各支洞与主洞的相交桩号分别为 0♯支洞 0＋920、1♯支洞 3＋060、2♯支洞 4＋986。开挖直径 6.6m，马蹄形底部宽 3.6m；隧洞衬砌为圆形断面，其中衬砌洞段长度近 1700m，衬砌后直径 5.6m。

2♯支洞下游侧布置有调压井和压力竖井，支洞与调压井之间设计有 35m 长的集石坑结构；集石坑两端分别通过 4m 长的渐变段与标准段顺接。每个标准段衬砌长度 12m，衬砌段与非衬砌段之间利用 C25 混凝土 1∶2.5 过渡处理。

依据衬砌段部位分布共衬砌 141 段，0♯支洞上游共衬砌 18 段，0♯支洞和 1♯支洞之间共 62 段，2♯支洞上下游共 61 段；各衬砌段之间不完全连续（图1），其中 2♯支洞下游集石坑段为平底凹槽型结构，集石坑及两侧渐变段底板到边墙 2.4m 高程内均为非台车衬砌标准段，属马蹄形与圆形的过渡结构。

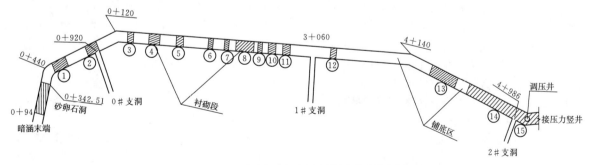

图1　引水隧洞施工支洞布置及衬砌分区示意图

受断面尺寸及针梁台车结构限制，针梁式钢模台车就位后形成一种单向工作模式，与衬砌段灌浆施工、非衬砌段铺底混凝土施工、隧洞下层喷护施工均存在一定的相互制约和交叉干扰。在施工过程中需研究解决以下主要问题：

（1）加快台车安装进度，缩短台车安装及调试时间，尽快投入衬砌作业。

（2）合理分配台车衬砌区段，强化台车工序控制，实现时间合理搭接最优、设备资源顺序化、施工强度均衡的施工体系，通过一定的项目组织管理技术加快台车衬砌循环，实现进度指标。

（3）优化集石坑等非标准衬砌段的衬砌，利用台车进行边顶拱衬砌，避免满堂红脚手架等措施，在节约成本的前提下为竖井及该区域灌浆等施工创造时间。

2 快速施工技术分析

2.1 衬砌区段分析

依据"均衡施工、衔接施工、资源充分利用"原则，共投入3台钢模台车，每个台车的衬砌段数在40~50段之间，确保各台车之间互不干扰，创造系列有序化作业条件。

（1）1#台车布置在2#支洞上游第14衬砌区，依次向下游衬砌完成14区，行走至第15衬砌区下游段，从末端向2#支洞口侧衬砌，共完成43段衬砌，其中包括2#支洞下游集石坑等非标准衬砌段。

（2）2#台车布置在0#支洞上游第1衬砌区，依次按照"衬砌第2区→第8区4段→第7区→第6区→第5区→第4区→第3区"共完成衬砌50段。

（3）3#台车布置在第13衬砌区，完成第14区2段衬砌后依次按照"第13区→第12区→第8区→第9区→第10区→第11区"共完成48段衬砌。

（4）每一区段衬砌两端按1∶2.5的衬砌厚度进行混凝土过渡，利用台车衬砌段同步完成。

2.2 台车安装技术研究

2.2.1 台车基本组成

全圆针梁式液压钢模台架主要由模板总成、针梁总成、梁框总成、水平和垂直对中调整机构、卷扬牵引机构、抗浮装置等组成；钢模针梁长28.68m；每标准段理论混凝土衬砌长12.2m。

每组模板由顶模、左边模、右边模、底模四块组成，各模块的圆心角分别为：顶模42°、左边模110°、右边模106°、底模102°。底模两边分别用铰耳销轴连接左、右侧模板。顶模的一边与右侧模板用铰耳销轴连接，另一边与左侧模板用螺栓和销轴连接。每组模板及框梁的宽为1.5m，每个台车共8组模板，每组模板纵向用螺栓和销轴连接，为了加强模板之间的整体连接强度，设计有模板连接梁。当顶模油缸收缩时，顶模与左侧模板脱开，形成400~500mm的间隙，左、右侧模板就可在侧模油缸的作用下与浇筑面脱开，完成顶模和左右侧模板的收缩。

圆形针梁式钢模台车效果见图2。

2.2.2 常规安装法

（1）安装场地准备。由于台架侧模和顶模是利用锚杆、吊钩完成安装，一般因衬砌厚度因素，使安装空间有一定的局限性，需对隧洞顶部为顶拱130°范围内超挖0.8~1m，超挖长度L＝8m。

（2）起吊锚杆设置。根据台架的结构特点，台架顶

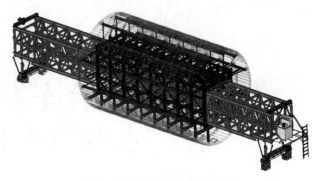

图2　圆形针梁式钢模台车效果图

模、侧模和针梁均需借助锚杆、吊钩、葫芦（或卷扬机）完成安装。一般在顶拱70°范围内布置规格为φ25、L＝3m锚杆，单根锚杆承重不小于5t，锚杆与垂直方向呈30°打入岩层内，锚杆端部焊接封型挂钩，挂钩尽量靠近岩壁。

（3）轨道安装。为保证底模底面平直，针梁台架底模的安装一般在两根长14m的钢轨（规格：43kg/m）或工字钢结构临时制作替代的轨道上进行。

（4）台车组装。台车常规安装顺序如下：全部底模安装 → 底模调整连接 → 底模托架及行走组轮安装 → 针梁安装 → 梁框安装 → 先中间后两边对称进行边模安装调整 → 顶模安装调整 → 卷扬系统 → 液压系统安装调试。

2.2.3 快速安装技术研究及实施

（1）场地准备。完成安装地段30m长基础面清理及找平混凝土垫层施工，不做顶部超挖处理和吊装锚杆施工；在垫层上安装2根Ⅰ15工字钢作为底模安装轨道，利用普通48mm钢管对工字钢横向焊接固定，另外从两侧岩壁加固底部，确保工字钢稳定。

（2）利用1台PC130挖机按照以下步骤分组安装，挖机吊装时吊点一般布置在单片模板的1/3处，不需从最顶端进行吊装。

第一步：第一组底模就位，在框架结构连接处的模板劲板两侧单面（非安装方向）焊接钢管与基础进行支撑，加强底模的稳定性，只对第一组底模进行平衡固定。

第二步：第一组底模对应框梁结构及横向支撑杆安装。

第三步：利用PC130挖机先完成右侧边模安装，进行与底模之间的连接销安装，然后借助框架顶部液压系统连接销位置处分别利用2根48mm钢管对边模上部1/3处进行支撑。

第四步：右侧边模固定后安装顶模，顶模与右侧边模以连接销连接，顶模作为优先脱模区，顶模右侧通过单耳螺旋千斤顶进行支撑，顶模支撑时将千斤顶全部收回至最短后直接与框梁上部连接销连接到位。

第五步：安装左侧边模，因顶模单耳螺旋千斤顶全

部收回，顶部开口度较大，吊装挖机有足够的起吊空间，左侧边模安装时先进行与底模之间的连接销安装，然后借助框架顶部液压系统连接销位置处分别利用 2 根 48mm 钢管对边模上部 1/3 处进行支撑，完成全断面 4 块模板安装，模板安装质量及调整工作在安装过程中随机进行。

第六步：循环第一至第五步工作，从安装方向侧后退法逐组安装剩余 7 组模板及框梁；在每组模板吊装就位过程中，利用 3t 或 5t 倒链配合进行连接销安装。

第七步：安装针梁，同步完成行走组轮安装。

第八步：安装卷扬系统，同步安装液压系统。

第九步：进行台车调试。

2.3 非标准段衬砌技术比较分析

2.3.1 满堂红脚手架法

2#支洞下游侧设计有长 35m 的马蹄形衬砌断面的集石坑，集石坑两端 4m 长渐变段为非针梁台车标准衬砌段，下游渐变段外还有 12m 长标准衬砌段。

常规情况下，非标准衬砌段及下游渐变段外的标准衬砌段采用满堂红脚手架法搭设后通过人工拼装模板的方式施工，不论采取底板和边顶拱整体浇筑及分层浇筑措施，通常每段衬砌时间在 15～20d 之间，该区域按常规法施工，即使两个工作面同步开展，至少需要 60d 以上时间，很难保证总体进度，且占用很多的钢管脚手架材料，另外模板周转次数明显降低，从进度、质量、安全、成本方面均无优越性和合理性。

2.3.2 针梁台车衬砌法

为减少 2#支洞下游的衬砌、灌浆、压力竖井施工干扰，考虑进度、成本、工期最优化组织，压力竖井滑模施工前完成竖井上平段上游侧的所有衬砌，具体衬砌完成时段根据断面特性分底部非标准段和顶部相吻合区域的施工时段。

（1）衬砌分段分层设计。

1）根据集石坑断面和标准衬砌断面进行对比分析，集石坑斜面边墙长 2.38m 以上的衬砌结构一致，即圆弧下部 144°角外的衬砌结构边线相吻合。

根据结构特点集石坑分 4 层浇筑，第一层为底板，第二层为垂直边墙段，第三层为边墙 2.38m 以下部分，第四层为剩余边顶拱段，详见图 3。

其中第一层、第二层、第三层利用竹胶板进行整段浇筑，第四层根据针梁台车单段衬砌长度分 3 段浇筑，分缝处参照其他环向缝设置橡胶止水带，止水带两端伸入第三层 50cm。

2）渐变段结构分两层浇筑，第一层为圆弧 144°角以下边墙及底板，用竹胶板浇筑；第二层为 144°角以上

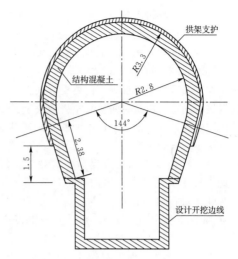

图 3　集石坑断面图（单位：m）

边顶拱区域，用针梁台车衬砌。

3）根据针梁台车行走及支撑需要，集石坑区域通过型钢支撑平台设计及直接回填措施比较分析后，在集石坑第一层和第二层浇筑完成，模板拆除后利用碎石土体回填，作为台车衬砌受力底面。

（2）衬砌时段控制。2#支洞下游侧衬砌施工，以时间合理搭接最优、设备资源顺序化进行控制和组织，总体在压力竖井滑模施工前完成 2#支洞与竖井上平段之间的所有混凝土施工，以避免干扰。

3　快速衬砌技术

针梁台车在安装完成进入正常衬砌阶段后，每段衬砌均为循环作业，其中钢筋制安不占工期，主要工序：台车行走→模板固定→堵头安装→浇筑→等强→脱模→下一循环。

（1）管理技术。为及时快速解决衬砌循环施工阶段出现的各种协调工作，确保衬砌有关工作衔接推进，实施台车进度管理责任挂钩制度和实施情况"星级"鼓励通报制度，让管理者及现场实施作业人员在相互比较中提高和改进。

（2）钢筋、灌浆孔预埋管工序提前实施。

1）钢筋制安分 2 个工序进行，其中，洞段边顶拱钢筋利用钢筋台车超前于衬砌工作面 5 段以上，浇筑设备从钢筋台车底部通过；低弧钢筋根据混凝土泵送浇筑距离，一般超前 2～3 段完成，即钢筋制安工作不影响总体衬砌进度。

2）在钢筋制安完成、移动钢筋台车前测量定位固结灌浆及回填灌浆孔位，预埋 PVC 灌浆管，以提高灌浆造孔成孔质量，加快灌浆工作。避免衬砌完成后再进行定位时遇到钢筋后的不停移位现象发生。

（3）采取工序定时考核技术。单循环衬砌施工执行工序定时考核措施，各主要工序的时间经过类似项目经

验,结合本项目实际衬砌时段,经各工序衔接时段的分析后,确定的主要考核定时为:台车行走3～5h,模板固定3h,堵头12h,浇筑14～16h,等强10h,脱模7～10h,即每段循环时间在56h以内。

其中在等强阶段根据混凝土的终凝时间进行室内试验和现场试验确定;浇筑时间长短主要取决于混凝土拌制运输供应强度,一般情况下,中型断面衬砌混凝土入仓强度确保10m³/h即可。

(4)堵头模板定型加工及提前安装技术。每个衬砌段之间设置永久结构缝,缝内居中设置环向橡胶止水带,为快速进行堵头模板安装加固,边顶拱靠近岩面侧和底部时根据开挖结构线提前进行模板安装和固定。

内侧根据衬砌直径预先制作15块弧长1.2m、宽25cm的定型弧带模板,并在每块模板上设置间距60cm的2个ϕ20mm钢筋手持把手,距离两端25cm;台车就位调整至衬砌位置时,从两端开始定型内侧弧带模板拼装,通过定型弧带模板加工及外侧模板提前安装后,堵头模板安装加固验收在12h内完成。

(5)浇筑坍落度调整技术。结合针梁台车一次性全断面衬砌时在底模易出现气泡、麻面等质量缺陷,为减少台车底部的抗浮力,缩短初凝时间,在底模区域和边顶拱区域采用同标号、不同坍落度的混凝土。

在台车圆弧度约120°以下的混凝土坍落度控制在14～16cm之间,基本与趋于边墙的下料窗口为界;边顶拱混凝土坍落度控制在16～18cm之间,保证混凝土的流动性及顶部浇筑饱满,尽量减少混凝土与岩面之间的空腔,以减少后期回填灌浆量。

(6)等强及脱模交错工序安排。混凝土浇筑完成后,一般情况下边顶拱台车的脱模时间在12h左右,根据室内和现场试样的终凝时间分析,混凝土试样一般在5～6h是全部终凝,仓内浇筑混凝土在9～10h全部终凝。

结合底弧区域和边顶拱的浇筑时长,顶弧120°范围浇筑开始时拆除低弧堵头模板,总体浇筑完成10h时开始拆除边顶拱堵头模板;随着边顶拱堵头模板的拆除台车边模区域的油缸及支撑系统开始收回,12h时边顶拱模板收回,具备行走条件。

4 施工关键技术

(1)台车安装时,利用一台挖机采用"后退法先逐环完成分组模板和框架,再进行针梁及其他结构件安装"工序,提前完成针梁式台车的安装及调试工作。

(2)通过对2#支洞上下游施工时间段分析及控制技术,以及集石坑、渐变段结构的合理分段分层,顺利

在非标准段边顶拱采用针梁台车衬砌技术。

(3)按照均衡施工的原则,对投入的3台针梁台车进行衬砌区段合理划分,充分发挥了每台台车的作用。

(4)钢筋工序和混凝土厚度内的灌浆工作未占总体进度的直线工期;衬砌台车循环过程中预先制作堵头弧带模板;浇筑过程中采用了两种不同坍落度的混凝土;针对台车衬砌循环采取了工序时间控制考核的项目管理技术。

5 应用情况及前景

5.1 应用情况

(1)通过对台车安装技术调整,模板组循环按后退法安装时间统计,每天可完成3组模板安装;最终全部安装并调试完成时间为7d,具备通行试浇筑条件,安装投入使用时间提前7～10d;避免拱顶超挖并设锚钩等间接成本的发生。

(2)在压力竖井下弯段衬砌完成前利用针梁台车顺利完成集石坑等非标准衬砌段的衬砌,同时顺利完成了2#支洞口上下游的所有衬砌段混凝土浇筑;在缩短总体工期的同时,避免了边顶拱满堂红脚手架搭设及拆除工作,衬砌后的混凝土外观质量整体良好。

(3)针梁台车投入施工过程中钢筋工序未占总体进度的直线工期;衬砌循环期间经过对堵头安装时段控制及堵头板预加工、浇筑入仓强度、浇筑坍落度等关键环节的加强控制,实现各台车2～2.5d一段的总体衬砌循环强度,创造了单台车两周9段,1.5～2.0d 1段的衬砌循环强度,且质量安全目标可控。

5.2 应用前景

(1)针梁台车模板安装原理和安装顺序的调整实施,整体安装时间短,具有可实施性。

(2)通过对针梁台车堵头模板、浇筑入仓强度、坍落度等关键环节的控制措施,实现同类型钢模台车衬砌定额化工序控制技术,在类似工程具有一定的参考价值。

(3)利用针梁台车进行集石坑等非标准段的衬砌,具有一定的经济性,通过这种工期与成本的比较分析确定施工措施的项目管理技术,在工程整体性和区域性方面都具有一定的借鉴性。

6 结语

鉴于尼泊尔上马相迪A水电站引水隧洞以平底中型马蹄形断面开挖,Ⅳ～Ⅴ类围岩为圆形钢筋混凝土衬砌,衬砌断面不连续。为顺利快速完成引水隧洞的全断

面衬砌工作，在本工程衬砌段施工中采用针梁式钢模台车快速安装技术、定额化的衬砌循环管理技术、工序方面优化改进的施工技术，顺利实现本工程发电目标，衬砌质量优良。圆形针梁式钢模台车在引水隧洞中的衬砌技术得到进一步的提升，各项技术均具有借鉴性，在类似工程中值得学习和推广。

水平定向钻进拉管施工技术在市政管网中的应用

王 威 庞三余/中国水利水电第十一工程局有限公司

【摘 要】 城市市政管网施工由于交通条件限制，跨路施工对交通影响大，无法保证交通疏导要求。若因交通疏导原因不具备开挖施工条件的路段采取非开挖拉管的施工方法，可有效解决市政管道施工难题。与传统的开槽埋管施工相比，它具有环保、交通影响小、地层结构破坏小、施工安全可靠、周期短、社会效益与经济效益显著等优点。

【关键词】 水平定向钻进 拉管 市政管网

1 引言

随着城市经济高速持续发展，市政管网系统老旧，水环境污染问题也日益突出，加之现代文明意识和环保意识的逐渐加强，开槽埋管施工导致的社会、交通和环境污染等问题已受到越来越多的关注，城市限制开挖施工的法规陆续出台。非开挖施工技术具有环保、占用空间小、施工周期短、综合成本低等优点，在城市管网施工中获得广泛应用。现在非开挖施工技术已有多种形式，如盾构、顶管、水平定向钻进拉管等，下面结合工程实例来探讨水平定向钻进拉管施工技术。

2 水平定向钻进拉管施工技术简介

水平导向钻进法是一种无需挖掘工作井，就能够快速铺设地下管线的钻进方法，水平定向钻进拉管施工示意图见图1。它的主要特点是根据预先设计的铺设管线路（通过设备的电脑软件进行辅助设计），驱动装有楔形钻头的钻杆从地面钻入，再按照预定方向绕过地下障碍，直至抵达目的地，然后卸下钻头换装适当尺寸和特殊类型的回程扩孔器，使之能够拉回钻杆的同时满足钻孔大致所需直径，并将需要铺设的管线同时返程牵回至

钻孔入口处，以保证新的铺设管线不会由于空间不足或钻榫摩擦而受到损坏。

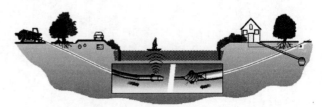

图1 水平定向钻进拉管施工示意图

3 应用实例

3.1 工程概况

茅洲河流域（宝安片区）水环境综合整治项目第三标段，位于深圳市宝安区沙井、新桥街道行政区，管道施工范围内占地面积约18.13km²，共涉及26个社区，属于典型的大型雨污分流管网工程。同时该管网工程主要分布于城市老城区，区域内多为住宅和商业，为了最大限度地减少对周边企业、居民的生产生活的影响，在老城片区新沙路 *DN*400～*DN*600 污水管、北环路至洋仔二路 *DN*800 补水管，长度约4km，使用了非开挖拉管技术，取得了显著的经济效益和社会效益。

3.2 工程特点

本工程沿路主要经过道路、居民区、临街商铺，且经过路口较多，施工影响范围较大，对道路交通、周边环境、附近居民等的影响较大。

3.3 施工设备选择

根据现场实际情况结合设计铺设管径的大小和埋深要求，本工程采用 SUBSITE－950 控向仪和 XZ680 水平定向钻机进行配套施工。

3.4 施工工艺流程

水平定向钻进拉管施工工艺流程是：施工准备→钻机就位→试钻→导向孔钻进→分级扩孔→回拖铺管→现场清理→转场。

3.5 操作要点

3.5.1 施工准备

前期调查：在施工范围内通过现场调查、查阅资料、探测等手段调查清楚地下管线的分布情况，同时主动对接燃气、电力、给水等各管线产权单位到现场确认和交底，力求避开和避免损害既有管线。

方向定位：根据设计单位交付的设计资料，对所有导线点和水准点进行测量，根据结果进行管线的放样、水准点的引点等工作。根据土质、埋深、管径确定管材材料和一次牵引的管道长度。

3.5.2 钻机就位

（1）根据导向孔轴线、入土点位置使钻机进入指定位置，定位、锚固钻机。

1）钻机夹持器至入孔点的距离越近越好，钻杆稳定性增强；

2）设好泥浆孔。使入钻点周围土层植被开挖降到最低，钻导向孔时，钻杆的稳定性好，在造斜段顶进时有足够的推力，完成造斜任务。

（2）规律摆放泵站、储浆罐、焊机、发电机组等设备。

3.5.3 钻液配置

钻液的好与坏对于拉管施工的成败起到了极关键的作用，不同土质钻液配比情况详见表1。钻液具有冷却钻头、润滑钻具的作用，更重要的是可以悬浮和携带钻屑，使混合后的钻屑成为流动的泥浆顺利地排出孔外，既为回拖管线提供足够的环形空间，又可减少回拖管线的重量和阻力，残留在孔中的泥浆可以起到护壁的作用。钻液由清洁的淡水、膨润土和聚合物搅拌而成，用水量为 $1.5 m^3/min$。为改善泥浆性能，施工中有时要加入适量的化学处理剂。例如，烧碱（或纯碱）可增黏、增静切力、调节 pH 值，投入烧碱量一般为膨润土量的 2%。钻液黏度采用马氏漏斗测量，每 2h 测一次。

表 1 　　　　　　　　　　　　　　　不同土质钻液配比表

土 质		产 品	推荐用量（每1000L）	马氏漏斗黏度
一般地层	砂层	Hydraul－EZ（易钻）	30～36kg	40～50s
	砂砾石层	Hydraul－EZ（易钻）/SuperPac（帮手）	36～42kg/1.25～2.5L	50～55s
	黏土层	Hydraul－EZ（易钻）/Insta－visPlus（万用王）	12～18kg/1.25～2.5L	35～40s
	未知层	Hydraul－EZ（易钻）/SuperPac（帮手）	30～42kg/1.25～2.5L	45～55s
复杂地层	卵砾石层	Hydraul－EZ（易钻）/SuperPac（帮手）/Sus2pend－It（速浮）	30～42kg/1.25～2.5L/1.2～2.4kg	70～90s
	膨胀性黏土	在泥浆中添加 Insta－VisPlus（万用王）	2.5～5L	35～40s
	黏胶土	在泥浆中添加 Drill－Terge（洁灵）	5～7.5L	35～40s
改善地质	低 pH 值水质	加入纯碱调整至 8～10	0.3～0.6kg	—

3.5.4 导向孔钻进

根据测量定位的轴线，操作定向钻机水平钻进，采用控向仪等导航设备控制钻头的方向和深度，严格按设计轴线形成一条直径约为100mm的圆孔通道，孔道中心线即为所需铺设管道的中心线。开钻时采用轻压慢转，进入平直段采用轻压快转以保持钻具的导向性和稳定性。根据地层变化和钻进深度，适时调整钻进参数。施工过程中，密切注意钻进过程中有无扭矩、钻压突变、泥浆漏失等异常情况，发现问题立即停止施工，待查明原因并采取相应措施后再施工。导向孔完成后，对工作坑入土口、接收坑出土口的标高和方位进行复核，确保按设计轴线成孔，钻孔导向剖面示意图见图2。

3.5.5 扩孔施工

导向孔完成后，采用分级反拉旋转扩孔成孔，分级扩孔剖面示意图见图3。回扩过程中对泥浆性能参数进行不定期检测，以调整泥浆性能指标。根据地层的实际特点，合理控制回扩钻进速度，以利排渣。扩孔分别采用 φ300、φ550、φ800 钻头分级反扩成孔，若回拖力和回扩扭矩较大，则需多回扩一次，以利孔壁成型和稳定，减小土体扰动变形而发生路面沉降。

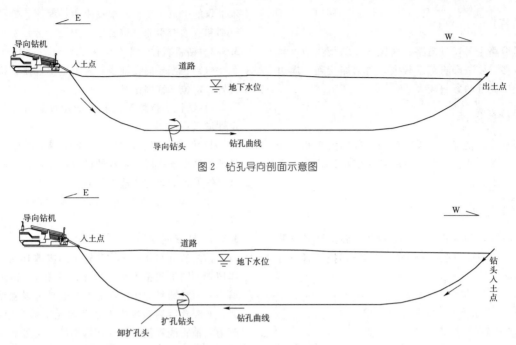

图 2　钻孔导向剖面示意图

图 3　分级扩孔剖面示意图

在本工程中采用的带长槽回扩头适用于普遍的工程条件，在中密度黏土、砾泥黏土和含岩土壤（砾石、鹅卵石等）中施工，兼有飞旋刀式切割器和锥形挤扩器的复合功能，具有很高的施工效率。

3.5.6　回拖铺管

聚乙烯 PE 管的管材连接要严格按热熔对接连接施工

要求进行施焊，回拖前应检查热熔焊接质量，待焊接自然冷却、检查合格后方可进行拖管作业。在回拖管道过程中，密切注意孔内情况，钻机操作手应密切注意钻机回拖力、扭矩的变化。回拖应平稳、顺利，严禁蛮拖，管道回拖剖面示意图见图 4。管材要一次性拖入已成形的孔洞中，中途尽量避免停顿，以减小回拖的阻力。

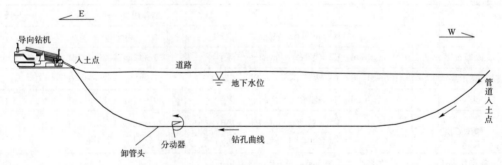

图 4　管道回拖剖面示意图

3.5.7　监测与控制

（1）采用先进的导向探测仪对地下钻头的前后倾角、深度、导向板面向角等进行测量，根据测量结果人为预定其导进方向，并不断地调整钻头面角进行推进或继续钻进。

在钻进导向孔时能否按设计轨迹钻进，钻头的准确定位及变向控制非常重要。钻进过程中对钻头的监测方法主要通过随钻测量（MWD）技术获取孔底钻头的有关信息，孔底信号传送的方法主要有：电缆法和电磁波法。其中电磁波法的测量范围较小，一般在 300m 以内水平发射距离，测量深度在 15m 左右。电磁波法测量的原理为：在导向钻头中安装发射器，通过地面接收器，

测得钻头的深度、鸭嘴板的面向角、钻孔顶角、钻头温度和电池状况等参数，将测得参数与钻孔轨迹进行对比，以便及时纠正。地面接收器具有显示与发射功能，将接收到的孔底信息无线传送至钻机的接收器并显示，以便操作手能控制钻机按正确的轨迹钻进。

（2）钻进的轨迹一般考虑三方面的要求：①铺设管线的深度和水平距离；②避开地下管线和石块等障碍物；③钻进角度或出钻角度的弧度变化控制。

钻机置于马路边缘一定距离外，钻机以一定的钻进角度开孔，向下偏导向钻进，本次施工设计入土角为 12°，出土角为 8°，达到铺管设计深度时钻头的方向恰好调整到水平方向，再保持水平方向旋转钻进，保证钻

孔达到设计准确高程。

4 质量通病及预防措施

4.1 卡钻

在砾石、糖粒砂、钙质层等土层钻进中，会出现卡钻的现象。调整泥浆配比，使用最大泥浆泵排量，与挖掘机配合，将钻杆撤出卡钻区。总结卡钻出现的原因，调整泥浆配比，增加泥浆切力与黏度，使用扭矩大、推力大的钻机及相匹配的钻头，完成导向孔的钻进。

4.2 钻孔塌方

钻进液性能与钻孔、回拖与定向钻穿越施工关系密切，由于钻孔处于地表，地质松软，所以不易形成孔洞，钻孔易塌方，这就要求所用泥浆的护壁性要好，泥饼质量高，控制失水性要好，以保证钻机性能的很好发挥。由于地层结构不同所需泥浆性能也不相同。

泥浆作为钻进冲洗液，使用优质的膨润土和添加剂，严格按照比例经搅拌系统搅拌成泥浆注入洞内，具有润滑钻具、稳定孔壁、降低回转扭矩和回拉力，降低拖管时管道和洞壁的摩擦系数、冷却钻头和发射器、携带土屑、减少腐蚀、固孔护管等作用。

4.3 长距离穿越

长距离穿越，泥浆的作用尤其重要，孔内缺少泥浆往往是钻孔失败的重要原因。保持整个过程中有返浆，对工程顺利进行至关重要，为改善泥浆性能，需加入适量的添加剂来配制成不同性能的泥浆。

为了保证穿越工程的顺利进行，切实保证泥浆的性能才能保证穿越管线的成功。

（1）认真研究地质构造图，制定完善的泥浆配比方案，并认真实施，对特殊地段应提前采取特殊措施，及时加入添加剂，调节好泥浆性能，尽量保证孔内状况良好，形成良好的孔壁。

（2）在易塌方的地段，一方面，改进泥浆的性能；另一方面，改变钻孔和回拖工艺等，尽量缩短停钻时间，加快钻进速度，保证钻孔不塌方。

（3）加强泥浆循环。停止钻进时，仍要注入适量泥浆，保证孔内始终存在正压，使泥浆把孔内切削物尽量多的携带出来，防止沉积于孔内。

（4）在回拖过程中遇到拖力过大，拖不动管的情况，应及时将钻机移到管道入地端，与挖掘机配合，使拖力达到原来拖力的两倍，将管道拖出地面。总结拖不动的原因，审查各个工程环节及相关保障措施，并加以改善，如采用更大的回扩头、使用进口黏土和添加剂、使用更大动力的钻机，完成穿越。

5 结语

近年来在我国经济发展迅速，城市化进程进一步加快，水平定向钻进技术是一种环境影响小、工程造价低、施工速度快的新型非开挖施工技术，越来越受到工程人的关注。本文通过工程实例的成功应用，并取得了良好的经济、社会效益，它对今后类似排水管道工程的施工具有一定的借鉴和指导意义。

浅谈大型市政管网工程施工质量管理

汪科平　廉　霄　王　威/中国水利水电第十一工程局有限公司

【摘　要】　市政工程的特点是作业点多面广，对城市交通、市民生活有一定的干扰，其现场组织及质量管理有自身的特点。本文主要通过针对地下管网施工中常见的质量问题和采取的应对措施进行阐述，总结了一套相对先进的质量管理方法供类似工程项目借鉴。

【关键词】　市政管网　施工质量　管理

1　工程概况

由我公司负责承建的茅洲河流域（宝安片区）水环境综合整治项目第三标段，位于深圳市宝安区沙井、新桥街道行政区，共计 7 个子项工程，分别为 4 个雨污分流管网工程、2 个接驳完善工程和 1 个再生水补水工程。主要施工项目为市政雨污水管道施工，总长度约 245km，相关配套施工内容为：现有立管改造，管道清淤疏通，破坏化粪池修复，新建二、三级雨污水支管和河道补水管道。管道施工方式主要采用放坡开挖、支护开挖、顶管和牵引施工。管道施工范围内占地面积约 18.13km²，共涉及 22 个社区，属于典型的大型雨污分流管网工程。同时该管网工程主要分布于城市老城区，区域内多为住宅和商业，住宅区内人口密集，城市主干道交通流量大，交通疏解极为困难。再加之施工工期短，强度高，施工作业点多面广，施工高峰期多达 120 个作业点同时施工，给施工质量管理带来一定的挑战。

该项目历经两年紧张而艰难的施工，目前所有地下管网已进入运行阶段。4 个雨污分流管网工程、2 个接驳完善工程共计 31 个分片区约 300km 地下雨污分流管网通过验收已向建设单位顺利移交，另外，沙井污水处理厂再生水补水工程按照 2017 年国家对深圳茅洲河黑臭水体治理目标考核要求于 2017 年 12 月 22 日全线通水，并成功向茅洲河主要支流沙井河补水。目前整个工程已完成工程实体质量检查与消缺，进入施工资料完善、整理和竣工验收阶段。在此，针对本项目实施的大型雨污分流管网工程施工过程存在的质量问题、采取的措施及总结的有关质量管理方面的经验谈一下自己的几点看法。

2　管网施工中常见的质量问题

2.1　沟槽开挖与支护

根据设计图纸，当沟槽开挖深度超过 2m 时全部采用支护开挖，但在实际施工过程中，个别施工班组视现场地质情况自行取消支护措施或虽采取了支护措施，但不符合设计要求，具体表现为：型钢支护不连续或钢板桩不锁扣，由此带来的后果是钢板桩起不到止水作用。深圳为我国典型的沿海城市，地下水位高，地基多为软弱淤泥层，基槽不止水就无法保证干槽施工，基槽基础承载力也随之降低。另外，带水作业也不利于管道连接和回填施工，给施工质量埋下了隐患，同时还会降低钢板桩抗倾覆能力，易造成沟槽两侧路面塌陷和沟槽开挖宽度缩窄而不满足设计要求。

2.2　管道安装

管道安装过程中存在吊装操作不规范的现象，过程保护不够，易造成因管身碰撞而产生塑料管道变形甚至破裂，混凝土管管口破损，如果施工管理人员不及时发现并阻止缺陷材料的使用，将给管道留下较大的质量隐患，后期管道内窥检测发现后，再次修复或返工将造成经济和工期的双重损失。管道接口连接也是容易出现缺陷的关键工序之一，如不按照不同管材工艺进行连接，很容易造成错口、渗漏等质量缺陷。

2.3　沟槽回填施工

沟槽回填不按规范要求分层回填，特别是自管顶 50cm 处以下部分和路基基层回填，易造成管身支承角填筑不密实，支承强度不足产生变形，路基填筑不实而造成路面下沉甚至塌陷。另外沟槽排水不及时，软土清理不到位，未按设计和规范要求进行管道基础施工，易造成管道起伏缺陷。更可怕的是如遇淤泥质沟槽基础，施工时未按设计要求对淤泥质进行抛石挤淤或虽进行了抛石挤淤但厚度达不到设计要求，易造成因基槽不均匀沉降使管道产生更大的起伏，管道起伏产生的轴线长度变化对管道接口产生较大拉力，对于化学建材管将破坏其接口熔接质量或将其管段撕裂产生渗漏缺陷，对于混凝土管易造成管口脱节。回填过程中还应注意回填料原材质量，尤其是回填料中不能夹杂块石和杂物，否则在回填过程中当块石和杂物与管材接触易造成管材局部变形或破裂。

2.4 路面恢复

由于沟槽回填过程不规范，在进行路面恢复前为避免路面恢复后产生沉降，在路面恢复前均安排一定时间进行自然沉降密实，而恰恰在这个沉降期内，部分路面受交通通行需求，不得不在沟槽回填顶部允许重型车辆通行，而这样一来，动荷载全部传递给新建管道，很容易对管道造成冲击，造成管道变形或起伏。同时对最后一层回填料高程控制不严格，沟槽顶部回填不平整致使路面混凝土厚度不均，不符合规范要求。另外还存在路面混凝土浇筑后未及时切缝，混凝土自身产生的拉应力不能及时释放，很容易产生不规则裂缝，进而影响路面混凝土外观质量。

3 面对常见质量问题采取的控制措施

针对茅洲河项目施工过程中出现的以上质量问题，在质量管理方面我们也采取了强有力的解决措施，通过采取措施，强化责任落实，现场施工质量总体受控，同时也总结归纳了一套用于大型雨污分流管网工程的质量管理措施，具体措施如下。

3.1 完善质量管理体系

任何一项管理工作的运行与提升，都离不开行之有效的体系建设，茅洲河项目在开工前首先以建立健全质量管理体系作为质量管理工作的重点，相继建立了质量管理体系和质量保证体系，质量管理体系以项目经理为第一责任人，其他班子成员和职能科室负责人为小组成员，小组内明确各自质量责任，定期召开质量例会，策划质量管理重点。同时确立项目总工为质量保证体系责任人，关键工序从施工技术方案、工艺入手做好策划，严控原材料、中间产品检验关，将质量隐患消除在萌芽状态。

3.2 建立质量管理制度

为强化日常施工质量控制管理，项目部依照确定

的质量方针和目标制定了工程质量责任制、质量考核办法与奖惩细则，严格遵守国家和行业的技术标准、规程、规范、招标文件技术条款，严格按设计图纸和施工工艺进行精心施工，项目部共制定质量管理制度20项。

3.3 加强质量培训教育

项目进点之初，购买了各类与本工程施工质量相关的技术规程和验收规范，组织质量管理人员认真学习，使质量管理人员掌握施工验收规范，施工人员熟知施工操作规程。同时项目部在今年3月份派质量管理人员到深圳市培训机构进行质检员取证培训，保证了质量管理人员持证上岗。项目部根据施工进展情况，分别组织对施工作业队管道安装工，混凝土作业的钢筋工、模板工、混凝土工等进行培训，提高了工人的技能操作水平，为确保本工程施工质量打下了坚实的基础。

3.4 定期进行质量检查

质量日常检查主要以每天进行质量巡查、隐蔽工程全过程旁站为主。除每天巡检外，每周进行质量周检查，每月月底进行月检查，并在每月28日定期召开质量月例会。在质量月例会上质量管理小组，对项目部各工区存在的施工质量问题进行分析，提出对策；对出现的质量通病做好提前预防和纠偏措施加强项目的质量管理，确保工程质量。

3.5 发挥主导作用

领导作用是质量管理体系正常运行的基本保证，是质量管理成效的保障性要素之一。在任何时候，项目决策层一定要理清质量与进度、成本和安全的关系，一定要有质量就是进度，质量就是效益的经营理念。避免发生质量损失，因为每次返工重做，打击了劳务班组的积极性，损失了工期和形象，造成工程成本额外增加，使得分包队伍为了弥补损失，采取更恶劣的偷工减料做法，这样更不利于质量的有效控制。

3.6 落实现场管理人员质量责任

为把工程质量控制要求落到实处，提高现场管理责任人的质量责任，规范各协作队伍质量日常管理行为，按照"抓源头、抓过程、抓细节"的要求，项目部制作了《施工现场责任人信息牌》，信息牌均有施工部位、责任人姓名、联系电话，明确施工区域分工，便于责任追溯，同时建立了《质量日常检查考核细则》制度，考核与现场责任人工资挂钩，进行同奖同罚。本工程管网多为地下埋管，管材回填隐蔽后识别难度较大，为加强管材质量的可追溯管理，保证管材质量，防止管材在施工过程中混淆或误用，更好地分析过程

中产生的质量问题并采取纠正措施,实现管材能追溯至原始状态,项目部特要求生产厂家在进场的每一根管材上均制作宝安水环境治理"logo"图徽及管材二维码,二维码信息主要包含管材生产厂家、管材批号、生产日期等。

3.7 加强质量管理队伍建设

面对工期紧、任务重、工点多的状况,项目部必须配备充足的具有经验和能力的质量管理人员,真正做到施工点全覆盖,不留死角。同时提高管理人员综合素质和责任心,要让管理人员在现场知道管什么,怎么管,不怕管。

3.8 关键工序推行实名制

结合本项目点多面广,工期紧、任务重的实际情况,创新质量管理模式,强化现场施工质量管理责任,有效落实质终身制,为实现生产有记录、质量可追溯、责任可界定的目标,项目部推行关键工序实名制制度,建立《实名制质量责任档案》。将每一工点,每道工序由谁具体施工均记录在册,以此提高施工班组人员责任心。项目部根据现场施工现状编制了关键工序目录,推行关键工序实名制制度,建立《实名制质量责任档案》,保证管道接头焊接/搭接、管道安装、管顶500mm以下回填等工序均落实到责任人,有效提高了管道安装施工质量。

3.9 重视首件制样板引路

自开工以来,一直以创建样板示范段作为质量管理的一项重要措施,先后在沙福路、民福路、环镇路和中心路等城市主干道上设置了样板示范段,旨在为同时期施工的其他工点施工作为引领示范作用,同时也向社会宣传电建施工实力,进一步树立企业品牌。在每个工序施工前,标段先要求施工作业班组长先到样板段进行观摩学习,掌握施工技能,领会质量标准要求,再开始各

自工点的施工。

3.10 严格控制管道回填质量

管道回填过程中,为有效控制回填铺设厚度,保证压实度满足设计要求,统一制作了回填控制标线,并分发至各协作队伍,要求在进行沟槽回填时必须在钢板桩和两侧检查井井壁上张贴分层标线,以此来控制回填料铺设和压实后分层厚度。同时加大回填料回填质量压实度检测频次,对每一层回填料均委托有相应检测资质的第三方检测公司进行压实度检测,待检测合格后方可进行下一层回填施工。

3.11 注重季节性施工质量控制

深圳地区雨季持续时间长、降雨量大,为保证开挖的沟槽基础、回填面不受雨水浸泡,项目部统一规划制作了移动式沟槽防雨设施,有效防止了雨水进入沟槽,保证了回填质量,避免了多雨季节对施工生产的影响,从而加快了施工进度。

4 结语

茅洲河流域(宝安片区)水环境综合整治雨污分流管网工程经历了两年多施工,通过对质量管理的实践与探索,项目质量管理体系及制度已经完善,组织机构和规章制度健全,质量管理措施得到有效落实,已建好的工程质量处于良好的受控状态。并连续两年在集团内参建的十家工程局中被水环境公司评为质量管理先进单位,为公司在水环境治理类似工程中积累了一定的质量管理方法和措施。质量管理工作是建筑企业一个永恒的主题,也是当前项目质量管理人员都要面临的一个重要难题,只有锲而不舍地学习、探索,借鉴国内外先进的管理经验,积极开展创新的质量管理手段及方法,完善项目质量管理制度,才能不断地提高工程质量水平,提升项目工程质量。

人工顶管在城市地下管网复杂路段中的应用

汪科平　张喜林　鲁　斌/中国水利水电第十一工程局有限公司

【摘　要】 在城市市政管网施工中，常常会遇到地下管道横穿城市主要路口和周围既有建筑物的情况，为降低对城市交通和既有建筑物安全使用的影响，施工基本采用非开挖施工技术，国内目前比较成熟的埋管非开挖施工技术主要为顶管，其中，顶管按机械化使用程度分为机械顶管和人工顶管两大类。本文通过介绍了人工顶管的主要施工技术，分析了人工顶管的优点、存在问题及应对措施，同时与机械顶管进行经济效益对比，得出人工顶管的应用价值。

【关键词】 人工顶管　城市管网　复杂路段　应用

1　项目简介

沙井街道中心片区雨污分流管网工程属于茅洲河（宝安片区）水环境综合整治工程中的一个子项工程，工程建成后主要作用是在现状地下管网的基础上将雨、污进行分流，污水分流后经二、三级管道就近接入市政主管网，经主管网进入水质净化厂处理后排入茅洲河，从源头上消除水体污染源。在二、三级干管与主管网接驳中，因主管网布设于城市市政主干道上，其交通流量大，如果采用明挖埋管进行接驳，对城市交通影响大，相对而言顶管施工对交通影响较小，但是采用机械顶管施工周期较长，而且施工过程对附近居民出行和生活影响较大。另外，考虑到每个接驳点井段长度未超过30m，采用机械顶管成本太高，从经济角度考虑也不划算，因此，对于类似小管径接驳井段管道施工采取人工顶管，可减少对交通和社区居民生活的影响。

2　施工技术

2.1　工艺流程

其工艺流程：工作井施工→顶进设备安装调试→吊装混凝土管到轨道上→连接好工具管→装顶铁→开启油泵顶进→出泥→管道贯通→拆工具管→砌检查井。

2.2　人工顶管顶力的计算

根据土质情况，人工顶管分为先挖后顶和先顶后挖两种情况。

2.2.1　先挖后顶

对于顶管顶进深度范围土质好的，管前挖土能形成拱，可采用先挖后顶的方法施工，经验公式为

$$P = np_0$$

式中　P ——总顶力；

n ——土质系数；其中，土质系数 n 取值可根据以下两种情况选取：土质为黏土、亚黏土及天然含水量较大的亚砂土，管前挖土能成拱者，取 $1.5 \sim 2.0$；土质为中粗砂及含水量较大的粉细砂，管前挖土不易成拱者，取 $3.0 \sim 4.0$。

2.2.2　先顶后挖

对于顶管顶进深度范围土质较差的，即开挖时容易引起塌方的，可采用先顶后挖的方法施工。根据顶管工程力学参数确定，先顶后挖时，顶管的推力就是顶管过程管道所受的阻力，主要包括工具管切土正压力、管壁摩擦阻力。本工程地处沿海，属于典型的滨海城市，地下土质多为淤泥质和杂填土，在人工顶管过程中采用先顶后挖法组织施工，以迎宾路至宝安大道北侧接驳点为例，对顶管顶力进行计算：

工具管正压力：与土层密实度、土层含水量、工具管格栅形态及管内挖土状况有关。根据有关工程统计资料，软土层一般为 $20 \sim 30t/m^2$，硬土层通常在 $30 \sim 60t/m^2$。大于 $40t/m^2$ 时，表明土质较好。其计算公式为

$$F_1 = S_1 K_1$$

式中　F_1 ——顶管正阻力，t；

S_1 ——顶管正面积，m^2；

K_1 ——顶管正阻力系数，t/m^2。

$$F_1 = S_1 K_1 = \pi r^2 \times K_1$$

$$=3.14\times0.55\times0.55\times35=33.2\ (t)$$

管壁摩擦阻力：管壁与土间摩擦系数及土压力大小有关。根据有关工程统计资料，管壁摩擦阻力一般在 $0.1\sim0.5t/m^2$ 之间。其计算公式为

$$F_2=S_2K_2$$

式中　F_2——顶管侧摩擦力，t；

　　　S_2——顶管侧面积，m^2；

　　　K_2——顶管侧阻力系数，t/m^2。

$$F_2=S_2K_2=\pi DLK_2$$
$$=3.14\times1\times88\times0.5=138.16\ (t)$$

顶管阻力为以上两种阻力之和，顶进长度按最长管段88m计算，总顶力：

$$F=F_1+F_2\approx171.36\ (t)$$

因此，取总的顶力 $F=200t$，选用两个100t液压千斤顶作为顶进动力设备。

2.3　工作井和接收井的施工

工作井和接收井采用人工挖孔护壁支护结构，井直径为7m，开挖深度为4m左右，壁厚25cm。

2.3.1　施工工艺

采用分层开挖，分层浇筑井壁的方法施工，每节开挖护壁的高度最多不超过100cm。

2.3.2　施工技术要求

（1）每层开挖深度不大于1.0m。

（2）钢筋搭接长度不小于35d。

（3）模板拼装要平整，牢固。

（4）层与层之间搭接部分的泥土要清洗干净，并凿毛。

（5）护壁的下一节和上一节的搭接长度不小于10cm。

（6）钢筋的配置必须按照有关标准和规范进行，浇筑的混凝土必须使用震动棒进行振捣，要浇筑混凝土是否到设计标高回填300mm厚碎石垫层。

（7）井内的积水由集水井（长×宽×高：30cm×30cm×40cm）及时排走，抽水时要注意用电安全。

（8）严格控制后靠背、洞口墙的水平度和垂直度。洞心的标高和洞口的直径要符合设计要求。

（9）浇筑完后，养生72h，才能拆模并开挖下一层。

（10）第一层护壁必须钩挂在井口周边。

（11）确保工作井的净空尺寸满足设备要求。

（12）底板的标高要符合设计要求。

2.4　顶管工作井内设备安装

2.4.1　导轨安装

严格控制导轨的中心位置和高程，确保顶入管节中心及高程能符合设计要求。

（1）由于工作井底板浇筑了20cm的混凝土，地基稳定，导轨直接放置在工作井的底板上。

（2）严格控制导轨顶面的高程，其纵坡与管道纵坡一致。

（3）导轨采用浇筑混凝土予以固定，导轨长度采用2~3m，间距设置为60cm。

（4）导轨必须直顺。严格控制导轨的高程和中心。

2.4.2　下管、顶进、出土和挖土设备

采用电动卷扬机下管，用千斤顶、高压油泵作为顶进设备，用斗车、垂直牵引的卷扬机作为出土设备，用空气压缩机带风镐机作为挖土设备。

2.4.3　照明设备

井内使用电压不大于12V的低压照明。

2.4.4　通风设备

人工挖土前和挖土过程中，采用轴流鼓风机通过通风管进行送风。

（1）风量的计算。按洞内同时工作的最多人数计算：

$$Q=kmq$$

式中　Q——所需风量，m^3/min；

　　　k——风量备用常用系数，常取$k=1.1\sim1.2$；

　　　m——洞内同时工作的最多人数；

　　　q——洞内每人每分钟需要新鲜空气量，通常按$3m^3/min$计算。

现管内有两人工作，一人开挖，一人负责运余泥，取$k=1.1$，$m=2$，则有：$Q=kmq=1.1\times2\times3=6.6m^3/min$。

（2）漏风计算：

$$Q_{供}=PQ$$

式中　Q——计算风量；

　　　P——漏风系数。

采用$\phi200$ PVC管，每百米漏风率一般可控制在2%以下。取$P=1.02$，则

$$Q_{供}=PQ=6.6\times1.02=6.73\ (m^3/min)$$

取风量大于7000L/min离心鼓风机（或高压空气压缩机）作为通风设备则可以满足要求。

2.4.5　工作棚架

作为防雨及安装吊运设备。工作坑上设活动式工作平台，平台用20♯工字钢梁。在工作平台上设起重架，井旁边装置电动卷扬机。

2.5　引入测量轴线及水准点

（1）将地面的管道中心桩引入工作井的侧壁上（两个点），作为顶管中心的测量基线。

（2）将地面上的临时水准点引入工作井底不易碰撞的地方，作为顶管高程测量的临时水准点。

2.6　下管

（1）下管前，先严格检查管材，龄期未到、强度不

够或有明显缺陷的不合格管材严禁使用。

（2）第一节管下到导轨上时，应测量管的中线及前后端管底高程，以校核导轨安装的准确性。

（3）要安装护口铁或弧形顶铁保护管口，以防止管周被顶压破损。

2.7 千斤顶和顶铁的安装

千斤顶是人工顶管的主要设备，先根据每段顶进长度及土质情况计算所需顶力，根据顶力再选用相应较合适吨位的千斤顶，由前面顶力计算可知，本工程最长管段的顶力为200t，采用2台100t液压千斤顶。

（1）千斤顶的高程及平面位置：千斤顶工作坑内的布置采用并列式，顶力合力作用点与管壁反作用力作用点应在同一轴线，防止产生顶进力偶，造成顶进偏差。根据施工经验，采用机械挖运土方，管上部管壁与土壁有间隙时，千斤顶的着力点作用在管子垂直直径的1/5～1/4处为宜。

（2）安装顶铁应无歪斜、扭曲现象，必须安装直顺。

（3）每次退千斤顶加放顶铁时，应安放最长的顶铁，保持顶铁数目最少。

（4）顶进中，顶铁上面和侧面不能站人，随时观察有无扭曲现象，防止顶铁崩离。

2.8 顶进施工

工作坑内设备安装完毕，经检查各部分处于良好状态，即可进行试顶。首先校测设备的水平及垂直标高是否符合设计要求，合格后即可顶进工具头，然后安放混凝土管节，再次测量标高，核定无误后进行试顶，待调整各项参数后即可正常顶进施工。在施工过程中，做到勤挖、勤顶、勤测，加强监控。顶进施工时，主要利用风镐在前取土，千斤顶在后背不动的情况下将管道向前顶进，其操作过程如下：

（1）安装好顶铁挤牢，工具管前端破取一定长度后，启动油泵，千斤顶进油，活塞伸出一个工作行程，将管子推向一定距离。

（2）停止油泵，打开控制阀，千斤顶回油，活塞回缩。

（3）添加顶铁，重复上述操作，直至需要安装下一节管子为止。

（4）卸下顶铁，下管，用环形橡胶环连接混凝土管，以保证接口缝隙和受力均匀，保证管与管之间的连接安全。

（5）顶进施工中的重点工序。

1）测量。

①测量次数：在顶第一节管时及校正顶进偏差过程中，应每顶进20～30cm时，即对中心和高程测量一次；在正常顶进中，应每顶进50～100cm时，测量一次。

②中心测量：根据工作井内测设的中心桩、挂中心

线，利用中心尺，测量头一节管前端的轴线中心偏差。

③高程测量：使用水准仪和高程尺，测首节管前端内底高程，以控制顶进高程。

④同时，测首节管后端内底高程，以控制坡度。工作井内应设置两个水准点，以便闭合之用，经常校核水准点，提高精度。

⑤一个管段顶完后，应对中心和高程再做一次竣工测量，一个接口测一点，有错口的测两点。

2）纠偏。当测量发现偏差在10～20mm之间时，采用超挖纠偏法，即在偏向的反侧适当超挖，在偏向侧不超挖，甚至留坎，形成阻力，施加顶力后，使偏差回归。当偏差大于20mm时，采用千斤顶纠偏法，当超挖纠偏不起作用时，用小型千斤顶在管端偏向的反侧内管壁上，另一端斜撑在有垫板的管前土壁上，支顶牢固后，即可施加顶力。同时配合超挖纠偏法，边顶边支，直至使偏差回归。

3）管前挖土要求：

①在道路和重要构筑物下，不得超越管段以外100mm，管周不得超挖，并随挖随顶。

②在一般顶管地段，如土质良好，可超挖管端300～500mm，在管周上面允许超挖15mm，下面135°范围内，不得超挖。

③接口的处理：由于顶管的管材为F型接口，顶管完毕后，对于管与管之间的缝隙，采用膨胀水泥砂浆压实填抹。选用硅酸盐膨胀水泥和洁净的中砂，配合比（重量比）为：膨胀水泥：砂：水＝1：1：0.3，随拌随用，一次拌和量应在半小时内用完。填抹前，将接口湿润，再分层填入，压实填抹平整后，在潮湿状态下养护。

2.9 工作井内管道施工

管道完成后，按设计图在井内浇筑矩形混凝土检查井。待混凝土达到一定强度后，工作坑回填中砂，用水冲实。顶进时若遇到流砂较多，且流砂流动性较强，则要在管内准备足够的砂包、稻草，用来阻挡流砂的流动，或用改装后带网格的工具头配合施工，以防万一，确保施工人员的生命安全。

3 人工顶管施工的优点

3.1 施工成本低

仅需要少量设备，依靠几个劳动力便可完成顶管施工。而机械顶管不但顶管机及相应配套设备贵，而且折旧费及损耗也大大高于人工顶管。

3.2 工作井及接收井占用场地小

对机械顶管，由于顶进设备及配套设备多，占用场

地大，并且工作井及接收井要求的尺寸大，对市政交通影响不言而喻，有时甚至会造成整条道路交通瘫痪。人工顶管不但防止了"拉链路"的产生，在一定程度上也能保证交通要求。

3.3 容易发现地下管线，清楚地做出判断，防止出现不必要的损失

由于市政工程地下管线复杂，还可能出现高架桥桩基础及城市供水管等情况，机械顶管在顶进过程中无法分辨地下管线，而且容易将现有的管线破坏，有时损失还不小，尽管目前可在顶进前做管线探测，但一般只能探出金属管，对混凝土管等非金属管则无法探测出来，而人工顶进可第一时间发现管线，并做出相应的处理措施。

3.4 施工过程简单，可多个工作面同时开展

由于机械顶管的机械及成本费用高，对于造价不是很高的项目，通常用多台机械顶管机不现实，而人工顶管则弥补这一不足，在任何有工作面的地方都可以开展顶进工作，整体顶进进度常常不亚于机械顶管。

4 人工顶管存在的问题及应对措施

(1) 一般只适用于短距离施工，由于长距离顶进出土的距离加大，效率降低，而且对千斤顶的顶力要求加大，增加了工作井后靠背的负担。

应对措施：可根据土质的实际情况做顶进长度计划，通常每段顶进以40m左右为宜。

(2) 安全隐患大，对于腐质有机土，人工顶进时呼吸困难；对于流砂严重的土体，很难操作。

应对措施：先在开挖前做洞内及挖掘面的含氧探测，目前可通过氧气探测仪探测含氧量，一般体积百分比不宜不小于18%，如氧气不足，操作人员可通过井外鼓风机送风的方法以达到氧气含量满足要求。对于流砂，可先进行降水，并要在管内准备足够的砂包、稻草，用来防止流砂面扩大。或用改装后带网格的工具头配合施工，以防万一，确保施工人员的生命安全。

(3) 施工精度不高。对于地质条件复杂情况，顶进过程较难控制，由于人工顶管测量纠偏方法不够先进，偏差较机械顶管大。

应对措施：通过"勤测勤纠"方法，将偏差控制在最小限度内。

(4) 管径受到限制。由于人工顶管需要人在洞内进行掘土，管径太小不但在挖土时很难操作，而且如发生

意外时，人身安全得不到保证。

应对措施：要求进行人工顶管的管径不小于800mm。

(5) 地面沉降控制。由于人工顶管属于敞开式的施工工艺，挖掘面不存在外力来平衡土压力，对覆土深度浅、地下水位高或砂性土，均较难控制挖掘面的稳定，造成塌方，而引起地面沉降。

应对措施：可选择地下水位不高或自身稳定性较好的黏性土作为人工顶管。

5 案例经济分析及实施效果

选取迎宾路跨宝安大道接驳点为例，该工程共有DN800三级钢筋混凝土顶管104m，以人工顶管与机械顶管分别施工时顶管的造价及所需的工作井和接收井数量及相应的报价。并作简单的经济分析。经分析人工顶管的工作井及接收井的数量均较机械顶管多，这是由于机械顶管的每段顶进较人工顶管长的缘故，但是考虑到普通顶管机不能进行曲线及折线顶管，顶距也受到一定程度上的限制，故井的数量也不是按比例递增。

人工顶管工作井及接收井的单价和总价均较机械顶管低，而且工作井的总造价仅占机械顶管总造价的1/3左右。人工顶管的顶管造价也较低，约占机械顶管的71%，整个104m的DN800顶管及工作井与接收井的总造价，采用机械顶管需662956元，而人工顶管仅需405750元，仅占机械顶管的61%，节约造价达25.7万元。工程于2017年9月15日开始顶进施工，2017年11月13日顶管贯通，总工期60d，日平均施工强度约1.74m，实际单日顶进高峰强度为2.2m。

6 结语

综上所述，我们可以初步得出以下几个结论：

(1) 人工顶管存在许多优点，如施工成本低、对交通影响较小、清楚地辨别地下管线及施工过程简单等优点。

(2) 用人工顶管进行施工还存在许多不足之处，如安全隐患大、施工精度不高及造成路面沉降等，但是可以采取相应的应对措施克服它的不足之处并增加其实用性。

(3) 通过上述实例可发现人工顶管的经济效益可观，对土质较好的地方或施工对交通影响大的部位，在能保证施工人员安全的前提下，人工顶管在很大程度上还有其发展空间和应用价值。

市政管道内窥检测技术介绍

王　威　张松艳/中国水利水电第十一工程局有限公司

【摘　要】　市政排水管网是城市重要基础设施之一，在城市生活中，排水管网如同人体的血管不可缺少，而管网施工中管道安装属重要隐蔽工程，是整个工程质量的核心。本文针对排水管网内窥检测原理、作业流程等进行了阐述，通过排水管网内窥检测可以很好地握管道安装质量。

【关键词】　市政管道　内窥检测

1　引言

由于传统检测手段无法查明排水管道内部结构及使用功能情况，因此使用先进的视频、声呐等手段对排水管网的全面检查显得十分迫切。这种检查将为今后建立城市排水系统综合模拟平台以及完善排水系统功能减少污水渗漏、偷排、治理等工作打好基础，同时也为新建管网工程质量提供了有力保障。

2　市政排水管网检测的主要方法

管道内窥检测方法主要有电视检测、管道潜望镜检测和声呐检测。

2.1　电视检测

电视检测是采用闭路电视系统进行管道检测的方法，简称 CCTV 检测。检测系统由主控器、操纵线缆架、带摄像镜头的"机器人"爬行器三部分组成。检测时操作人员在地面远程控制 CCTV 检测车的行走并进行管道内的录像拍摄，由相关技术人员根据录像依据《城镇排水管道检测与评估技术规程》（CJJ 181）进行管道内部状况的评价与分析。CCTV 检测在国外排水管道检测中已得到广泛应用，美国的排水管道的检测主要采用该方法。CCTV 检测在我国应用时间不长，但发展非常迅速，近几年，国内一些主要城市（如北京、深圳、广州、上海等）已普遍应用这种检测系统取得了非常好的效果。

2.2　管道潜望镜检测

管道潜望镜检测为便携式视频检测系统，是一款新型的影像快速检测系统，即是采用管道潜望镜置于检查井中，利用镜头的伸缩，对管道内的情况进行拍摄录像。管道潜望镜对于直线段的管道，其检测距离最远可达百米，由于操作方便、检测迅速，是管道检测最基本、最常用的手段，简称 QV 检测。潜望镜检测系统主要由高清晰度可潜水摄像镜头、探照灯、控制带、视频成像、存储器和伸缩控制杆组成。

主控制器与管道内的高清晰度可潜水摄像镜头通过伸缩控制杆连接起来，操作人员通过操作主控制器上的按键来控制摄像头焦距、灯光亮度等，并通过扭动伸缩控制杆调整摄像镜头方向；拍摄的管道内部影像则通过电缆传输到视频成像和存储器上，操作人员可实时监测管道内部状况，同时将原始影像数据记录并储存下来，以便做进一步的评估分析。

2.3　声呐检测

声呐检测是采用声波探测技术对管道内水面以下的状况进行检测的方法。

当管道处于满水状态，且不具备排干条件时，采用传统的视频检测手段已无法取得较好的检测效果，此时，管道声呐检测系统就派上了用场，声呐利用自身装置向水中发射声波，通过接收水下物体的反射回波发现目标，目标的距离可通过发射脉冲和回波到达的时间差进行测算；声呐检测系统在计算机及专用软件系统的支持下对接收的反射声波信号进行自动处理，以测定检测目标的各种参量，达到进行管道运行状况检测的目的。声呐系统可辨认并定位管道内部的沉积物、凝结物，同时对变形、破裂等缺陷进行判断，适用于不宜进行 CCTV 检测的水充满度较高的污水管道。目前已广泛应用于国内外市政管道、燃气、石油、电力和野外侦查、灾难搜救等检测领域。

3 适用环境及优缺点

（1）CCTV 检测适用于管径不小于 *DN*300，不能带水作业，确保管内水位低于 10cm 或管道内水位不大于管道直径的 20%，检测前需进行管道清理，清除管内障碍物及淤泥。

优点：缺陷部位显示非常清晰，缺陷部位量测精准。

缺点：对检测管道要求较高，检测速度较慢。

（2）QV 检测适用于管道水位低于管径的 50%，检测管段为直线管段，管段长度不宜大于 30m。

优点：检测速度快，对管道环境要求不高，辅助人工少。

缺点：缺陷位置定位不准。

（3）声呐检测适用于管道内污水充满度高、流量大，又因生产排放等原因无法停水，而无法进行 CCTV 检测的污水管道的淤积、结垢、泄漏故障检测，适用于管径大于 300mm 内各种材质的管道，检测结果通过专业软件进行处理，成果具有直观的效果。

专用软件系统可以达到 3D 效果，管内断面数据为 *X*、*Y*，已检测的路线距离为 *Z*，连续记录的检测数据可以以立体图的方式在计算机上显示，检测结果直观。

优点：检测成果具有直观的效果。

缺点：声呐检测的轮廓图不宜作为结构性缺陷的最终评判依据，应用 CCTV 检测方式予以证实或以其他方法判别。

4 管道内窥检测流程

管道内窥检测流程：管道清理→收集资料→现场勘察→检测规划→现场检测→成果整理→编制报告。实际检测过程中，可根据工程量的大小和具体要求，检测程序可根据实际调整。

5 管道内窥检测影像判读方法

检测影像判读是管道内窥检测的一项关键工作。其中影像信息包括：管材类型、缺陷位置、缺陷类别、缺陷名称、缺陷数量、缺陷等级等。

5.1 缺陷分类

管道内窥检测缺陷可分为结构性缺陷和功能性缺陷两大类。结构性缺陷指管道结构本体遭受损伤，影响强度、刚度和使用寿命的缺陷。包含：破裂、变形、腐蚀、错口、起伏、脱节、接口材料脱落、支管暗接、异物穿入、渗漏 10 种缺陷。功能性缺陷指导致管道过水断面发生变化，影响畅通性能的缺陷。包含：沉积、结垢、障碍物、残墙坝根、树根、浮渣 6 种缺陷。

5.2 缺陷等级与缺陷代码

5.2.1 结构性缺陷等级

根据《城镇排水管道检测与评估技术规程》（CJJ 181）结构性缺陷一般分为 4 个等级。1 级缺陷——无或有轻微管道缺陷，结构状况基本不受影响；2 级缺陷——管道缺陷明显超过 1 级，对管道运行产生一定影响，应进行管道修复；3 级缺陷——管道缺陷严重，结构状况受到影响，应进行管道修复；4 级缺陷——管道存在重大缺陷，管道损坏严重或即将导致破坏，应进行管道修复。结构性缺陷说明见表 1。

表 1 结 构 性 缺 陷 说 明

缺陷名称	代码	缺 陷 说 明	等级数量	等级	缺 陷 描 述
破裂	PL	管道的外部压力超过自身的承受力致使管子发生破裂。其形式有纵向、环向和复合 3 种	4	1	裂痕——当下列一个或多个情况存在时： 1）在管壁上可见细裂痕； 2）在管壁上由细裂缝处冒出少量沉积物； 3）轻度剥落
				2	裂口——破裂处已形成明显间隙，但管道的形状未受影响且破裂无脱落
				3	破碎——管壁破裂或脱落处所剩碎片的环向覆盖范围不大于弧长 60°
				4	坍塌——当下列一个或多个情况存在时： 1）管道材料裂痕、裂口或破碎处边缘环向覆盖范围大于弧长 60°； 2）管壁材料发生脱落的环向范围大于弧长 60°

缺陷名称	代码	缺陷说明	等级数量	等级	缺陷描述
变形	BX	管道受外力挤压造成形状变异	4	1	变形不大于管道直径的 5%
				2	变形为管道直径的 5%～15%
				3	变形为管道直径的 15%～25%
				4	变形大于管道直径的 25%
腐蚀	FS	管道内壁受侵蚀而流失或剥落，出现麻面或露出钢筋	3	1	轻度腐蚀—表面轻微剥落，管壁出现凹凸面
				2	中度腐蚀—表面剥落显露粗骨料或钢筋
				3	重度腐蚀—粗骨料或钢筋完全显露
错口	CK	同一接口的两个管口产生横向偏差，未处于管道的正确位置	4	1	轻度错口—相接的两个管口偏差不大于管壁厚度的 1/2 倍
				2	中度错口—相接的两个管口偏差为管壁厚度的 1/2～1 倍
				3	重度错口—相接的两个管口偏差为管壁厚度的 1～2 倍
				4	严重错口—相接的两个管口偏差为管壁厚度的 2 倍以上
起伏	QF	接口位置偏移，管道竖向位置发生变化，在低处形成洼水	4	1	起伏高/管径≤20%
				2	20%＜起伏高/管径≤35%
				3	35%＜起伏高/管径≤50%
				4	起伏高/管径＞50%
脱节	TJ	两根管道的端部未充分接合或接口脱离	4	1	轻度脱节—管道端部有少量泥土挤入
				2	中度脱节—脱节距离不大于 20mm
				3	重度脱节—脱节距离为 20～50mm
				4	严重脱节—脱节距离为 50mm 以上
接口材料脱落	TL	橡胶圈、沥青、水泥等类似的接口材料进入管道	2	1	接口材料在管道内水平方向中心线上部可见
				2	接口材料在管道内水平方向中心线下部可见
支管暗接	AJ	支管未通过检查井而直接侧向接入主管	3	1	支管进入主管内的长度不大于主管直径的 10%
				2	支管进入主管内的长度在主管直径的 10%～20%
				3	支管进入主管内的长度大于主管直径的 20%
异物穿入	CR	非管道附属设施的物体穿透管壁进入管内	3	1	异物在管道内且占用过水断面面积不大于 10%
				2	异物在管道内且占用过水断面面积为 10%～30%
				3	异物在管道内且占用过水断面面积大于 30%
渗漏	SL	管道外的水流入管道	4	1	滴漏—水持续从缺陷点滴出，沿管壁流动
				2	线漏—水持续从缺陷点流出，并脱离管壁流动
				3	涌漏—水从缺陷点涌出，涌漏水面的面积不大于管道断面的 1/3
				4	喷漏—水从缺陷点大量涌出或喷出，涌漏水面的面积大于管道断面的 1/3

5.2.2　功能性缺陷等级

　　根据《城镇排水管道检测与评估技术规程》（CJJ 181）功能性缺陷一般分为 4 个等级。1 级缺陷——无或有轻微影响，管道运行基本不受影响；2 级缺陷——管道过流有一定的受阻，应进行管道维护；3 级缺陷——管道过流受阻比较严重，运行受到明显影响，应进行管道维护；4 级缺陷——管道过流受阻很严重，即将或已经导致运行瘫痪，应进行管道维护。功能性缺陷说明见表 2。

表 2 功能性缺陷说明

缺陷名称	代码	缺陷说明	等级数量	等级	缺陷描述
沉积	CJ	杂质在管道底部沉淀淤积	4	1	沉积物厚度为管径的 20%～30%
				2	沉积物厚度为管径的 30%～40%
				3	沉积物厚度为管径的 40%～50%
				4	沉积物厚度大于管径的 50%
结垢	JG	管道内壁上的附着物	4	1	硬质结垢造成的过水断面损失不大于 15%；软质结垢造成的过水断面损失在 15%～25% 之间
				2	硬质结垢造成的过水断面损失在 15%～25% 之间；软质结垢造成的过水断面损失在 25%～50% 之间
				3	硬质结垢造成的过水断面损失在 25%～50% 之间；软质结垢造成的过水断面损失在 50%～80% 之间
				4	硬质结垢造成的过水断面损失大于 50%；软质结垢造成的过水断面损失大于 80%
障碍物	ZW	管道内影响过流的阻挡物	4	1	过水断面损失不大于 15%
				2	过水断面损失在 15%～25% 之间
				3	过水断面损失在 25%～50% 之间
				4	过水断面损失大于 50%
残墙坝根	CQ	管道闭水试验时砌筑的临时砖墙封堵，试验后未拆除或拆除不彻底的遗留物	4	1	过水断面损失不大于 15%
				2	过水断面损失在 15%～25% 之间
				3	过水断面损失在 25%～50% 之间
				4	过水断面损失大于 50%
树根	SG	单个树根或树根群自然生长进入管道	4	1	过水断面损失不大于 15%
				2	过水断面损失在 15%～25% 之间
				3	过水断面损失在 25%～50% 之间
				4	过水断面损失大于 50%
浮渣	FZ	管道内水面上的漂浮物（该缺陷需记入检测记录表，不参与计算）	3	1	零星的漂浮物，漂浮物占水面面积的 30% 以上
				2	较多的漂浮物，漂浮物占水面面积的 30%～60%
				3	大量的漂浮物，漂浮物占水面面积的 60% 以上

5.3 缺陷修复

管道结构性缺陷修复要选用有效的方式进行，避免造成二次缺陷的产生。一般处理方式为非开挖内衬修复、开挖更换管道或开挖增设检查井的处理。

管道功能性缺陷修复一般采用管道清洗、清除杂物等方式，保证管道运行畅通，提高运行能力。

6 工程应用实例

茅洲河流域（宝安片区）水环境综合整治项目位于深圳市宝安区沙井街道行政区，工程内容主要包括沙井街道布涌片区、沙井街道老城片区、沙井街道老城南片区、沙井街道中心片区雨污分流管网工程的施工，以及沙井污水处理厂服务片区污水管网接驳工程、沙井街道污水管网接驳工程、沙井污水处理厂再生水补水工程七个子项工程的施工，管网总长度约 290km，全部采用管道内窥检测对排水管道安装质量进行验收，使得管道状况一目了然，同时对于排水管网的雨污混接调查、部分管线走向以及支管暗接的确定，甚至寻找隐蔽覆盖的排水检查井位置，CCTV、QV 都有它独特的优势。

7 结语

管道内窥检测为市政埋管质量提供了最为快速、直观的信息，为缺陷修复提供了全面、准确科学的依据，该项技术的运用减少了城市居民及社会交通的影响，获得了良好的社会效益，随着民众对环境质量的不断重视和国家对水环境治理政策的大力推动，管道内窥检测将拥有更广阔的前景。

自锚式悬索桥主缆线形计算方法综述

申文浩/中国水利水电第十一工程局有限公司

【摘　要】　自锚式悬索桥因其不需修建庞大的地锚，而是把主缆锚固到加劲梁或桥面的两端，既给不具备修建锚锭条件的地方建设悬索桥提供了新的途径，也节省了昂贵的锚锭费用；此外，自锚式悬索桥不需修建地锚，使得造型更简洁、更美观，更适合在城市修建，自锚式悬索桥已成为城市景观桥梁之一。在我国，越来越多的城市中小型桥梁，乃至跨江河的大桥都采用这种桥型方案。此外自锚式悬索桥的加劲梁承受较大的轴力，从受力角度讲，主缆对加劲梁施加了强大的免费预应力，使加劲梁受力更加合理。

【关键词】　自锚式悬索桥　分段悬链线理论　无应力索长

1　绪论

1.1　自锚式悬索桥发展概述

19世纪后半叶，奥地利工程师约瑟夫·朗金和美国工程师查尔斯·本德分别独立地构思出自锚式悬索桥的造型。朗金于1870年在波兰设计建造了一座小型的铁路自锚式悬索桥。1915年，德国设计师在科隆的莱茵河上建造了第一座大型自锚式悬索桥——科隆-迪兹桥。自锚式悬索桥在中国的研究和发展起步较晚，但在20世纪末自锚式悬索桥的复兴过程中，中国修建了多种加劲梁材料和不同截面形式的自锚式悬索桥。随着时代的发展，桥梁美学备受重视，人们追求结构与环境的相互协调，与艺术、区域文化的完美融合，自锚式悬索桥在中国得到越来越广泛的运用。目前中国自锚式悬索桥正向着大跨度，复杂体系发展。

1.2　悬索桥主缆线形研究的重要性

从理论上讲，悬索桥应属于索和梁的组合结构体系，但由于悬索桥的跨度一般都很大，加劲梁的刚度在全桥刚度中所占比例很小；从受力本质上讲，悬索桥结构属于悬挂体系，主缆是悬索桥的主要承重构件，加劲梁的功能只是将竖向荷载分摊并通过吊索传给主缆。因此，悬索桥主缆成桥线形和主缆无应力长度的精确分析，是保证悬索桥结构成桥后几何线形满足设计要求的必要条件，也是施工控制的关键一步。

1.3　自锚式悬索桥主缆合理成桥状态

自锚式悬索桥的主缆合理成桥状态，是指满足设计基本参数和性能指标条件下主缆的受力状态和几何形状。由悬索桥的受力特征可知，主缆的线形除了与施工方法及构件自身特性有关外，主要是由吊索内力决定的。给定悬索桥成桥时的受力性能指标，计算悬索桥成桥时的吊索内力，由吊索内力又能计算出主缆几何形状，最终得到主缆成桥时的合理设计状态。

（1）加劲梁上、下缘应力满足安全要求并具有一定的强度储备，线形符合设计要求。

（2）主塔尽量为轴心受压，且满足强度要求。

（3）吊索内力满足安全储备要求，且分布较均匀，除主塔附近和主缆在加劲梁上锚点附近的吊索外，不宜有大的跳跃。

（4）主缆有合适的安全储备。

（5）加劲梁支座尽量无负反力或负反力在可控制范围内。

2　悬索桥结构计算理论

悬索桥的计算理论大致经过了三个阶段：弹性理论、挠度理论、非线性有限元理论，这些理论均可以运用于自锚式悬索桥的计算分析。

2.1　弹性理论

在19世纪以前，悬索桥还没有任何力学分析方法。直到1823年法国的Navier才总结发表了无加劲梁悬索桥的计算理论，后在1858年，英国的Rankine提出了有加劲梁悬索桥的计算理论，这些理论最后经Steinman整理成"弹性理论"的标准形式。用弹性理论对悬索桥进行结构分析，作了如下假定：假定悬索桥为完全柔性，吊索沿跨径密布；假定悬索曲线形状和纵坐标在加载后保持不变。加劲梁沿跨径悬挂在悬索上，其截面的惯性矩沿跨径不变；一般加劲梁是在悬索和吊索安装完毕后才分段吊装就位，最后连接成整

体，所以加劲梁等恒载已由悬索来承担，加劲梁中仅由车辆活载、风力和温度变化等可变荷载产生的内力。根据这些假定，缆索将承受自重及全部桥面恒载，它的几何形状是二次抛物线，这一线形不因后来作用于桥面上的活载而发生任何变化。在计算加劲梁由于活载所产生的弯矩 M 时，其计算模型与活载作用之前是相同的，如图1所示。

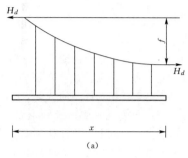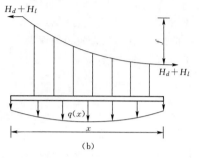

图1 弹性理论悬索桥内力分析

根据平衡条件，可得：

$$M = M_0 - H_p y \tag{1}$$

式中 M_0——相应简支梁活载弯矩；

H_p——活载作用下主缆水平分力；

y——主缆承受活载前的纵坐标值。

式（1）为地锚式悬索桥的弹性理论计算式，也可作为自锚式悬索桥弹性理论计算式，但仅适用于加劲梁无拱度的情况。当加劲梁有拱度时，由于加劲梁中存在较大的轴压力，此时弹性理论计算式为

$$M = M_0 - H_p y - (H_q + H_p)c \tag{2}$$

式中 H_q——恒载作用下加劲梁受到的轴压力，为以主缆在加劲梁作用位置为起算点至计算截面的起拱高度。由式（2）可见，加劲梁的拱度将会减小活载弯矩。

弹性理论曾在一个时期支配悬索桥的设计。该理论有两个非常显著的缺陷：一是没有考虑到恒载对悬索桥刚度的有益影响；二是没有考虑非线性大位移影响。尽管按弹性理论做设计可以偏于安全，但却严重浪费了材料，这是因为作为悬索桥主要承重构件的缆索是受拉构件，当考虑了上述因素后，其内力和位移值都将显著减小，这种情况在跨度越大、加劲梁越柔、活恒载比值越小等条件下表现越显著。因此，弹性理论仅适用于小跨度悬索桥的设计。

2.2 挠度理论

随着悬索桥跨径的不断增大，加劲梁的刚度相对降低，结构的非线性行为表现明显。Ritter（1887），Melan（1888）等人提出了挠度理论。该理论认为：当悬索桥因活载产生竖向变形时，原有恒载已产生的主缆轴力由于变形的关系将产生新的抗力，这个认识随即改变了悬索桥的跨度。

挠度理论基于以下的假定：恒载为沿跨度均布，在无活载状态下，缆索为抛物线，加劲梁内无应力；吊索为竖直，且沿跨度密布，不考虑其在活载下的拉伸和倾斜，当作仅在竖向有抗力的膜；在每一跨内加劲梁为等直截面梁；缆索及加劲梁都只有竖向位移，不考虑其在纵向的位移。

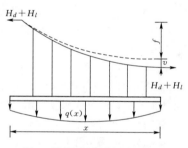

图2 挠度理论悬索桥受力分析

如图2所示，虚线表示主缆在恒载作用下的平衡位置，在恒载和活载共同作用下主缆发生位移到图中实线位置，v 即为活载作用产生的挠度。按平衡条件，加劲梁的活载弯矩为

$$M = M_0 - H_p y - (H_q + H_p)v \tag{3}$$

式中 H_p——活载作用下主缆水平分力；

y——主缆承受活载前的纵坐标值。

上式与式（1）相比较，挠度理论多了 $-(H_q + H_p)v$ 一项。虽然活载引起的主缆挠度 v 较小，但一般恒载引起的主缆水平张力很大，考虑主缆恒载张力对抵抗活载的作用将会大大减小加劲梁的弯矩设计值。

对自锚式悬索桥而言，若假定加劲梁为平直，由于挠度理论假设吊索无伸长，活载作用下加劲梁随主缆发生挠度 v。加劲梁水平轴压力产生弯矩为 $(H_q + H_p)v$，加到式（3）中，即得自锚式悬索桥的挠度理论为

$$M = M_0 - H_p y \qquad (4)$$

这与弹性理论计算式（1）是一致的，证明自锚式悬索桥可按弹性理论进行分析。类似的，考虑加劲梁拱度效应的挠度理论公式与式（2）相同。导致这一结论的原因在于自锚式悬索桥的主缆和加劲梁构成了自平衡体系。同时，由式（1）也说明，同等条件下，自锚式悬索桥跨度一般比地锚式悬索桥小。由于这个原因，1930—1940年间工程师们提倡用弹性理论来计算自锚式悬索桥。尽管弹性理论提供了50～200m自锚式悬索桥的近似解，但当跨径大于200m就会带来较大的误差，宜采用精度更高的非线性有限元理论来计算。

2.3 非线性有限元理论

随着计算机技术和有限元方法的发展，非线性有限元理论普遍应用于现代悬索桥的结构分析中，使得建造更大跨径的悬索桥成为可能。1966年，Brotton首次建立了一种以矩阵位移法进行求解的通用悬索桥结构分析方法，可以考虑主缆因恒载轴力对结构大位移的影响，将整个悬索桥当作平面构架结构来分析，建立起刚度方程并用松弛法进行求解。Saafan建立了结构构架大位移理论，推导出了平面梁单元的切线刚度矩阵，将挠度的二次影响全包括进去，并建立了增量平衡刚度方程求非线性方程组的解。Fleeting将稳定函数及动坐标法引入计算，并改进了Newton-Raphson迭代算法，使之与荷载增量法相结合，提高了计算的精度和收敛速度。Nazmy在Fleeting的基础上，将平面的稳定函数扩展到空间。Bathe推导了与TL列式法（Total Lagrangian Formulation）和UL列式法（Updated Lagrangian Formulation）求解格式配套的空间梁单元的刚度矩阵，并用欧拉角来描述空间梁单元的坐标转换，但单元刚度矩阵仍要计算三维积分，计算效率低，且只能用于矩形与环形截面。20世纪90年代以后，我国陈政清教授对Bathe导出的空间梁单元进行了改进，提出了空间杆系结构大挠度问题内力分析的UL列式法，根据工程实际，在推导中引入沿梁截面的解析积分，把三维积分降为一维积分，从而把梁单元的三维应力分析格式推广到工程通用的截面内力分析格式，如此处理既保证与Bathe梁单元具有相同的精度，又大大减少了计算工作量。

20世纪70年代以来，一些学者相继提出了梁单元几何非线性分析的CR列式法（Corotational Formulation）。CR列式法的主要思想在于将刚体位移从单元变形中剥离出来，从而能够有效地处理大位移、大转动问题。针对参考构形的不同选择，CR列式法又可细分为TL-CR法和UL-CR法。Argyris给出了空间梁大转动地有效处理方法，并提出了空间梁单元几何非线性分析的方法。Rankin针对结构发生任意大转动问题，采用非奇异大转动向量的方法，计算结构变形时扣除了结构的刚体位移；Crisfield对各种单元的几何非线性CR列式提出了一致列式方法；K. M. Hsiao，Felipppa，YB. Yang等各自提出了梁单元的CR列式的计算方法；J. M. Battini提出了CR列式法在稳定问题中的计算方法，等等。各国学者相继提出了CR列式法在非线性静力、动力、稳定计算方法，并且将该方法扩展到梁、板、壳的非线性问题求解中去。

3 悬索桥成桥状态线形计算方法

大跨径悬索桥的线形计算理论大多采用基于有限元和基于悬索桥在恒载作用下的力学特点的解析迭代法。对于悬索桥结构体系的特点，有限元法一般先根据各施工特点和成桥时受力及线形要求，循环迭代出空缆状态，在此基础上向前计算各施工阶段的受力和变形。实际上结构参数和施工荷载与原来的假定有差异，因此施工到一定阶段时需要向前计算至成桥状态，循环逼近出施工阶段的理想状态，因此有限元法迭代有些盲目，计算过程繁琐。

迭代解析法是首先根据成桥设计状态算出主缆无应力长度，在结构施工中及建成后，不管结构温度如何变化，如何位移以及如何加载，任一段索无应力长度始终不变，然后根据这一原理计算出空缆线形和施工状态。因此解析迭代法计算过程明确，在目前的线形计算中应用较多。

使用迭代解析法计算悬索桥主缆线形，常用计算方法有：抛物线法、分段悬链线法。在悬索桥架设时的空缆状态，其荷载主要是沿曲线分布的悬索自重，其线形理论是悬链线，在小垂度情况下，这种悬链线接近抛物线，而抛物线具有良好的解析性能，在工程上常被使用。在跨度不太大的情况下，由此引起的误差也完全可以忽略。而在空缆架设完之后，进行的吊装架设过程中，悬索桥的线形变化非常大，几何非线形很强，是典型的大位移小变形问题，主要根据无应力索长不变，按分段悬链线递推迭代计算。传统的抛物线法，其前提是恒载在全跨范围内均匀分布，但由于主缆的重量是沿索长均匀分布，桥面系的重量是以集中力通过吊杆加在主缆上，造成了以抛物线法作为成桥线形是近似算法。

本文根据主缆在吊索之间的各段索在自重作用下呈悬链线，即分段悬链线、非全跨悬链线，采用解析表达式，用数值迭代解决给定的问题。这种方法不存在有限元法计算时的假设误差，根据力学平衡条件和变形协调条件确定各部分的索力和曲线形状，自动计入了索曲线的所有非线形，计算精度大为提高。

3.1 基本假设

（1）主缆或吊索是理想柔索，只能受拉不能受压，且无抗弯、抗扭刚度，只要转折的曲率半径足够大，局部弯曲也可以不计。

（2）悬索材料符合胡克定律。在正常使用范围内，用于悬索桥的钢丝束应力，应变为线性关系。

（3）索的横截面积在荷载作用下变化较小，故忽略其截面面积变化。

3.2 主缆平衡方程

图3表示承受任意竖向分布荷载 $q(x)$ 作用下的一根悬索，索的曲线形状可由方程 $y = y(x)$ 表示。索的两端及索中任一点的张力的水平分量 H 为一常量。取任一微段索 $\mathrm{d}x$ 来分析，其受力情况如图3所示。

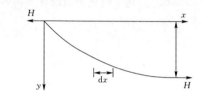

(a)

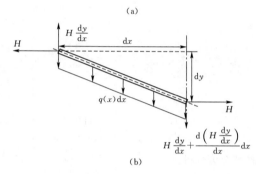

(b)

图3　恒载作用下主缆受力分析图

由 $\sum Y = 0$ 可得

$$-H\frac{\mathrm{d}y}{\mathrm{d}x} + H\frac{\mathrm{d}y}{\mathrm{d}x} + \frac{\mathrm{d}\left(H\frac{\mathrm{d}y}{\mathrm{d}x}\right)}{\mathrm{d}x} + q(x)\mathrm{d}x = 0$$

即

$$H\frac{\mathrm{d}^2 y}{\mathrm{d}x^2} + q(x) = 0 \tag{5}$$

3.3 抛物线法

抛物线法是最早计算主缆线形的分析方法，后来随着计算机在工程计算中的应用不断发展，产生了以根据缆索力平衡方程与物理变形协调相容方程的解析迭代法，即以严密的数学公式推导为基础和基于有限位移理论的非线性有限元法。

悬索桥的成桥状态，因为主缆荷载集度同加劲梁相比很小，所以将其荷载分布近似看作为沿跨度方向的均布荷载，计算简图如图4所示。

3.3.1 理论推导

根据假设，将 $q(x)$ 视为沿跨度均布的荷载，则 $q(x) = q$ 为常量。可知：

$$H\frac{\mathrm{d}^2 y}{\mathrm{d}x^2} + q(x) = 0 \tag{6}$$

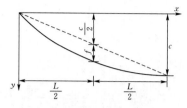

图4　抛物线法计算模型图

式（6）可改写为

$$\frac{\mathrm{d}^2 y}{\mathrm{d}x^2} = -\frac{q}{H} \tag{7}$$

积分两次得

$$y = -\frac{q}{2H}x^2 + Ax + B \tag{8}$$

并根据边界条件：$x = 0$ 时，$y = 0$；$x = L$ 时，$y = c$。可得

$$A = -\frac{c}{L} + \frac{q}{2H}L$$

$$B = 0$$

于是：

$$y = -\frac{q}{2H}x(L - x) + \frac{c}{L}x \tag{9}$$

若两端主缆等高，跨度为 L，矢高为 f 时，则抛物线方程为

$$\frac{f}{2} = -\frac{q}{2H}\frac{L}{2}\left(L - \frac{L}{2}\right) \tag{10}$$

式中　f——索端连线在跨中到主缆的竖向距离，即矢高；

　　　　L——跨径；

　　　　H——主缆水平力。

对比式（10）可知：

$$\frac{4f}{L^2} = \frac{q}{2H}$$

即

$$H = \frac{qL^2}{8f}$$

因此，在主缆受沿跨度方向的均布荷载 q 时，主缆的水平拉力为 $H = \dfrac{qL^2}{8f}$。

3.3.2 无应力长度计算

（1）成桥状态下的悬索长度。若在悬索 AB 中取一微分单元 $\mathrm{d}s$，其长度为

$$\mathrm{d}s = \sqrt{(\mathrm{d}x)^2 + (\mathrm{d}y)^2} = \sqrt{1 + \left(\frac{\mathrm{d}y}{\mathrm{d}x}\right)^2}\,\mathrm{d}x \tag{11}$$

$$S = \int_A^B \mathrm{d}s = \int_0^L \sqrt{1 + \left(\frac{\mathrm{d}y}{\mathrm{d}x}\right)^2}\,\mathrm{d}x \tag{12}$$

将 $\sqrt{1 + \left(\dfrac{\mathrm{d}y}{\mathrm{d}x}\right)^2}\,\mathrm{d}x$ 按级数展开为

$$\sqrt{1 + \left(\frac{\mathrm{d}y}{\mathrm{d}x}\right)^2}\,\mathrm{d}x = 1 + \frac{1}{2}\left(\frac{\mathrm{d}y}{\mathrm{d}x}\right)^2 - \frac{1}{8}\left(\frac{\mathrm{d}y}{\mathrm{d}x}\right)^4$$

$$+ \frac{1}{16}\left(\frac{\mathrm{d}y}{\mathrm{d}x}\right)^6 - \frac{1}{128}\left(\frac{\mathrm{d}y}{\mathrm{d}x}\right)^8 + \cdots$$

若在计算中取前三项时，

$$S = \int_0^L \left[1 + \frac{1}{2}\left(\frac{\mathrm{d}y}{\mathrm{d}x}\right)^2 - \frac{1}{8}\left(\frac{\mathrm{d}y}{\mathrm{d}x}\right)^4\right]\mathrm{d}x$$

$$= L\left(1 + \frac{c^2}{2L^2} + \frac{8f^2}{3L^2} - \frac{c^4}{8L^4} - \frac{32f^2}{5L^4} - \frac{4c^2f^2}{L^4}\right) \quad (13)$$

（2）主缆的弹性伸长。在悬索桥 AB 中取一微分单元 $\mathrm{d}s$，有

$$S = \frac{T\mathrm{d}s}{EA} = H\frac{1 + \left(\frac{\mathrm{d}y}{\mathrm{d}x}\right)^2}{EA}\mathrm{d}x \quad (14)$$

将上式沿索长积分，得

$$\Delta S = \int_0^L H\frac{1 + \left(\frac{\mathrm{d}y}{\mathrm{d}x}\right)^2}{EA}\mathrm{d}x = H\frac{\frac{c^2}{L} + L + \frac{16f^2}{3L}}{EA} \quad (15)$$

（3）无应力索长计算。无应力索长计算式为

$$L_{US} = S - \Delta S \quad (16)$$

式（15）和式（16）就是常用的抛物线索长近似公式。主缆线形计算的传统抛物线法有许多假定，是一种近似方法。在跨度不大的情况下，用传统抛物线法确定悬索桥恒载下主缆的几何形状和内力，是一种简单实用的方法。

3.4 分段悬链法

随着悬索桥跨径的不断增加，以传统抛物线法计算主缆线形会存在一定的误差。因为在桥梁全跨内的恒载并非是均匀分布的，而且随着跨度的不断增大，这种不均匀性将越加明显。具体表现在：在近塔处具有较长的无吊索区，吊索较长，并且要承担端部加劲梁梁段的重量，张力一般较其他处的索要大；此外主缆自重力在恒载中所占的比例随着跨度的增大而逐渐增加，并且主缆自重集度沿索分布的成分较大，悬链线算法将主缆承受的荷载简化为沿跨度均布有很大的近似性。

为了提高自锚式悬索桥的设计、施工和架设精度，有必要考虑荷载的实际分布情况，精确计算悬索桥的主缆线形。对于自锚式悬索桥的主缆而言，所受的荷载有两种：一是吊索间沿弧长均布的主缆自重力（包括缠丝及防护、主缆检修道重力等）；二是由吊索所传递的集中荷载（索火、吊索及锚具等自重力和通过吊索传递的加劲梁恒载等）及施工临时集中荷载（如缆载吊机）。因此，悬索桥的主缆受力图式可简化为沿弧长分布的均布荷载 q 和吊索处集中荷载 x_i、y_i 的柔性索，各吊点之间的主缆线形为受主缆自重作用的悬链线，即整个主缆可以视为按吊点划分的多段悬链线的组合。主缆线形计算即转化为求这种索结构的索长、内力及线形问题，这就是分段悬链线法。

将悬索以吊杆为界分为 n 段，每一段悬索的受力情

况是：索段两端承受集中力，中间则受沿索长均布的竖向分布力——重力，详见图 5。

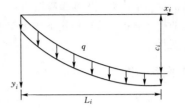

图 5　分段悬链线法计算模型图

（1）对第 i 段悬索的分析。对主缆而言，$q(x)$ 为沿索长度的均布荷载 q，将 q 转化为沿跨度方向等效的均布荷载 q_y，应有 $q\mathrm{d}s = q_y\mathrm{d}x$

因此

$$q_y = q\frac{\mathrm{d}s}{\mathrm{d}x} = q\sqrt{1 + \left(\frac{\mathrm{d}y}{\mathrm{d}x}\right)^2} \quad (17)$$

将式（17）代入式（5）得：

$$\frac{\mathrm{d}^2y}{\mathrm{d}x^2} = -\frac{q}{H}\sqrt{1 + \left(\frac{\mathrm{d}y}{\mathrm{d}x}\right)^2} \quad (18)$$

令 $\frac{\mathrm{d}y}{\mathrm{d}x} = z$，有

$$\frac{\mathrm{d}z}{\mathrm{d}x} = -\frac{q}{H}\sqrt{1 + z^2} \quad (19)$$

$$\frac{\mathrm{d}x}{\mathrm{d}z} = -\frac{H}{q}\frac{1}{\sqrt{1 + z^2}} \quad (20)$$

解微分方程得

$$x = -\frac{H}{q}\ln\left(z + \sqrt{1 + z^2}\right) + t = -\frac{H}{q}\mathrm{sh}^{-1}(z) + t \quad (21)$$

$$z = \mathrm{sh}\left(-\frac{q}{H}x + \frac{q}{H}t\right) \quad (22)$$

$$\frac{\mathrm{d}y}{\mathrm{d}x} = \mathrm{sh}\left(-\frac{q}{H}x + \frac{q}{H}t\right) \quad (23)$$

式中　t——与边界条件有关的积分常数。

解微分方程的曲线为悬链线：

$$y = -\frac{H}{q}\mathrm{ch}\left(-\frac{q}{H}x + \frac{q}{H}t\right) + m \quad (24)$$

由边界条件，索头锚固于两点：$A(0,0)$，$B(l,c)$，将 A，B 点坐标代入式（24）得

$$y = -\frac{H}{q}\mathrm{ch}\left(-\frac{qt}{H}\right) + m = 0 \quad (25)$$

$$y = -\frac{H}{q}\mathrm{ch}\left(-\frac{q}{H}l + \frac{q}{H}t\right) + m = c \quad (26)$$

由式（25）、式（26）得

$$m = \frac{H}{q}\mathrm{ch}\left(\frac{qt}{H}\right) \quad (27)$$

$$c = -\frac{H}{q}\mathrm{ch}\left(-\frac{q}{H}l + \frac{q}{H}t\right) + \frac{H}{q}\mathrm{ch}\left(\frac{qt}{H}\right) \quad (28)$$

令 $\beta = \dfrac{ql}{2H}$ 有

$$\mathrm{ch}\left(-2\beta + \dfrac{2\beta t}{l}\right) - \mathrm{ch}\dfrac{2\beta t}{l} = -\dfrac{cq}{H} \quad (29)$$

解得

$$t = -\dfrac{\mathrm{sh}^{-1}\left(\dfrac{c\beta}{l\,\mathrm{sh}\beta}\right) + \beta}{2\beta}l \quad (30)$$

令 $\alpha = \mathrm{sh}^{-1}\left(\dfrac{c\beta}{l\,\mathrm{sh}\beta}\right) + \beta$，由式（27）得

$$m = \dfrac{H}{q}\mathrm{ch}\alpha \quad (31)$$

由此悬链线方程的解为

$$\begin{cases} y = \dfrac{H}{q}\left[\mathrm{ch}\alpha - \mathrm{ch}\left(\dfrac{2\beta x}{l} - \alpha\right)\right] \\ \alpha = \mathrm{sh}^{-1}\left(\dfrac{c\beta}{l\,\mathrm{sh}\beta}\right) + \beta \\ \beta = \dfrac{ql}{2H} \end{cases} \quad (32)$$

（2）整段悬索的计算。通过对悬索任意两吊杆之间的分析，可知悬索的线形是分段悬链线，在分段处须连续，故对整段悬索的计算。集中力将索分为 n 段，第 i 段悬索的线形方程为（局部坐标系）

$$\begin{cases} y_i = \dfrac{H}{q}\left[\mathrm{ch}\,\alpha_i - \mathrm{ch}\left(\dfrac{2\beta_i x_i}{l_i} - \alpha_i\right)\right] \\ \alpha_i = \mathrm{sh}^{-1}\left(\dfrac{c_i\beta_i}{l_i\,\mathrm{sh}\,\beta_i}\right) + \beta_i \\ \beta_i = \dfrac{ql_i}{2H} \end{cases} \quad (33)$$

这 n 段悬索应满足如下变形相容条件及力的平衡条件：

（1）$\sum\limits_{i=1}^{n} c_i = c$。

（2）跨中或索上任一点通过给定点（对悬索桥来说，一般预先给定跨中矢高）。

（3）各局部坐标原点处满足力的平衡条件，即

$$H\dfrac{\mathrm{d}y_{i-1}}{\mathrm{d}x_{i-1}}\bigg|_{x_{i-1}=l_{i-1}} - H\dfrac{\mathrm{d}y_i}{\mathrm{d}x_i}\bigg|_{x_i=0} = P_{i-1} \quad (34)$$

根据式（33）及以上 3 个条件，即可建立迭代过程：

（1）假设主缆索力水平分量的迭代初始值为 H_0（一般可先假设为 $\dfrac{ql^2}{8f}$，即由抛物线形算得的水平力）。

（2）假定左支座处的竖向力为 P_0（可假设为 $\dfrac{ql}{2}$），由式（33）有 $H\,\mathrm{sh}\,\alpha_1 = P_0$，于是可求得 α_1,β_1；同时：

$$c_1 = \dfrac{H}{q}\left[\mathrm{ch}\,\alpha_1 - \mathrm{ch}(2\beta_1 - \alpha_1)\right],\ H\dfrac{\mathrm{d}y_1}{\mathrm{d}x_1}\bigg|_{x_1=l_1}$$
$$= -H\,\mathrm{sh}(2\beta_1 - \alpha_1) \quad (35)$$

（3）由式（33）可建立下一段的 α_2,β_2 等，依次循环可求得 $c_2\ c_3\cdots c_n$。

（4）求 $\sum\limits_{i=1}^{n} c_i$，若 $\left|\sum\limits_{i=1}^{n} c_i - c\right| \geqslant \varepsilon$（$\varepsilon$ 为给定的误差限），则使 P_0 变为 $P_0 + \Delta P$（ΔP 为由误差值确定的 P_0 的修正值），重新循环（2）～（4），直至 $\left|\sum\limits_{i=1}^{n} c_i - c\right| \leqslant \varepsilon$。

（5）检验索是否通过指定点，若不能满足曲线要求，则使 $H_0 = H_0 + \Delta H$（ΔH 为根据误差确定的索力水平分量修正值），然后重新进行（1）～（5）的循环，直到索通过指定点。

3.5 无应力长度计算

（1）有应力索长。对式（32）积分可得有应力长度 S 为

$$S = \int_0^L \sqrt{1 + \left(\dfrac{\mathrm{d}y}{\mathrm{d}x}\right)^2}\,\mathrm{d}x \quad (36)$$

而

$$\dfrac{\mathrm{d}y}{\mathrm{d}x} = \mathrm{sh}\left(-\dfrac{q}{H}x + \dfrac{q}{H}t\right) \quad (37)$$

所以

$$\begin{aligned} S &= \int_0^L \sqrt{1 + \left(\dfrac{\mathrm{d}y}{\mathrm{d}x}\right)^2}\,\mathrm{d}x \\ &= -\dfrac{H}{q}\left[\mathrm{sh}\left(-\dfrac{q}{H}l + \dfrac{q}{H}t\right) - \mathrm{sh}\left(\dfrac{q}{H}t\right)\right] \end{aligned} \quad (38)$$

（2）弹性伸长。

由式（15）得

$$\begin{aligned} S &= \int_0^L \dfrac{H\left[1 + \left(\dfrac{\mathrm{d}y}{\mathrm{d}x}\right)^2\right]}{EA}\,\mathrm{d}x \\ &= -\dfrac{H}{4EAq}\left[\mathrm{sh}\left(-\dfrac{2ql}{H} + \dfrac{2qt}{H}\right) - \mathrm{sh}\left(\dfrac{2qt}{H}\right)\right] \\ &\quad + \dfrac{Hl}{2EA} \end{aligned} \quad (39)$$

（3）无应力索长。

$$L_{US_i} = S_i - \Delta S_i \quad (40)$$

（4）总的无应力索长为

$$L_{US} = \sum_1^n L_{US_i} \quad (41)$$

3.6 数值分析

以宜昌长江公路人桥的参数作为计算资料，如图 6 所示，中跨跨度为 960m，边跨跨径为 246.26m，锚跨跨径为 20.432m；吊索间距为 14.84m，边吊索与主塔中心线距离 15.69m，矢跨比为 1/10，主塔理论顶点高程均为 185.070m，主缆其他布置参数如表 1 所示。

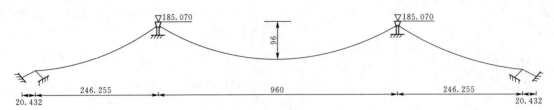

图6 成桥主缆示意图（单位：m）

表1 主 要 结 构 参 数 表

构件	弹性模量/(10^8kPa)	面积/m^2	惯性矩/m^4	单位长度重/(kN/m)
主缆	1.975	0.540	0.000	42.361
主梁	2.100	0.925	1.427	111.430
吊索	1.400	0.008	0.000	0.089
北塔	0.330	30.430～56.890	127.360～395.460	791.200～1479.100
南塔	0.330	30.430～64.810	127.360～499.560	791.200～1685.100
主缆防护				1.763
主梁二期恒载				48.133

表2 主缆节点坐标计算结果

节点	X 坐标	Y 坐标	
		本文	文献[12]
0	0	0	0
1	−464.334	177.0556	178.8716
2	−428.483	165.8347	165.6660
3	−392.979	153.8937	154.5977
4	−355.796	143.2316	143.6557
5	−319.904	134.3281	134.8286
6	−283.274	126.5488	126.1052
7	−246.879	118.6591	118.4739
8	−210.687	111.3591	111.9234
9	−174.671	106.9965	107.4418
10	−137.800	102.7694	103.0175
11	−102.044	99.0126	99.6371
12	−66.373	97.5681	97.2936
13	−29.758	95.8952	96.1004

表3 主缆无应力长度

项 目	A（本文方法）	B（文献[12]）	相对误差(A−B)
边跨（南北2跨）	270.956	271.274	0.0012%
中跨	985.862	986.474	0.0006%

根据表2、表3可知，本文中确定恒载状态下的成桥线形、主缆无应力长度等结果，本文计算结果与文献的计算结果相近，且由于现有数据资料不足，与文

献[12]结果进行误差分析，主缆无应力长度的相对误差较小，该误差的产生是因程序算法中迭代的参数取值不同，说明本文计算方法是正确的。

4 结语

随着国民经济的快速发展，对现代交通事业提出了更高的要求。桥梁工程建设正处于一个旺盛的发展时期。在各种现代大跨度桥梁中，悬索桥在超大跨的桥梁中独领风骚，是跨越能力最大的桥型，国内外（尤其是国内）正在修建多座这样的桥梁。随着跨度的增加，几何非线性的影响日益突出，如何在结构分析中合理、精确地考虑其影响，保证桥梁施工中的线形等，是一个主要的现代课题，对大跨度桥梁从设计到施工建立可靠的理论指导、计算方法已经成为迫切。

现由于悬索桥结构和施工方法的特殊性，在很长一段时间内，人们用抛物线理论来解答悬索桥主缆张力和线形坐标，但是，随着跨度的不断增大，为减小结构尺寸，降低工程造价，各种构件的强度趋于极限，安全系数不断降低，结构对各种误差也越来越敏感，所以有必要用更准确的模型对悬索桥的线形进行分析，以适应设计和施工的发展要求。

自锚式悬索桥优美的造型和不需修建锚锭的特点使得这种桥型具有较大的优势，越来越受到人们的关注和欢迎。尽管有着其自身的缺点和局限，但是在科学技术高速发展的今天，这种曾被人忽视了的桥型，随着实践经验的逐渐积累、研究的不断深入、先进分析手段的应用和完善、施工技术的成熟、材料性能的不断改善，其跨越能力将会得到突破，也会得到更广泛的修建。具体桥梁的计算分析方法、施工工艺、新型材料等方面还可以开展进一步研究：

（1）对复杂的自锚式悬索桥进行静力分析时，在考虑几何非线性影响的同时，还可以开展结构构件的材料非线性以及接触非线性分析。

（2）在开展动力安全性评价时，应合理考虑桩—土相互耦合作用的问题，也应全面地考虑汽车制动力、温度变化、脉动风等不同荷载作用对桥梁稳定性影响。

（3）在施工阶段的动力特性及抗震抗风问题还需仔细研究，尤其建在海上；应考虑并改进施工方法，使其与传统的地锚式悬索桥相近，降低造价。

（4）为丰富和发展自锚式悬索桥桥型和构造，可以考虑采用更多新材料技术，如采用 CFRP 主缆，主梁采用分离式箱形加劲梁结构形式。

参考文献

［1］ 蔡迎春，等．中国自锚式悬索桥发展综述［J］．中外公路，2013，8（4）．

［2］ 孙四平，侯芸，郭忠印，等．旧路加宽综合处治方案设计的几点考虑［J］．华东公路，2002（5）：8－10.

［3］ 谭冬莲．中国公路学报［J］．上海：同济大学，2005，4（8）：51－55.

［4］ 项海帆．高等桥梁结构理论［M］．北京：人民交通出版社，2001.

［5］ 张哲．混凝土自锚式悬索桥［M］．北京：人民交通出版社，2005.

［6］ 华孝良，徐光辉．桥梁结构非线性分析［M］．北京：人民交通出版社，1997.

［7］ 贺拴海．桥梁结构理论与计算方法［M］．北京：人民交通出版社，2003.

［8］ 潘永仁．悬索桥结构非线性分析理论与方法［M］．北京：人民交通出版社，2004.

［9］ 周孟波．悬索桥手册［J］．北京：人民交通出版社，2003.

［10］ 沈锐利．悬索桥主缆系统设计及架设计算方法研究［J］．土木工程学报，1996，29（2）：3－9.

［11］ 张志国．悬索计算理论与应用［J］．哈尔滨工业大学博士学位论文，2005（5）.

［12］ 占维．悬索桥主缆施工计算的解析迭代方法［D］．武汉：武汉理工大学，2007.

浅谈地铁区间下穿京广铁路加固技术

武　辰　龙伟义　刘　亚/中国水利水电第十一工程局有限公司

【摘　要】　长沙轨道交通4号线二标段赤岗岭站—树木岭站区间盾构双线下穿京广铁路，为使盾构机顺利安全下穿京广铁路，避免盾构下穿过程中对京广铁路运营造成影响，在认真研究设计文件和对周边环境调查的基础上，制定了针对铁路的加固方案，并取得了良好效果，供类似工程参考借鉴。

【关键词】　地铁　铁路　加固　施工技术

1　工程概况

赤岗岭站—树木岭站区间隧道右线里程 YDK37＋252.000～YDK38＋607.690，短链 25.221m，右线长度 1330.469m，左线里程 YDK37＋252.000～ZDK38＋609.479，短链 44.527m，左线长度 1312.952m，出赤岗岭站后，沿规划中的劳动路向东行进，沿途穿越多栋 1～5 层建筑物，进入车站南路与现状劳动东路交叉口处，继续下穿京广铁路及其上部桥涵、树木岭立交，到达树木岭站。本区间最小曲线半径为 350m，位于 ZJD60、YJD58 处。区间隧道出赤岗冲站后，分别以 28‰、8‰、25‰ 及 4‰ 的下坡接入树木岭站，区间隧道埋深 10～42.7m。区间设置两处联络通道，均采用矿山法施工，联络通道距离京广铁路平面距离大于 80m，对铁路无影响。

左右线隧道均采用盾构法施工，隧道结构内径 5.4m，外径 6m，采用 300mm 厚 C50 钢筋混凝土衬砌管片。本区间地质条件较好，区间隧道全部在中风化泥质粉砂岩中穿越，掘进风险较低。

2　盾构下穿京广铁路概况

左右线区间隧道分别下穿京广铁路（外贸专用线、京广上下行线及客外下行线），里程范围 YDK37＋970.000～YDK38＋050.000、ZDK37＋958.000～ZDK38＋040.000。区间隧道与京广铁路外贸专用线平面的夹角为 86.18°，与京广上下行线及客外下行线基本垂直，下穿段两隧道平面线间距 13m。下穿段区间隧道线路纵坡为 25‰，隧道顶板距离京广铁路竖向间距大于 10m，且隧道上部覆土均为强风化泥质粉砂岩及中分化泥质粉砂岩。

京广铁路为一级铁路，道床类型为碎石道床，道床厚度约为 0.45m。

盾构区间施工影响范围内的铁路设施有：外贸专用线、铁路上下行线、客外下行线及三处接触网立柱。

铁路线路加固采用"横挑纵抬"法对下穿段铁路线路进行托换保护，托换采用 D 型钢便梁：四组 D12 钢便梁/股道×4 股道＝16 组 D12 钢便梁，纵向托换长度 49.6m。

托换基础桩采用 φ1.8m 的人工挖孔桩，每排 5 根，其中边上 2 根采用 I 型桩，中间 3 根采用 II 型桩。I 型桩有效桩长 8.0m，II 型桩有效桩长 18.5m，支点桩平面布置示意图见图 1。

下穿盾构隧道地层主要为中风化泥质粉砂岩。在下穿掘进施工过程中，要严格控制盾构施工，避免对京广铁路的运行造成不良影响，下穿京广铁路地质纵断面图见图 2。

3　接触网立柱、管线及设备保护

立柱保护：施工前需对位于隧道下穿影响范围内的既有接触网柱 113＃、017＃、018＃ 进行改迁处理。113＃柱托换至 21＃人工挖孔桩台帽延伸部分的基础上；017＃柱托换至 26＃人工挖孔桩台帽延伸部分的基础上；018＃柱托换至 24＃人工挖孔桩台帽延伸部分的基础上。待完工后，拆除临时柱，并在原位置恢复接触网柱。

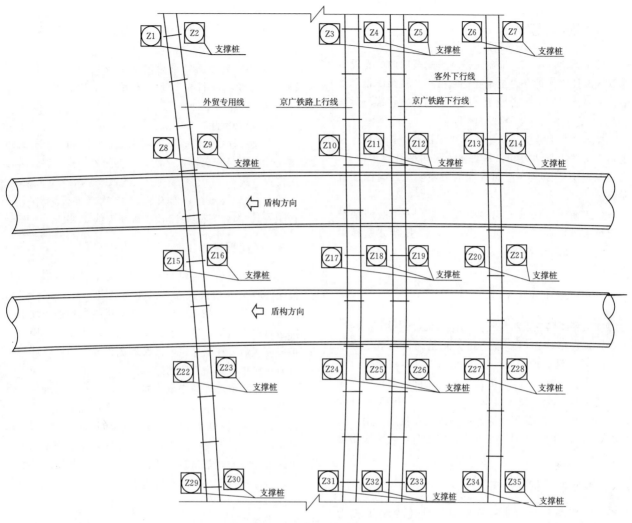

图1 支点桩平面布置示意图

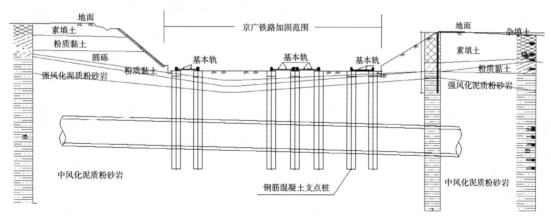

图2 下穿京广铁路地质纵断面图

管线保护：架空式10kV电力贯通线做落底迁改处理，其他地下管线视情况做临时挖出保护或临时迁改处理。

盾构机在下穿京广铁路时需对既有管线设备采取防护加固处理，经对区间盾构机下穿京广铁路段的现场初步踏勘与调查，施工前采取对施工影响范围内的铁路设施进行加固、迁移等措施。

4 加固施工方案

施工程序：施工前准备工作→影响范围内既有设备和管线改迁、保护→人工挖孔桩施工→"横挑纵抬"加固体系施工→盾构隧道施工→隧道洞内二次注浆→拆除"横挑纵抬"加固体系→线路恢复。

投入 3 个专业施工队伍进行京广铁路保护作业，配足施工所需的劳动力和机械设备，采用平行流水作业，合理配置生产要素，按照批准的方案实施，确保工程质量。

施工期间做好三方面的动态监测：一是线路架空的支承桩桩顶水平、竖向位移进；二是托换体系横梁纵梁的竖向、水平位移及连接螺栓；三是铁路路基变形。

4.1 人工挖孔桩施工

本工程线路支点桩采用人工挖孔桩，共设 35 根桩。下穿区域铁路线路两侧设 7 排人工挖孔桩，单根直径1.5m，由于设定护壁厚度为 150mm，因而在开挖过程中需开挖直径为 1.8m 的桩孔。每排纵梁基础桩中，除南北两端的两根共 14 根桩长为 8m 外，其余 21 根桩长均为 18.5m。在临近既有京广线人工挖孔桩施工前，需取得铁路部门的许可，人工挖孔桩施工时，运营线路限速 45km/h。

4.2 线路架空拆除施工

施工影响区间：盾构下穿京广铁路影响里程为K1571＋969.2～K1572＋119.2，支点桩影响里程为K1572＋019.4～K1572＋069。

线路架空加固施工计划时间为 2018 年 5 月 19 日至6 月 10 日，共 23 天。其中周六周日无施工作业点，周一至周五每天 2 个点，共计 48 个点。

线路架空加固拆除施工计划时间为 2018 年 7 月 26日至 8 月 18 日，共 24 天。其中周六周日无施工作业点，周一至周五每天 2 个点，共计 48 个点。

其中各项施工具体安排如下：

本线路架空加固全部采用 V 形天窗点，每次要点时长 120 分钟，不考虑垂直天窗点，上午上行线、下午下行线。单跨 D12 施工便梁考虑 1 次 V 形天窗点，D12 单跨横梁施工考虑 1 次 V 形天窗点。为安全起见，本次架空暂按每次架设 1 跨 D12 便梁或单跨横梁施工。

（1）架设 D12 便梁，共 16 跨，上下行各 4 跨、外贸专线 4 跨、客外下行线 4 跨。

1）单跨计划封锁要点。

①就位单侧纵梁：V 形天窗点 1 次。②穿横梁，

调整枕木间距，并上好螺栓（不完全紧固，19 根/次）：D12 梁 V 形天窗点 1 次。③就位另一侧纵梁，并紧固螺栓、安装钢轨扣件、挡渣板等：V 形天窗点1 次。

2）累计要点：V 形天窗点 48 次（上行 12 次、下行 12 次、客外下行线 12 次、外贸专线 12 次）。

（2）线路架空拆除。

1）单跨拆除：

①松螺栓，拆除铁路外侧纵梁、抽除横梁、补充道渣：D12 梁 V 形天窗点 2 次；②拆除另一侧纵梁：V 形天窗点 1 次。

2）累计要点：V 形天窗点 48 次（上行 12 次、下行 12 次、客外下行线 12 次、外贸专线 12 次）。

4.3 区间掘进施工

盾构始发后，选取 50m 盾构隧道作为试验段，试验段主要收集各项推进参数并进行优化，优化试验段后50m 作为模拟穿越京广铁路段。对模拟地面、地层沉降进行严密监测，进一步调整数据，减少土体沉降。模拟段完成后，在下穿京广铁路的掘进施工中，要严格控制盾构施工对京广铁路的影响。

根据地面沉降的变化，隧道洞内进行二次补浆，以弥补同步注浆的不足，二次补浆在管片脱出盾尾 2 环后进行，采用水泥浆掺水玻璃，注浆压力不大于 0.5MPa。施工中对压浆位置、压入量、压力值做详细记录，并根据地层变形监测信息及时调整，在确保压浆质量的前提下，方能进行下一环的推进施工。

5 监控量测

5.1 监测工作的目的

为确保盾构穿越京广铁路的完整性并将施工对周围环境的影响控制在要求的范围内，必须要通过动态监测手段，掌握盾构施工对周围环境的影响，在监测过程中，当沉降或变形量达到报警值时，立即采取措施控制变形的发展，保证掘进施工过程中的安全。

5.2 监测点的布置

监测内容包括轨道沉降监测点 19 个，轨道位移点19 个，线路路基沉降监测点 19 个，支点桩、铁路涵洞基础沉降监测点 12 个，坡顶沉降监测点 20 个，路基边坡位移监测点 10 个，接触网柱、电线杆沉降、倾斜监测点 5 个。

5.3 监测控制标准及监测频率

监测控制标准及监测频率如表 1、表 2 所示。

表1 下穿京广铁路监测控制标准表

序号	监测项目	监测方式	测点布置	允许值	
				累计值	变化速率
1	轨道沉降	精密水准仪、全站仪	掘进影响范围内，左、右轨道均需布设，隧道上方需布设测点间距为8～10m	6mm	1mm/d
2	轨道位移	全站仪	掘进影响范围内，左、右轨道均需布设，隧道上方需布设测点与轨道沉降测点位置对应，布设在轨枕上	8mm	
3	线路路基沉降	静力水准仪	掘进影响150m范围内，隧道两侧，隧道正上方布设点间距8～10m	20mm	3mm/d
4	接触网柱、电线柱沉降，倾斜	精密水准仪、全站仪	掘进影响范围内既有临时接触网、电线柱等均需布设	+30～ -10mm	3mm/d
5	路基边坡深位移	测斜管、测斜仪	掘进影响范围内铁路路基边坡内，管底深入坡底下5m	30mm	3mm/d
6	坡顶沉降、基础沉降	精密水准仪	盾构影响150m范围内布置，间距5～10m	+30～ -10mm	3mm/d
7	涵洞沉降	精密水准仪	涵洞基础需布设测点间距为4～6m	-30mm	2mm/d

表2 下穿京广铁路监测频率表

序号	监测项目	监测频率			
		穿越前，盾构刀盘距离隧道轨道≤5D	盾构穿越轨道（盾构刀盘距离轨道前后≤2D）	穿越后，盾构刀盘距离隧道轨道≥5D	监测数据稳定
1	轨道沉降	每趟车一次	每趟车一次	每趟车一次	1次/1d
2	轨道位移	每趟车一次	每趟车一次	每趟车一次	1次/1d
3	线路路基沉降	2次/d	2～4次/d	2次/d	1次/1～2d
4	接触网柱、电线柱沉降，倾斜	2次/d	2～4次/d	2次/d	1次/1～2d
5	路基边坡深位移	1次/d	2次/d	1次/d	1次/1～2d
6	坡顶沉降、基础沉降	1次/d	2次/d	1次/d	1次/1～2d
7	涵洞沉降	1次/d	3次/d	1次/d	1次/1～2d

6 重要的安全保护措施

6.1 铁路线路安全保证措施

（1）按照与铁路部门签署的安全协议，加强同铁路部门的联系，密切配合，使地铁盾构施工对地面铁路的干扰减少到最低限度，保证地面列车安全运行和地下盾构施工顺利进行。

（2）施工期间根据对铁路轨道监测的情况，及时对线路进行养护，对碎石道床进行铺垫和轨道校正，保持铁路轨道的平顺直。校正轨道各部几何尺寸，待达到铁路规范所规定的通车条件后，方可申请撤销慢行，封闭线路。

（3）所有施工机具、设备、车辆在任何情况下均不得侵入铁路限界；任何单位或个人不得擅自动用铁路工务设备（轨道及配件、轨枕、道床、路基、桥隧涵及各

种标志）。

（4）在线路上的作业人员必须熟悉邻线列车运行速度、密度和各种信号显示方法，认真执行《铁路工务安全规则》有关人身安全的各项规定，作业中，防护人员应随时注意瞭望邻线来车，做好预报和确报。

（5）在施工点邻近铁路车站设置驻站联络员一名，施工领导人通过驻站联络员与车站值班员保持密切联系，掌握列车运行时刻，有效利用列车间隔时间，计划好施工作业的数量、进度，安排好劳力、工具和材料。

（6）施工及相关人员须通过铁路线路时应遵守"一停、二看、三通过"。

（7）每步工序施工间隔时，应立即进行变形监测，及时掌握变形数据。并请铁路部门配合检查线路轨距、水平、高低、方向等几何尺寸，对于较大变形尽量做到一经发现，马上纠正。

（8）在人工挖孔桩施工以及涵洞预加固过程中，变形较大危及行车时，应立即停止施工，及时与铁路运营

部门联系，同时配合铁路养护维修单位，尽快减缓变形，调整线路设备达到通车条件后，方可放行列车。

6.2 地基加固安全保证措施

（1）加强对现场施工人员的安全教育，提高安全施工及自身保护意识。

（2）施工现场周围设立维护栏，设立醒目警示牌，夜间设警示灯。

（3）工地内电线不得乱拉乱挂，统一使用标准安全电箱，遵守安全用电制度和持证上岗制，防止用电事故的发生。

（4）严格按照安全生产的有关条例进行施工作业，正确操作使用机械设备。施工中随时调整钻机垂直度，防止倾倒事故的发生。

（5）基坑内设置水泵排除雨天积水，施工时电缆均采用架空搭设，并避免其与金属物碰撞，各开关箱均设置漏电保护器，保证用电安全。

（6）在雨季进行地下部分施工时，施工人员配备绝缘性好的套鞋，以保证人员安全。

（7）夜间施工必须保证照明，邻边外及危险处设置红色警示灯。

（8）施工现场做到安全生产，进入现场正确戴好安全帽。

6.3 通信设备、防护用品配备齐全

本工程项目的通信系统除了有线电话外，主要管理人员都配置移动电话。同时，配置无线通信网络设备，包括无线对讲机等，确保通信畅通。所有防护人员按有关规定配足防护用品和车速检测设备，并由安全管理专职人员进行检查。

有轨道电路及无缝线路上作业安全措施：任何作业不得破坏导电接头、绝缘接头和引入线的完好状态；任何作业不得使两股钢轨短路；线路作业区段两端各75m地段的线路，将扣件紧固，防止胀轨，确保线路安全。

6.4 作业安全保障措施

（1）与工务、电务、供电、通信、车务及铁通等有关单位签订安全协议，既有线慢行施工期间有关单位各派9名安全监督配合人员到现场24h 3班配合，邻近既有线慢行施工期间有关单位各派3名安全监督配合人员到现场24h 3班配合，指导工作并实行签到制。

（2）对参加施工人员进行安全教育、安全交底，提高安全意识，各岗位工作人员要求持证上岗。

（3）施工前必须把作业点的地下管线及其他构筑物调查清楚，并与设备维修单位办理有关手续，取得同意，并在危险地点设置警告标志，制定相应的防护措施后，方可施工。

（4）对施工有影响的电缆管线的拆迁要联系有关单

位进行，严禁任何机具及金属物在带电物或电缆下作业，以免发生碰触。

（5）施工中应带齐有关防护用品、安全帽、穿工作鞋上班，严禁穿拖鞋和赤脚上班。严禁上班前和作业时间饮酒。

（6）在既有线上（旁）作业，必须严格执行下道避车的规定，禁止在线路上、车底下、枕木头、道心里坐卧休息。列车通过时，所有施工人员应撤到行车限界外的安全处；各种机具设备不得侵入限界。

（7）严格遵守各工序安全生产规程，特殊工种作业人员必须经过考试合格，取得合格证后方可上岗作业。

6.5 供电接触网的安全防护

任何机具设备的高度不得超过4m，接长钻杆、安装注浆管时必须有专人防护，防止机具触碰接触网造成事故。

机械设备距离接触网距离不得小于1m，跨越接触网纵梁吊装时V形天窗点内，单线停电。

吊装时（接触网停电），邀请接触网管理单位到现场监督吊装作业，发现危险立即要求停工处理，接触网出了问题，立即启动应急预案，进行修理。

6.6 保证既有线行车安全的措施

（1）施工准备阶段运转室设驻站联络员、室外设防护员，加强室内外联系，掌握列车运行情况，依照铁道部现行标准、规定，保障施工中行车设备及人身安全。

（2）封锁线路进行拆铺线路，信号及接触网设备安装等相关营业线设备的施工，必须提前做好一切准备工作后，在车站《行车设备施工登记簿》上进行登记。通过所在车站值班员向行车调度员取得调度命令，并按《铁路技术管理规程》第316条所规定的防护项目，设好防护后，方可进行封锁施工作业。

（3）联络员、防护员提前100min到达施工现场，施工负责人、各级负责人、施工人员提前60min到岗。

（4）防护员按《铁路技术管理规程》和《铁路工务安全规则》做好施工防护。

（5）驻站联络员、电话防护员、施工防护员，施工作业时必须身穿规定的防护服装（统为黄色工作服），并佩戴上岗证。在防护期间内，必须坚持3～5min通话一次和复诵，记录制度，防护人员必须服从工地负责人的统一指挥。

（6）在车站施工中严守"三不动，三不离"的安全制度。"三不动"：未联系登记好不动；对设备的性能、情况不清楚不动；在正常使用中的设备不动。"三不离"：设备有异状，未查清原因不离；影响设备正常使用未修复不离；未实验好不离。

（7）封锁施工，当车站下达慢行或封锁施工的命令后，由驻站联络员向工地施工负责人传达调度命令，施

工负责人应对命令内容进行复诵，确认无误后，方可下达施工命令，在未下达命令前，禁止提前施工。

（8）在封锁时间内，当施工完成后要开通线路前，施工负责人必须仔细检查线路，确认达到开通条件后，方可向车站通报开通。

（9）在施工过程中，施工人员接到防护员通知后，应立即清理机具，及时下道避车。

（10）施工时严禁损坏营业线既有设备，任何人不得擅自动用营业线任何设备。

6.7 临近既有线施工防护措施

地上、地下既有设施（电杆及其拉线、信号机、地下线缆等）的防护采用"先迁移后施工原则"，凡在施工区域的地上、地下既有设施，必须会同监理、设备管理单位（包括相关电务段、通信段、供电段、车务段、工务段、机务段，下同）共同确定方案，将既有设备拆迁至施工区以外，再施工。对个别暂不需改的，必须采取确保安全的并经设备管理单位书面同意的加固防护措施，明显标识，经监理确认后再施工。

对既有地上、地下设施调查后，会同监理、设备管理单位现场交接详细位置、注意事项；对地下线缆等设施进行人工挖探沟槽探明其确切位置，明显标识。

对沿线跨越施工区的电线及拉线等，车辆在其下（旁）通行、作业时必须满足其保护的净尺寸要求，并大于1.5m。

凡是影响行车安全、设备稳定的施工，必须严格按照批准的方案，先做好加固、防护和排水疏导工作，动工前72h通知设备管理单位到现场进行参与、监控、配合。

7 结语

本工程地铁下穿京广铁路采用了"横挑纵抬"法对下穿段铁路线路进行托换保护的施工方法，克服了地铁盾构下穿施工对既有线产生扰动的难点；在保证安全和质量的前提下，有效地保证了京广铁路的行车安全，同时提前为地铁盾构下穿京广铁路奠定了坚实基础，为其他相关类似工程提供借鉴。

公路修复工程穿越长距离不良地质段施工方法浅析

张海锋　纪国勇/中国水利水电第十一工程局有限公司

【摘　要】　在淤泥基础上进行道路升级改造施工时，采用天然砂换填1～2m深的淤泥，然后回填承载比（CBR）值大于15的天然砾石土进行加宽和加高，边坡采用浆砌石护坡和钢筋混凝土挡墙，设置足够的箱涵用于平衡道路两侧水压，顶部设置两层水稳层后铺设沥青混凝土，道路路基稳定，路面整体强度满足规范要求。

【关键词】　公路修复　软基处理

1　概述

Dinguiraye - Keur Ayip 公路（4号国道）修复工程，位于塞内加尔首都东南240km处，起点在Dinguiraye村，终点位于与冈比亚交界的边境处，全长40km，设计时速90km/h。在桩号23+400～24+500区域内，道路穿越 Baobolong 浅滩，长度1.2km，路基底部为淤泥，老道路年久失修，路基沉陷，边坡塌陷，路面破损，修复工程需对老道路两侧进行拓宽，并加高路基，铺筑沥青混凝土路面。道路结构为20cm厚底基层、20cm厚基层、8cm厚沥青碎石和5cm厚沥青混凝土（图1）。如何保证道路拓宽和加高区域稳定，道路路基不沉降，路面不开裂是穿越该不良地质段的施工难点。

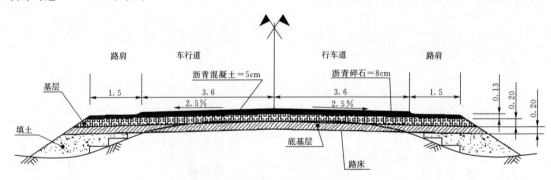

图1　道路横断面示意图（单位：m）

2　地质状况

穿越 Baobolong 浅滩道路路面宽6～8m，路基沉降，两侧浆砌石边坡破损塌陷，下挡墙倾倒断裂，道路狭窄。原沥青面面层破损，出现坑洞和裂缝。

通过地质勘测发现，在靠近两侧区域，顶部8m范围为淤泥，深度8m以下有约1m的砂质黏土，深度9m以下又出现淤泥；在浅滩中间部位，深度30m范围以内均为淤泥。

通过压力测定数据显示，淤泥质土基础比较软，地基承载力不足（地基承载力特征值 $f_{ak}<0.7$MPa，变形模量 1.5MPa$<E_0<6$MPa）（注：以上黄色突出显示部分描述不是专业词汇，建议修改）。

通过对基础土样分析，土样的塑性指数20～30，会导致严重下陷。根据研究结果表明，这些淤泥易压缩，富含有机质，承载力低。

3　修复工程的目标要求

修复后的道路宽度增加至10.2m，边坡稳定，路面无开裂，沥青顶部弯沉值不大于40/100mm 路面结构层保持在最高水位线以上。

4 施工方法

4.1 基础换填

因道路两侧路基为海滩，经过地质钻探勘测，30m

以内皆为高有机质淤泥，地下水丰富，水位高，如果采用抛石挤淤的方法修建路基，基础不足以承载岩石和施工机械自重，并在抛石过程中势必会对趋于沉降稳定的原路基造成扰动，增加道路整体路基失衡的风险，且工程量不能有效控制，岩石须在施工区域以外400km的矿山采购，成本巨大。因此，采用河砂换淤的方法修建路基能有效规避上述风险（图2）。

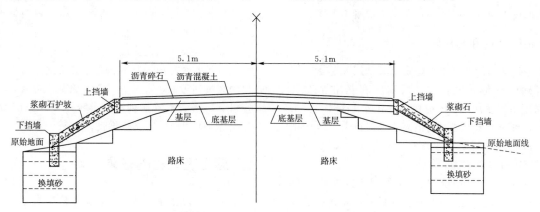

图2 道路基础河砂换淤横断面示意图

采用洁净河砂换填老道路两侧拓宽区域底部基础淤泥，换填深度约2m，换填时，可以湿地作业，保证换填深度即可。

首先测量放样出设计边坡的坡脚位置，采用反铲开挖需要换填的区域；采用自卸汽车运输开挖淤泥，运至弃土场；使用老道路作为反铲和运输车辆的施工平台。为了避免淤泥淤积开挖面，每开挖200m后及时回填洁净河砂。回填后采用灌水沉降的方法将河砂填筑密实，换填时分层填砂灌水，回填河砂每50cm一层灌水沉降密实，能够有效避免拓宽部分路基沉降。

4.2 路床填筑

充分利用老道路路基沉降趋于稳定的特点，将新修道路的拓宽部分与老道路路基合理搭接，形成整体路基，增强路基的抗沉降能力。

搭接时，先清除老道路两侧材料，露出原路基砾石土料，边坡开挖成台阶状，台阶高度50cm，然后在填筑密实的河砂基础上分层回填和原路基土质一致的砾石土料，土料CBR大于15，IP指数小于12。

填筑时每20cm一层回填碾压，压实度达到95%，在填筑河砂基础顶部第一层时不得振动碾压，而需采用轻型压路机静压。

4.3 箱涵设置

根据道路两侧多年丰水期水量，计算过水面积，布设10座2孔、高2m、宽1m（2×2m×1m）的箱涵保证道路左右两侧水压平衡，降低渗水对道路路基的影响和破坏。箱涵尽量布设在原老过水涵洞位置。箱涵顶板

厚度、边墙厚度和配筋均经过结构计算确定，满足法国设计规范要求，同时，因为该道路是通往冈比亚边界的必经之路，除考虑常规荷载外，还需要考虑部队通行时军用车辆荷载。承载力计算时，顶部覆土厚度取50cm。所有箱涵底部高程均一致，箱涵顶板底部高程在多年丰水期最高水位线以上50cm。

箱涵基础为高有机质的海滩淤泥，承载力低。基础处理时，采用洁净的河砂换填基础淤泥，换填深度2m。河砂填筑完成后，采用灌水沉降密实，再浇筑垫层混凝土。因海水对普通混凝土危害较大，箱涵施工时采用抗盐碱水泥拌制混凝土。为了防止水流对箱涵基础的冲刷和侵蚀，箱涵上下游进出水口底板以下设置深度1m的钢筋混凝土垂裙，并在进出水口上下游进行堆石护底防止水流冲刷，堆石护底长度大于5m，宽度超过进出水口八字墙边1m。

4.4 边坡防护

采用浆砌石和混凝土挡墙封闭边坡，保持道路边坡稳定。道路边坡度为1∶1.5。路基回填完毕后，需及时对边坡修整成型，消除多余土方，然后填筑水稳层。边坡浆砌石封闭必须在水稳层施工完毕后进行，因为在施工水稳时，不得振动碾压，避免因振动碾强振损坏浆砌石边坡。

首先浇筑边坡下挡墙，下挡墙坐落在拓宽区河砂基础层以上，道路削坡时，多余的土方不外运，均匀填筑在边坡下挡墙外侧，增强挡墙的稳定性，同时降低施工成本。边坡下挡墙厚25cm，埋深70cm，外露50cm，采用直径6mm钢筋，25cm间距。混凝土亦采用抗盐碱水

泥拌制，浇筑时采用跳仓分块浇筑，每4m一仓，每仓之间钢筋不搭接，施工缝即为伸缩缝。为避免海水侵蚀，混凝土挡墙上不设排水孔。

浆砌石材料选用施工区域特有的红土片石即能满足要求。护坡浆砌石厚20cm，每4m设置一道伸缩缝，伸缩缝上部留5cm深，底部用砂浆填实，浆砌石护坡上亦不得设置排水孔，避免雨水和潮水侵蚀路基土体。浆砌石边坡顶部设置深30cm、宽15cm的素混凝土上挡墙。

4.5　道路底基层和基层施工

在路床顶部布设两层水泥稳定土底基层和基层，增加道路基础的整体承载能力。底基层和基层厚度为20cm，采用水泥改性砾石土材料，因道路设计时，将结构层高程调整到了多年丰水期最高水位线以上，故使用普通硅酸盐水泥进行砾石土改性（即水泥稳定土）即可，不再使用抗盐碱水泥。

底基层砾石土 CBR 值大于35%，IP 指数小于18即可满足要求。水泥改性后的底基层材料28d劈拉强度 R_t 大于4bar，28d弹性模量 E_t 大于10000bar。

基层砾石土料 CBR 值大于60%，IP 指数小于15。水泥改性后的基层材料28d劈拉强度 R_t 大于4bar，28d弹性模量 E_t 大于20000bar。因土料的来源不一致，不同料场土料改性水泥掺量不一致，经过试验确定平均水泥掺量2%~3%即可满足要求。

水泥稳定砾石土施工采用路拌法，粉料撒布车进行粉料撒布，路拌机连接洒水车进行含水调节与拌和，每段施工长度为200m。每段施工时从水泥拌和到碾压完成不超过水泥初凝时间约3h。

每段底基层施工完毕后即封闭交通和洒水养护，连续养护7d后，即可进行顶部基层施工。基层施工完毕后7d内撒布透层沥青并封闭交通。水稳层施工完毕后，通过弯沉试验检测，道路底基层和基层的弯沉值均小于40mm/100mm，满足技术规范要求，该1.2km路段整体强度较好。

4.6　道路沥青面层

根据道路通行荷载和设计使用寿命综合考虑，道路面层布设一层8cm厚的沥青碎石层和5cm厚的沥青混凝土层，增强道路表层抗剪切破坏的能力并减少雨水和潮水对路基的侵蚀，延长道路的使用寿命。

基层施工完成后，在7d内撒布透层沥青，透层沥青使用0/1稀释液体沥青，透层沥青的沥青基质和沥青碎石使用的沥青一致。在沥青碎石施工完毕后，铺设沥

青混凝土之前，在沥青碎石表层撒布阳离子乳化沥青，乳化沥青的沥青基质和沥青混凝土使用的沥青一致。

沥青碎石层采用0~16mm新鲜的花岗岩骨料，使用40/50石油沥青，采用间歇式沥青拌和站生产沥青混合料。沥青碎石的沥青含量为3.9%，马歇尔稳定度为14kN。沥青混凝土层采用0~14mm新鲜花岗岩骨料，使用40/50石油沥青。沥青混凝土的沥青含量为5.2%，马歇尔稳定度为16kN。沥青碎石和沥青混凝土的铺筑均采用沥青摊铺机进行铺设。

沥青混凝土铺设完成，待完全冷却后开放交通，同时进行了6个月现场监测，在重载交通条件下，路面未出现裂痕和车辙，未发现沉降，路基、边坡、箱涵均稳定可靠。路面弯沉值均小于40mm/100mm，路面平整度指标 IRI 小于1，质量优良。

5　施工完成后的效果

施工区域雨季长达半年，雨季降雨量600mm以上，受冈比亚河丰水期影响，施工区域路床和路基8个月以上在水位线以下，能够干地施工的时间只有4个月，采用上述方法能够充分利用枯水季节，快速完成道路两侧拓宽区域基础施工，在雨季到来之前完成边坡护砌，防止水流对路床侵蚀。同时不需要填筑长围堰来创造干地施工条件，减少土方填筑约5万 m^3，降低施工成本。

通过上述工程措施施工，经过一个雨季的检验，道路基础无沉降，边坡稳定，水稳土底基层和基层无开裂；路面铺设沥青碎石和沥青混凝土后，经过半年通行和沉降监测，路面无裂缝，箱涵无沉降，整体工程质量优良。

6　结语

在淤泥基础上进行道路升级改造施工时，采用天然砂换填1~2m深的淤泥，然后回填 CBR 值大于15的天然砾石土进行加宽和加高，边坡采用浆砌石护坡和钢筋混凝土挡墙，设置足够的箱涵用于平衡道路两侧水压，顶部设置两层水稳层后铺设沥青混凝土，道路路基稳定，路面整体强度满足规范要求。

相较于架设桥梁穿越不良地质段，本方法投资少，见效快。为非洲沿海和内陆河流较多的国家的道路施工提供一定的参考，对后续在西非施工的公路工程，具有一定指导和参考意义。

浅谈景观桥梁异形石材挂贴的施工技术

程 雨 刘 刚 刘 军/中国水利水电第十一工程局有限公司

【摘 要】 随着我国经济的迅猛发展，景观工程作为提高人们生活品质，改善人文环境的重要项目，也得到了快速的发展。景观桥梁形式多样、造型美观，可作为点缀、亦可独立成景被越来越多地应用在景观设计中。景观桥梁除拥有普通桥梁交通功能外，还兼具美观功能，其外部装饰多样，本文以郑州市贾鲁河综合治理工程河心岛景观拱桥拱眉镶嵌石挂贴为例，对异形石材加工和挂贴方法进行介绍，为从事相关施工提供参考。

【关键词】 拱眉镶嵌石 加工 挂贴 介绍 参考

1 引言

拱眉石镶嵌在拱桥拱圈混凝土外部，因单块石材上下均为弧形，石材表面下部为凹槽，加工和安装施工精度要求极高。拱眉石位于拱桥外部石材挂贴底部，因自身厚度和形状，安装后的拱眉石通过相互挤压摩擦力保持自稳，同时承受部分上部石材竖向荷载。拱眉石作为拱桥石材装饰的一个重要部分，采用花岗岩作为拱眉石，无论在外观效果还是使用价值上都远高于普通石材，其作为一种新材料、新工艺将被广泛应用。

2 工程概况

贾鲁河综合治理工程治理长度合计 62.77km，其中：综合治理长 49.67km，河道疏挖长度 13.1km。主要建设内容包括湖泊湿地开挖 134.1m²、闸坝等各类配套建筑物建设 71 座、桥梁防护 28 座以及蓝线内滨水景观建设总面积 546.67 万 m²（绿化种植、景观节点、设施小品、景观照明、绿化灌溉等）。

为增加景观效果，给市民提供更加多样的休闲活动、亲水游玩场所，也在一定程度上弥补河道两岸活动空间的不足，设计在河道内部设置河心岛，由景观桥梁连接人行游路上岛。本工程景观拱桥有单孔、三孔、五孔和七孔等多种形式，本文以其中七孔拱桥为例，对拱眉石施工进行介绍。

3 拱眉石加工及挂贴重点

3.1 拱眉石形式

七孔拱桥拱圈半径分别为 2.5m、3.5m、5.7m 和 7.65m，拱眉石根据拱圈弧长大小，分为 50cm 左右单块，单块高度根据拱圈混凝土厚度分 50cm 和 60cm 两种，单孔拱圈由拱眉石拼装而成。两种拱眉石形式详见图 1。

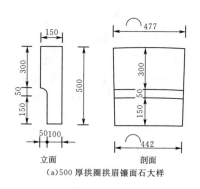

(a) 500 厚拱圈拱眉镶面石大样

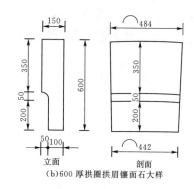

(b) 600 厚拱圈拱眉镶面石大样

图 1 单块拱眉石大样图（单位：mm）

3.2 拱眉石加工技术要求

由于拱眉石属异型石材，且外立面存在凹槽，加工程序繁琐，同时为保证外观整体效果，对单块石材加工精度要求也较高。拱眉石外形厚度允许偏差1.0mm；高度允许偏差1.0mm；弧线长度允许偏差1.5mm；对于凹槽位置及厚度偏差也应满足上述要求。同时拼装完成后，拱眉石间缝隙不大于2mm。

3.3 拱眉石施工难点分析

（1）根据拱眉石外观尺寸计算，单块拱眉石重量均在125kg以上，重量较大，拼装困难。

（2）拱眉石安装位置最高处距地面高度9.15m，拱眉石运输倒运困难，且高空作业存在一定危险。

（3）由于拱圈混凝土表面平整度、线型要求偏差较石材宽松，因此即使石材加工精度满足图纸要求，但是现场挂贴仍需要进行调整。

4 原材料技术指标

4.1 花岗岩

（1）适用的标准：

1）花岗岩质量应符合《天然花岗岩建筑板材》（GB/T 18601—2009）标准的要求；放射性须符合《建筑材料放射性核素限量》（GB 6566—2010）中分类使用的规定。

2）天然石材使用的防护剂应满足行业标准《建筑装饰用天然石材防护剂》（JC/T 973—2005）的规定，同时应具有出厂合格证和使用说明书。

（2）观感和使用等其他要求：

1）板材抛光均匀，不得有坑窝、划痕、缺棱、缺角、细微裂纹等。

2）颜色要符合设计要求，天然石材不得有染色或电解等情况。

3）石材加工符合技术指标要求，水切面要平滑顺直，不允许有毛刺或崩边现象；开槽尺寸、深度、位置符合设计要求。

4）石材切割等主要加工方式必须采用砂锯。

4.2 植筋胶

锚固采用植筋胶，参数详见表1。

4.3 云石胶

拱眉四边采用云石胶与拱圈混凝土粘贴，云石胶技术指标详见表2。

表 1　植 筋 胶 参 数 表

序号	检验参数		标准要求（A级胶）
1	劈裂抗拉强度		≥8.5MPa
2	抗弯强度		≥50MPa
3	抗压强度		≥60MPa
4	钢-钢（钢套筒法）拉伸抗剪强度标准值		≥16MPa
5	约束拉拔条件下带肋钢筋与混凝土的黏度结强度	C30 φ25 L=150mm	≥11.0 MPa
		C60 φ25 L=125mm	≥17.0 MPa
6	不挥发物含量（固体含量）		≥99%

表 2　云石胶技术参数表

序号	项目名称	龄期	技术指标
1	胶接强度	标态养护48h	16.52MPa
2	胶接强度	标态养护168h	15.94MPa
3	胶接强度	标态养护168h后，再100℃/168h	10.50MPa
4	垂直拉伸黏结强度	标态养护168h	8.56MPa

4.4 其他材料

膨胀螺栓采用国标M12×105型号，螺栓及其配套的铁垫板、垫圈、螺帽等各种安装所需的连接件质量，须符合JB/ZQ 4763—2006《膨胀螺栓》质量要求。

5 施工工艺

5.1 工艺流程

工艺流程为：拱眉石加工运输 → 现场施工准备（基层处理及放大样）→石材背侧钻孔→植入膨胀螺栓→吊垂直、找规矩弹线 →混凝土钻孔填充植筋胶→安装石材→填充云石胶→擦缝。

5.2 石材加工

拱眉石属于曲面异型石材，加工主要通过切、磨、抛等工序完成，工具为专门用来加工曲线截面的金刚石绳锯机。具体步骤如下：下料→成形→磨削→抛光→切角→检验→包装。

（1）下料是异型石材加工的第一步，首先根据设计图纸尺寸，对每个拱的拱眉石编号分块设计，然后按照每块的尺寸选择质地优良、尺寸合适的荒料进行下料，下料采用金刚石绳锯机。

（2）本工程拱眉石为表面带凹槽、上下带圆弧板材，成型使用液压仿形设备。使用的工具有金刚石样板磨轮、小尺寸金刚石圆锯片、金刚石铣刀、金刚石钻头等。

（3）磨削主要对成形后的工件进行粗磨、细磨和精磨。采用的设备基本上与成形设备相同，有些就是利用成形设备，所不同的是把成形刀具更换为磨具。

（4）抛光加工与磨削加工方式基本相同，所不同之处是抛光加工所采用的磨料粒度比磨削要细得多，抛光速度也大。

（5）切角是指对需要拼装对接的面进行加工，圆弧板材拼装时对其侧面采用双刀盘锯机加工成一定角度，保证拼装成一个圆。

（6）检验异型石材尺寸公差、表面缺陷和表面光泽度。

（7）包装采用木板或塑料制品。

5.3 施工准备

（1）进场验收：成品石材进场时，联合监理进行现场验收，认真检查材料的规格、型号是否正确，与料单是否相符，发现石材颜色明显不一致的，要单独码放，以便退还给厂家，如有裂纹、缺边、掉角的，要修理后再用，严重的不得使用。

（2）石材表面处理：石材表面充分干燥（含水率应小于8%）后，用石材护理剂进行石材六面体防护处理。

（3）石材准备：首先用比色法对石材的颜色进行挑选分类；安装在同一面的石材颜色应一致，并根据设计尺寸和图纸要求，将专用模具固定在台钻上，进行石材打孔，为保证位置准确垂直，要钉一个定型石材托架，使石板放在托架上，要打孔的小面与钻头垂直，使孔成型后准确无误，孔深为50mm，孔径为14mm，钻头为12mm。采用高压水枪将钻孔内石粉冲洗干净，并用空压机吹干孔内水渍，石材背面同样清理干净。向孔内注入1/3植筋胶，插入膨胀螺栓，拧紧。

（4）基层准备：清理拱圈混凝土结构表面，做找平层。基层表面残留的砂浆、尘土和油渍等应用钢丝刷刷净，并用清水冲洗。同时进行吊直、套方、找规矩、弹出垂直线、水平线。

5.4 施工方法

（1）挂线：首先根据拱圈尺寸，放好上下圆弧边线，然后将石材的墙面用大线锤从上至下找出垂直，并应考虑石材厚度、灌注砂浆的空隙所占尺寸，石材

外皮距结构面预留2cm厚度用于灌注云石胶及找平，按照拱眉石尺寸，每两排拉一道通长水平线，编好号的石材在固定的基准线上画出就位线，每块留1mm缝隙。

（2）混凝土钻孔填充植筋胶：按设计图纸及石材钻孔位置，准确的在拱圈混凝土上做好标记，然后按点打孔，打孔可使用冲击钻，上 $\phi 12$ 的冲击钻头，打孔时先用尖钎子在预先弹好的点上凿一个点，然后用钻打孔，孔深在60mm。成孔要求与结构表面垂直，成孔后把孔内的灰粉用小勾勺掏出，采用高压水冲洗，空压机吹干。

（3）安装石材：

1）将石材就位，石板上口外仰，先将下方已与石材锚固好的膨胀螺栓嵌入拱圈混凝土，调整石材外立面位置，再把石材立平锚入上部螺栓，调整外立面尺寸，石材与拱圈混凝土面间缝隙预留20mm。

2）用线绳配合靠尺板检查石材平整度，在植筋胶凝固前迅速进行微调，调整完成后，注入云石胶。

（4）注入云石胶。云石胶按照配比进行调和，植筋胶只在石材四周边缘进行粘贴，四边侧粘贴宽度均为5cm。

5.5 质量标准

（1）主控项目。

1）拱眉石的品种、防腐、规格、形状、平整度、几何尺寸、光洁度、颜色必须符合设计要求，要有产品合格证。

2）面层与基底应安装牢固；粘贴用料、干挂配件必须符合设计要求和国家现行有关标准的规定。

3）拱眉安装的预埋件、连接件的数量、规格、位置、连接方法和防腐处理必须符合设计要求。

（2）一般项目。表面平整、洁净；圆弧拼接位置通顺，颜色均匀一致；非整板部位安排适宜。缝格均匀，接缝填嵌密实，无错台错位。

5.6 成品保护

（1）要及时清擦干净残留在石材上的污物，如胶、手印、尘土、水等杂物，宜粘贴保护膜，预防污染。

（2）认真贯彻合理施工顺序，少数工种的活应做在前面，防止损坏、污染石材。

（3）吊篮上下活动和卷扬机上料时，严禁碰撞已挂贴完成的石材面板。

（4）石材挂贴完成后，易破损部分的裱角处要钉护角保护，其他工种操作时不得划伤石材表面和碰坏石材。

（5）已完工的外挂石材应设专人看管，遇有损害成品的行为，应立即制止，并严肃处理。

6 结语

景观工程作为提升居民生活品质项目，在城市美化建设中占据越来越重要的地位，而在景观拱桥装饰中，为提高装饰层次，不同形式的拱眉石也越来越多地得以应用，拱眉石以其美观与立体感强的特点值得大力推广。

论特大桥现浇简支箱梁施工方法的选择

毛俊波　白雪锋/中国水利水电第十一工程局有限公司

【摘　要】　京沪高铁跨济兖大桥和黄河南引桥上部结构主要为现浇简支箱梁，现浇简支箱梁跨度标准长度32m，重量达到近900t，施工难度大，安全质量要求标准高。大桥横跨城区或城乡结合部，现浇简支箱梁施工组织对整个工程的成败起着决定性的因素。本文以跨济兖大桥现浇简支箱梁施工方案进行论证，详细介绍施工方案与质量、安全、工期及经营成果，并对施工经验进行了总结，为类似工程施工方案的制定提供参考。
【关键词】　现浇梁　施工方案　总结

1　工程概述

跨济兖大桥位于经济发达的济南市槐荫区，沿线城镇、工厂、村庄密集、路网发达、电网线路密布、地下管线众多。在 DIK413＋769 处跨济南绕城高速；DIK416＋714 处跨津浦铁路，跨越县乡公路还有 20 余处之多，征地拆迁难度很大。

跨济兖大桥共设计 156 榀 32m 预应力简支箱梁，1—（40＋56＋40）m预应力混凝土连续梁三跨一联，6 榀 24m 预应力简支箱梁，共计 165 孔梁。我公司负责 1＃～130＃桥墩范围内的 126 孔现浇简支箱梁和 1—（40＋56＋40）m 预应力混凝土连续梁。

该桥段内地层主要为新黄土、黏土、粉质黏土、砂类土等，新黄土具湿陷性，一般湿陷系数为 0.015～0.071；地下水深度一般为地下 1～1.5m。

桥梁 1＃～4＃墩（墩高 23.5m）位于鱼塘内，5＃～24＃墩（墩高 23.5～22m）位于水田内，25＃～29＃（22～19.5m）墩位于村庄内，49＃～75＃墩（墩高 16～6.5m）位于村庄内，75＃～88＃墩（墩高 6.5～9m）位于水田内，89＃～95＃墩（墩高 9～7.5m）位于村庄内，103＃～118＃墩（墩高 7.5～18m）位于村庄内，期间穿越多条沟渠、电缆、电线等设施。

现浇梁计划施工工期为一年（含冬季）。

2　方案比选

通常现浇简支箱梁施工方法主要有移动模架法现浇、满堂支架法现浇、钢管贝雷梁支架法现浇三种，三种施工方法受环境的制约有其局限性，也有其他方案不可替代的优势，下面针对特大桥的现场条件分别展开论证。

2.1　移动模架法现浇

该方法采用大吨位移动模架，作用在两个墩台上，形成现浇平台进行梁的现浇。并具有以下优缺点：

（1）优点：

1）该设备作用桥梁两端的墩台上，无需进行地基处理，可以节省大量的地基处理工程量和施工成本。

2）采用全液压成套设备进行施工，具有用工少、施工速度快的特点（2孔/月），单孔梁施工成本较低。

3）移动模架经过一次安装后，可通过液压操作系统实现模板开合和行走，可跨墩连续作业，各种施工参数较为统一，所以质量和安全容易控制。

（2）缺点：

1）一台移动模架的造价达到 500 多万元，设备一次投入比较大。

2）设备吨位较大，拆装一次周期较长（45d 左右），因此只适合连续依次向前推进，缺乏灵活性。

2.2　满堂支架法现浇

采用满堂支架作为模板承重支撑平台，在上部进行箱梁现浇，具有以下优缺点。

（1）优点：

1）支撑杆件采用脚手架，杆件的单位重量较轻，不需要大型起重设备配合，可以减少大型起重设备的投入。

2）脚手架社会资源较为丰富，可以大量租用，从而减小前期购买设备和材料的资金压力。

3）该方法灵活，可以随机布置，可在相邻两个桥梁墩台完成后实现连续或跨墩作业。

（2）缺点：

1）采用的脚手架做支架，需将承载力传递到地基上。对地基处理要求比较高，需要根据地基情况和作用力的大小来进行地基处理，需花费大量的时间和成本。

2）满堂支架由若干根架子管件拼装而成，需要大量的人工，而且工序繁多，施工时间周期比较长，每孔梁施工需要 20d 以上，单孔梁施工成本较高。

3）因杆件细，在高墩施工时，稳定性较差，且节点多，安全控制难度较大。

4）现浇梁的线性控制点较多，桥梁线型美感稍差。

2.3 钢管贝雷梁支架法现浇

采用大直径钢管作为贝雷梁及模板支撑，在贝雷梁组合形成的施工平台上进行现浇梁施工，其具有以下优缺点。

（1）优点：

1）对于高水位软土地基处理可采用点状的桩基础处理方法，可以避免大面积的地基处理，节省地基处理费用，并保证基础不发生大的压缩沉降。

2）该方案节点较少，使用人工较少，钢管直径较大，安全系数较高，高墩处施工具有优势。

3）该方法灵活，可以随机布置，可在相邻两个桥梁墩台完成后实现连续或跨墩作业。

（2）缺点：

1）由于组合件单位重量较大，安装时需要大吨位起重机配合，对设备依赖程度较大。且施工时间周期比较长，每孔梁施工需要 20d 以上，单孔梁施工成本较高。

2）贝雷梁采购成本相对高。

3）现浇梁的线性控制点处于满堂支架与移动模架之间，桥梁线型为跨钢管支墩的几组弧形组合。

3 方案优化

综上所述，如跨济兖大桥全部采用移动模架法现浇（图1），质量安全均容易保证，但需要移动模架 8 台，仅采购成本需要近 5000 万元，而且由于大量基建工程同时上马，国内生产移动模架的厂商生产能力有限，移动模架短时间供应难度较大；加上施工段内房屋、电缆电线密布，拆迁难度非常大，如果拆迁受阻出现墩台不能连续形成，移动模架施工受到相应制约，不能按照流水作业正常推进。大桥全部采用满堂支架法现浇，虽然灵活，但该特大桥地下水位高，且均为黄河冲积层，地层沉降压缩大，地基处理难度大，且最大墩高达到 23.5m，安全性也难以保证。大桥全部采用钢管贝雷梁支架法现浇，虽然灵活，但需要采购大量贝雷梁，成本也比较高，安全质量风险相对也比较高。

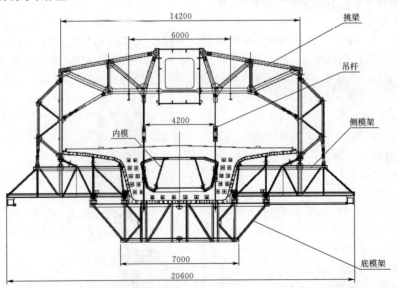

图1 移动模架法施工示意图（单位：mm）

考虑到现场的施工条件，最后经过研究决定，采用组合方法联合施工，即对于农田段和空旷地段优先采用移动模架法施工；对于拆迁集中段，采用钢管贝雷梁支架法施工，并作为移动模架施工的补充，分担移动模架承担的部分工程量。

贝雷梁支架法支架设计（图2）：纵向设计 4 排 φ630mm×10mm 钢管立柱，立柱分为 7m 标准节配 2m、1.5m、1m 管节，根据梁高采用不同管节进行配备，立柱顶、底部采用法兰进行连接。每排 4 根，钢管柱排间距为 7.09m，每排柱间距 3.0m，各排钢管之间用 80mm×80mm×6mm 角钢剪刀撑连接；立柱顶部利用 1.38m 长 φ630 钢管做砂漏（箱）柱帽，用来调整标高和落架。每排砂漏顶面用 2 根 I45 工字钢作为承重梁；承重梁上布设 7 组贝雷梁，14 排，每两排贝雷梁连成一组，采用标准支撑架进行连接，组中心距分别为 1.975m、1.35m、1.775m、1.775m、1.35m、1.975m；贝雷梁

上部布设 12♯工字钢作为一次分配梁，其上部再安装定型钢模板。

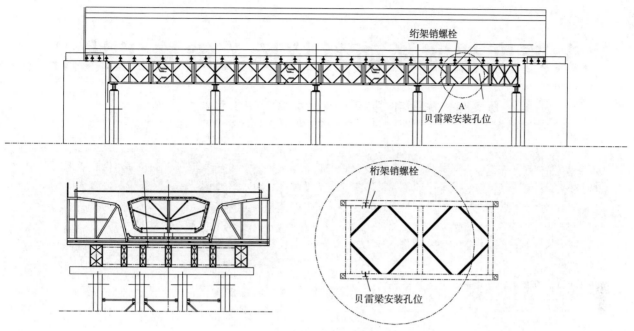

图2 贝雷梁支架搭设示意图

4 施工布置

依照上述施工原则，并结合工期因素和已具备施工条件的情况，以及预计可能出现的前期进展不顺利等不确定因素，施工总体布置如下：

1♯～47♯墩范围场地比较空旷，且拆迁难度较小，基本不会出现原位现浇梁挡道现象，故采用移动模架法施工。按计划有效工期 11 个月，扣除 1.5 个月的模架安装时间，计算 46 孔梁需要 2.6 台移动模架。如出现其他问题导致施工进度滞后，剩余现浇梁采用支架补充施工，考虑到该段墩高均在 20m 以上，支架法施工的不安全因素较多，所以决定采用 3 台移动模架施工，使其留有一定的富余工期。由于 30♯墩往大墩号方向共 16 孔现浇梁依次具备施工条件，于是在 30♯和 31♯墩处布置一台移动模架从小桩号往大桩号方向施工，现浇梁施工时间约需要 10 个月（含模架安装 1.5 个月），符合工期要求且有少量富余。然后是 16♯～20♯墩处先具备施工条件，且小墩号处需要拆迁，难度较大，因此决定在 16♯和 17♯墩处布置一台移动模架由大墩号往小墩号方向施工，施工到需拆迁时长约为 6 个月，时间比较长，拆迁问题也已经解决，总施工时间为 10 个月，也有少量富余时间。最后 17♯～30♯墩布置一台移动模架，在 17♯和 18♯墩开始施工，该段施工需要等前一台移动模架施工完后方可安装，滞后 2 个月开始现浇梁施工，总工期也为 10 个月，也有少量富余时间。

67♯～83♯墩绝大部分位于农田段，且 83♯～75♯段已具备施工条件，所以决定采用一台移动模架从 83♯和 82♯墩开始向小墩号方向施工，当施工速度较快时还可继续往小墩号方向进行施工，以充分发挥该台移动模架的工效。11 个月时间该台移动模架约可以施工至 64♯墩处。

118♯～129♯墩大部分位于农田和空旷地段，且已经具备施工条件，所以决定采用移动模架法从大墩号往小墩号方向施工，待施工到房屋拆迁段时还需要 5 个月时间，到时候拆迁问题也已经解决，不会出现挡道问题，可以继续向前施工，以充分发挥该台移动模架的工效。11 个月时间该台移动模架约可以施工至 101♯墩。

剩余的 50♯～64♯墩和 83♯～101♯墩大部分位于村庄段，拆迁难度特别大，所以决定采用贝雷梁支架法施工，并根据具备施工时间选用设备套数。

5 结语

大桥施工方案充分考虑了各种影响因素，严格按照该方案组织施工，在经过施工图延误 2 个多月工期影响的条件下，利用部分冬季施工时间，于 2009 年 1 月 2 日正式开始现浇梁的浇筑，各施工段基本均于 2009 年 11 月顺利施工完毕，各台移动模架也基本按照原布置组织施工，充分发挥了预期的效能，使得安全、质量以及工期等方面达到了比较理想的效果，现浇梁施工得到了甲方的高度肯定。

大跨度超宽桥面斜拉桥关键施工技术

陈文娟　陈敦刚/中国水利水电第十一工程局有限公司

【摘　要】　郑州中牟贾鲁河斜拉桥主塔预应力混凝土构件高78m，斜塔形式及高度在国内外均为罕见，宽度上为同类型桥梁亚洲之最。我公司在桥梁施工中开展多项技术创新，通过优化临河深基坑围挡结构，解决了河道分期导流与基坑支护侵界难题；取得了主承台大体积混凝土温控技术成果；研发爬模及智能监测系统，保证了主塔的施工安全；在爬模变截面收分、高墩预应力钢束精准定位、预应力管道排气安装和压浆技术、超宽钢箱梁吊装和消除焊接应力方面均取得了新的突破，其施工关键技术取得专利3项，可作为同类工程的参考和借鉴。

【关键词】　斜拉桥　主塔　创新　关键技术

1 工程概况

郑州贾鲁河大桥位于中牟县人文路与贾鲁河相交处，桥梁全长526m，桥宽55m，桥梁面积28930m²，其中主桥长190m，宽55m，桥梁面积10450m²，南引桥长150.05m，宽55m，北引桥长179.95m，宽55m，引桥面积18480m²。

主桥190m为双索面无背索独塔斜拉桥，钢箱梁全宽55m，桥塔结构为空心断面钢筋混凝土，桥塔支承采用塔梁固结方式，并布置18根斜索及阻尼装置将斜塔与钢箱梁相接。

2 工程施工重点和难点

(1) 主塔位于贾鲁河河槽内，河内常年流水，地下水稳定水位高出承台顶部高程3.5m以上；承台基坑开挖面长47m，宽53m，开挖深度为12.66m，基坑围护结构汛期水流影响和围护结构稳定安全问题突出。

(2) 主塔承台长44m，宽28m，高5m，混凝土浇筑量5360m³，两端矩形结构通过中间系梁连接成一个整体，属于大体积混凝土施工，控制混凝土内部水化热温升引起承台开裂对桥梁整体安全至关重要。

(3) 主塔上塔柱高60m，分10段施工，每一节段与钢箱梁节段同步施工，主塔与钢箱梁通过斜拉索连接互相平衡并形成整体，保证钢箱梁与索塔整体稳定是桥梁施工成败的关键。

(4) 钢箱梁长100m，分11段拼接，最大单节重达365t，采用厂内分块制作，拼接作业时，吊装过程中钢箱梁受力复杂，对吊装作业要求高。

3 关键施工技术应用

3.1 主塔承台围挡结构施工技术

主塔承台位于贾鲁河主槽内，为减少承台施工期间因河道束窄影响主河槽行洪，临近河道侧采取钢板桩围堰挡水，既减小了围堰填筑占用河面宽度，又防止了汛期水流对围堰裹头的冲刷破坏；承台基坑临河及顺水流上下游方向采用钢板桩围挡结构，降低了基坑围挡的施工成本。钢板桩选用拉森Ⅲ型或拉森Ⅳ型钢板，为了满足承台施工需要，钢板桩围挡平面尺寸向承台开挖线外延2m，临河侧钢板桩围堰与钢板桩围挡结构之间预留4m宽作为承台基坑施工通道。

钢板桩施工前先定位，在基坑开挖边线边角处设控制点，并向外延至10m处设监控点，在承台施工过程中，对钢板桩位移进行监控。

钢板桩围挡结构自上而下设置三层工字钢横向围檩，根据水压力和土压力计算土体锚索长度和锚固长度。为防止土体锚索侵界进入相邻承台基坑围挡内，对锚索锚固端采取偏心钻头进行扩孔处理减小锚固长度，并结合引桥承台取得的观测数据首次引用了围挡结构土压力矩形计算或围土孔隙率水压力计算理念，结合钢板桩围堰挡水、减少钢板桩围挡深度的实施，既控制了主承台围挡结构安全，又减少了围挡结构侵界的可能，在展开主承台施工的同时，保证了相邻承台施工的正常进行。

3.2 主塔承台混凝土温控措施

贾鲁河大桥主塔承台长 44m，宽 28m，高 5m，混凝土浇筑方量 5360m³，两端结构通过中间连系梁连接成整体，属于大体积异形体混凝土，具体结构布置图见图 1。

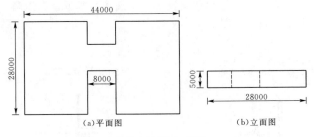

图 1 主塔承台结构图（单位：mm）

主塔承台混凝土结构整体庞大，且因结构需要采取一次成型浇筑，为消除混凝土硬化过程中水化热散发差异大，造成混凝土结构物内、外温差悬殊产生温度应力的影响，防止温度应力超过混凝土极限抗拉强度产生裂缝危及主桥整体安全。对主桥承台混凝土采取温控措施更加凸显其重要性，尤其是平面上断面突变部位的防裂需要采取更加慎重的预防措施。

根据大体积混凝土温度控制相关要求，主塔承台混凝土施工时，严格按照混凝土内外温差不大于 22℃、混凝土表面温度与大气温度之差不大于 20℃ 作为温度控制的标准，并由浇筑气温推算控制最大水化热温升。在混凝土浇筑冷却阶段控制混凝土降温速率不得超过 2℃/d，并严格控制冷却水进出口温差和混凝土内部温差在温度控制标准的可调整范围内。

主塔承台温度控制从以下几个方面进行控制：

混凝土配合比的优化：配合比采用低水化热、水化热均匀的胶凝材料，掺加粉煤灰、矿粉胶凝材料，延长混凝土水化热释放时间，降低混凝土内部温升幅度和温度峰值；采用级配良好的优质水洗中砂；石料采用 5～25mm 连续级配、空隙率小、线膨胀系数小、含泥量不超过 1% 的碎石，提高混凝土自身防裂能力；采用高效减水剂降低混凝土单位用水量，从而降低水泥用量。掺加泵送剂，保证混凝土具有良好的和易性和黏聚性，不离析、不泌水。

冷却水管布置：在主桥承台高度方向共布置 4 层冷却水管，上下冷却水管分别位于顶面和底面 70cm 处，中间层间距 120cm；在主桥承台平面方向均布冷却水管，距混凝土表面控制距离 70cm，冷却水管间距按 120～150cm 间隔分布，并按承台东、西、中分开，单独布置成独立的冷却系统。冷却水管采用 32mm 标准铸铁水管，冷却水采用地下井水根据埋设的温度计测定混凝土内部温度后，按照混凝土内部温度与水温温差不大于

20℃ 控制进水温度，并根据进回水温差调整通水冷却速度和通水量，控制混凝土降温速率不得超过 2℃/d，控制进回水温度差不大于 2℃。为防止冷却降温引起混凝土内部温差过大，每天对进回水管的方向进行交换。

此外，在主塔承台混凝土浇筑过程中，采取均匀分层和仓面保温，防止混凝土层间温度回升产生差异；在混凝土浇筑完成后对表面采取二次收面工艺，并采用塑料薄膜保护，防止表面产生干缩和龟裂缝诱导温度裂缝；在浇筑前预埋测温元件，对混凝土内部温度进行监控，提供温度控制成果资料，方便温控措施的调整和落实。

3.3 主塔模板设计

斜塔由于其结构及受力的独特和复杂性，既要考虑塔柱自身承受抗弯能力，还要考虑爬模承受每次浇筑混凝土自重的能力，尤其是斜塔下面一侧，同时还要对工期要求、爬模制作成本等因素进行综合考虑。

郑州贾鲁河大桥主塔塔柱共分为 10 节，标准阶段竖向距离为 6m。

3.3.1 爬模体系组成

（1）液压爬升体系。液压爬升体系包括预埋固定件、附墙悬挂件、爬升导轨、自锁提升件、液压缸、液压泵站。

（2）模板体系。模板由 6mm 热轧面板、型钢骨架和对拉丝杆组成。模板的分块尺寸综合考虑塔柱与上塔柱施工，爬模在下塔柱施工完成后适用上塔柱爬模施工，同时，便于灵活拆装。

（3）工作平台体系。工作平台共分 5 层：2 层上部工作平台、1 个主工作平台、2 层下部工作平台。0♯ 主工作平台用于调节和支立外侧模，1♯、2♯ 平台用于绑扎钢筋和浇筑混凝土，－1♯ 平台主要用于爬升操作，－2♯ 平台用于拆卸锚固件和混凝土修整。

（4）爬升体系。爬升体系的加工精度与安装精度在爬模系统中是最重要的一个环节，其加工精度的保证措施主要有以下几方面：

1）爬升轨道材料全部为整根型材，除了设计分节处，不允许出现焊接接头。

2）每套爬模系统用的轨道在加工时全部在铣刨床同一工位一次加工，并统一铣边，保证外形尺寸在同一精度内。

3）爬轨齿块焊接时，将全部轨道摆在同一平面上，固定好并画线后再焊接，焊接完成后统一铣削齿块上、下边支撑面，达到同组齿块间距尺寸误差在 ±0.5mm 之内，安装时能互换。

4）为了保证主桥上塔柱第一节能顺利爬升，轨道需在中间做成销接，轨道两端头与销接处接头全部打倒角并抛光处理，销孔精度控制在 ±0.2mm。

（5）爬模的开模。爬模的开模混凝土浇筑完后，将

模板及对拉丝杆拆开，模板横移通过安装在模板支撑框架上的液压缸将外模打开，每侧爬升框架设置 2 只液压油缸，每套爬模共设 8 只开模液压油缸。

3.3.2 液压系统工作原理

爬模的顶升运动通过液压油缸对导轨和爬模架交替顶升来实现，导轨和爬模架二者之间可进行相对运动。在爬模架处于工作状态时，导轨和爬模架都支撑在埋件支座上，两者之间无相对运动。退模后可在退模留下的爬锥上安装受力螺栓、挂座体及埋件支座，

调整上下换向盒舌体方向来顶升导轨。待导轨顶升到位，就位于该埋件支座上后，操作人员可转到下平台去拆除导轨提升后露出的下部埋件支座、爬锥等。在解除爬模架上所有拉结之后就可以开始顶升爬模架，这时候导轨保持不动，调整上下换向盒舌体方向后启动油缸，爬模架就相对于导轨向上运动。通过导轨和爬模架这种交替附墙，提升对方，爬模架沿着墙体上升，直到坐落于预留爬锥上，实现逐层提升。液压爬模施工流程见图 2。

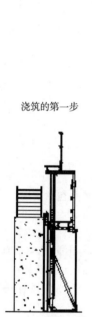

浇筑的第一步

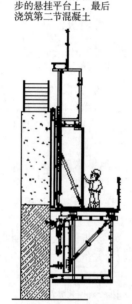

首先安装悬挂爬升靴，再悬挂爬升架体在第一步的悬挂平台上，最后浇筑第二节混凝土

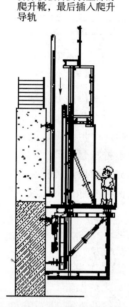

拆除模板再安装上部的爬升靴，最后插入爬升导轨

依靠液压系统提升整个爬架

图 2　液压爬模施工流程图

3.3.3 模板体系

塔柱外模平板采用 6mm 热轧面板，面板背面竖向加筋采用 20cm 高工字梁，工字梁外侧横向背楞采用双拼 14a 槽钢，背楞与工字梁用连接件连接，对拉螺栓采用 H 形螺母，内外螺杆直径为 20mm。外模板总高 6.5m，共设 7 道双拼 14a 槽钢背楞，其中面板高 6.0m，工字梁高 5.5m。为防止上下节段接缝出现错台及漏浆等现象，工字梁每边伸出面板 25cm 且在距下口约 15cm 处增加一道 H 形螺母连接，使模板与已浇筑混凝土面紧贴；同时在工字梁距上口约 15cm 处也增加一道拉杆与劲性骨架连接以减少模板偏位。塔柱为双向变截面，在每次立模前模板按塔柱利用万向张拉螺栓收缩比例微调拉杆长度，使钢模模板在接槎处错位搭接，待模板裁剪量超出微调范围后，及时抽出剪裁模板。为防止钢模搭接缝处漏浆，在钢模之间加垫 5mm 的橡胶皮，同时通过螺栓锁紧。

塔柱内模系统自行加工制作，在塔柱壁厚变化节段及下中塔柱转换节段、中上塔柱连接施工段采用全木模施工；在上、中、下塔柱壁厚固内模倒角及变截面拆分

部分模板采用木模，木模采用 100mm×250cm 和 150mm×250cm 两类平面模板和多种异形模板组合而成。

3.4　大跨度超宽桥面钢箱梁施工技术

3.4.1　钢箱梁制作方案

根据现场安装条件、设计图纸及相关规范要求，钢箱梁按纵、横向进行分段，在车间内进行制作，在场地内进行预拼装。

3.4.2　钢箱梁安装方案

钢箱梁安装在桥下采用 2 台 200t 汽车吊装，并与塔梁施工同步进行，将钢箱梁的施工和索塔的浇筑同步进行，完成对应节段的钢箱梁和索塔后，立即张拉此段斜拉索，再施工下段钢箱梁和索塔。

钢箱梁节段块体在制作完成后陆运至安装现场，在现场进行预拼装后进行吊装。钢箱梁采用"胎架支撑原位拼装工艺"进行安装，即在钢箱梁下方设置临时支撑胎架，在临时支撑体系上原位安装所有构件以达到初始位形。

胎架原位拼装 GA2～GC5 支架高约 9.5m，GA1～GC4 段支架高约 12m。均采用 6m、4m 标准段支架，在现场根据实际高度再临时进行加高，加高支架部分与原有标准段支架结构形式一致，加高部分与原有支架顶部的钢板进行焊接。支架位置在钢箱梁横向分段处，主肢采用 ϕ325×10 钢管，横断面以及侧面的连接均采用 ϕ89×4 的钢管，连接时采用焊接形式，承重梁为 2H400×200×8×13 钢焊接而成，顶部设置 ϕ200×10 调节钢管。

支撑胎架支架材质为 Q235B，法兰盘为 Q345B，节点板与钢管立柱采用 6mm 双面角焊缝，除立杆外其他杆件采用螺栓连接，加劲板倒角距离为 20mm。支架的单节制作高为 6m，支架节与节之间通过法兰盘、螺栓连接。

为防止胎架基础沉降变形，对河滩部位胎架采用扩大基础，扩大基础区域采用 8% 水泥土换填；对支架位于贾鲁河河道内，支架基础采用混凝土灌注桩基础，混凝土桩规格 ϕ800，桩深约 14m，顶部设埋板与支架焊接。

3.4.3 钢箱梁施工控制

主梁节段施工过程中实行"双控"，即主梁标高控制和斜拉索索力控制，为保证斜拉桥的施工质量，使斜拉桥实际状态与设计状态相符合，节段施工末状态的主梁标高与斜拉索索力、与理想值之间的误差应控制在可接受范围内。钢箱梁安装完毕，斜拉索张拉完成后对整桥进行线形观测，在端梁处桥中心线设置标高控制测站点，然后逐步测量每一节段钢箱梁桥面高程，根据高程差计算出钢箱梁拱度与设计拱度进行比对，保证实际拱度符合设计要求。

4 结语

郑州市贾鲁河大跨度超宽桥面斜拉桥施工技术条件复杂，除针对工程施工重难点采取上述关键技术外，还进行了其他一些方面的重点研究，如主塔预应力钢筋混凝土工程因钢筋密集，加上预应力管道和劲性骨架布置造成混凝土下料及振捣困难，采取预留管道定点下料和定点振捣措施，保证了主塔混凝土的内实外光；针对模板变截面的收分，采取万向螺栓配合横向围檩进行微调和抽分，减少了变截面模板的剪裁次数，方便了施工；在主塔预应力压浆施工过程中，对排气管安装和塔柱下部锚头封堵方案进行改进，防止了钢束穿束对排气管的破坏和灌浆压力大而引起的漏浆现象。针对施工中出现的技术难题，采取了多项技术攻关措施，为类似桥梁工程施工取得了经验。

浅谈如何做好项目收尾阶段的管理

金凤清/中国水利水电第十一工程局有限公司

【摘　要】 建设工程项目管理过程中，一些管理者往往忽视项目收尾阶段的管理，没有给予足够重视，出现该阶段项目施工组织不够紧凑、人员管理相对松懈、对剩余的资源利用不合理等问题，这样往往会给项目造成较大的经济效益流失。收尾阶段是建设工程项目周期管理的一个重要阶段，对项目的"成本控制"和"二次经营"起着决定性作用。本文笔者结合工作体会，对有关工程收尾项目的管理谈一下自己的看法。

【关键词】 尾工　竣工　完工结算　销项　保修　索赔　二次经营

近年来，随着经济的发展，项目不断增加，投资成本也逐年在加大，对于项目的管理者而言，收尾阶段的项目管理是项目成功的重要管理手段，它和项目其他工作一样均应纳入项目计划，并按照计划落实，贯穿于整个项目管理的始终。目前，随着施工规模的扩张，工程项目进入收尾管理的也会越来越多。因此，要从源头控制，以项目管理为中心，狠抓二次经营，使收尾项目始终处于可控状态，有序完成收尾工作计划，实现项目效益最大化、利润最大化是企业经营活动的最终目标。

1 如何界定项目的收尾及项目收尾阶段管理的重要性

建设工程项目收尾阶段是指工程项目主要建、构筑物已按设计及合同要求完成，施工人员和主要设备已撤离施工现场，工程项目已处于试运行期或工程质保修阶段，因规划、设计等各种原因而遗留的部分工作，不能完全满足运营要求或与标准化运营管理不匹配的未完工程施工和管理阶段。实际上通俗的理解是在工程主体已经完工，大部分施工人员、设备已撤离施工现场，工程项目全部交付业主使用并完成了竣工结算期间的所有施工活动。项目收尾主要包括两部分内容：即对外收尾和对内收尾，也称之为合同收尾和项目管理收尾。收尾阶段同样也是项目实施的一个重要阶段，而往往在这个阶段管理中，项目主要专业管理人员已经撤离，收尾工作得不到充分重视，很多具体工作得不到落实，形成"可要可不要的钱没人要"的局面，有些工程遗留的缺陷长时间得不到处理，从而引起了业主的不满，最终损失的是企业的信誉和利润，甚至还会影响到企业的二次经营成果。

建设工程项目收尾阶段工作的重要性主要体现在以下几个方面：首先，一个项目主体施工阶段的工作刚刚完成，项目成员手头都保留所有的工作记录，收集起来是非常容易的。建议事先列一个项目记录存档清单，规定在项目每一个阶段，哪些工作记录需要收集、整理和保存，由谁提供，什么时候提供，文档记录格式和要求等，并告知相关项目成员，除了完成项目工作以外，向项目经理及时提供准确的工作记录也是一项非常重要的工作。其次，有些需要移交给客户的文件、记录，项目经理最好要求客户签收，同时一定要自己留好一份在手备案。作为一个称职的项目经理，一定要为项目做好并保存好记录，如因工作需要不能把这个项目做完，一定要做好文件记录的移交工作。只有阶段管理收尾提供的数据越真实、越准确，才能在项目最终收尾时客观评定项目的最终绩效，总结的经验教训才有借鉴的价值。

2 制定项目收尾阶段管理制度，以项目为中心及主管部门为指导推动收尾工作

项目收尾阶段，主要工作内容有未完工程项目施工、工程质量缺陷处理、工程竣工文件整理及验收、工程技术总结、劳务作业队清算、工程变更索赔、竣工结

算、财务核算、物资设备核销和转场等。

项目进入收尾阶段前,项目经理部要根据工程项目进展情况制定收尾工程责任分工,明确竣工资料、竣工结算、变更索赔、财务核算等工作的直接负责人,并报上级主管部门进行审核。上级单位相应主管部门负责对工程项目收尾阶段的工作进行对口指导和管理,并按工程项目承包合同和业主、接管使用单位的要求,督促项目部尽快完成项目移交内容。若调出收尾项目的相关人员,遇到收尾项目需要时,要能够及时返回处理相关业务。

项目满足终结条件时,由项目部向上级工程管理部门递交《工程项目管理终结审核表》,按程序向上级提请项目终结,撤销项目部,工程项目由收尾阶段转入质保修阶段。进入质保修阶段的项目,仍要明确质保修阶段的项目负责人,建立质保修阶段工程项目台账,制定回访计划,上级单位工程管理部门督促项目质量保修阶段的负责人组织完成工程回访和质量维护。

3 加强人力资源管理,合理配置现场人员

在项目收尾阶段,一方面,部分员工工作任务已经完成需要调整工作岗位;另一方面,部分员工仍然需要留在岗位上工作,打破了原有项目的组织结构。管理人员认为工程已经接近收尾,对员工疏于管理、工作安排不明确,甚至部分员工无具体工作任务,这样容易造成员工责权不明,人浮于事,此时下达的工作任务在员工之间就会形成相互推诿,甚至无人执行,对项目的整个施工进度、竣工资料的收集整理等都有一定程度的影响。因此,必须加强项目收尾阶段的人员管理,合理安排现场管理人员,做到责权明确,充分调动员工的积极性。对于调出人员,特别是主要人员,要进行详细的工作交接。根据现场施工、经营工作及竣工验收需要,项目部要对收尾阶段的人员需求做统一规划,提前布置,将需裁减人员及时移交人力资源部门进行统一协调,防止出现人浮于事,管理人员偏多、项目间接费偏高等现象。同时要加强劳动纪律,制定各项工作计划,对员工进行阶段性考核。对关键岗位人员,特别是二次经营和主要技术负责人要进行年终评估,必须保证人员的稳定和收入,确保工作的连续性。

4 认真梳理剩余工程量,发挥现有资源优势

在项目管理过程中,由于收尾项目遗留工作零碎、分散,管理者往往忽视项目的收尾阶段管理,认为剩余的工程量不大,对项目的施工组织生产不紧凑,人员管理松懈,对剩余的资源利用不合理,造成项目尾工周期长,经营效益流失。收尾项目比较好的做法是积极组织

相关人员定期和不定期对剩余工程进行检查、梳理,建立剩余项目管理动态台账,明确责任人,负责项目尾工管理。

对于收尾阶段,项目管理人员要认真核对该项目的施工图纸和施工过程中出现的变更设计。对未完工程量等进行统一梳理,编制收尾阶段的实施性施工组织设计,配置资源时要充分考虑项目的现有劳动力资源、闲置机械设备和剩余材料等因素,同时考虑业主对完工日期的总体要求,并全面组织交底。实施过程组织相关人员定期和不定期地对施工任务的完成情况进行检查,实行消项管理,防止施工过程中出现遗漏项目。避免出现发现一项、施工一项的现象,这样被动的施工局面,会造成人员窝工、机械设备闲置、材料浪费、劳务队伍反复进退场等问题。通过地毯式的排查,制定出的销项计划,是收尾阶段施工的主要依据,现场施工组织应根据销项计划制定相应的部署工作。现场施工根据销项计划有序展开,每日召开碰头会,对照销项计划逐一落实现场施工进度,仔细查找计划与实际差距,确定解决问题的方案。

5 做好成品保护,加快质量缺陷的维修

工程进入收尾施工过程中,对已完工的分部或分项工程,如不采取有效的措施进行保护,就会造成损伤,有些损伤难以恢复而成为永久性缺陷,从而严重影响工程质量。产品保护工作主要抓施工顺序和防护措施两个主要环节。按正确的施工流程组织施工,不颠倒工序,可防止后道工序损坏污染前道工序,可避免基础完工后再打洞挖槽安装管道,影响质量和进度。通过采取提前防护、包裹、覆盖和局部堵塞等防护措施,防止可能发生的损伤、污染、堵塞。此外还必须加强对成品保护工作的检查。

工程进入收尾阶段,需要安装、装修专业密切配合,其中,在整体工程系统调试后往往出现很多施工过程中遗留的收边、收口工作和质量缺陷。这些质量缺陷一般情况下,会影响工程正常使用功能和运行效果,同时这些质量缺陷的整改工作,影响面大、牵扯专业多、施工管理较为困难,是工程收尾阶段的重点工作。收尾阶段各专业施工相互交叉,特别是漏水处理、管道维修、线路维修、设备调试等工作管理不善会对已经完成的工程实体造成较大的破坏。收尾阶段每处施工,如果采取的成品保护措施不合理或各专业配合不到位,均有可能造成已施工成品受到破坏和污染,从而需要花费更长的时间、更大的代价处理这些成品被破坏的部位。

为减少对工程成品的破坏、加快质量缺陷处理速度,要合理安排各专业施工顺序,实行施工作业许可制度,每个专业施工完成后做到工完场清。收尾阶段成立装修专业维修小组,定期检查存在的质量缺陷,建立缺

陷台账，及时进行维修销项。

6　加强材料管理，防止经济效益流失

在工程项目收尾阶段，大量设备、工器具停用，如不能及时移交到新的工点，一方面会因停止使用造成闲置，另一方面也会由于留守人员有限，缺乏必要的保养和良好的保管使部分设备、工器具自然受损或遗失，造成项目成本增加。在项目后期项目材料管理部门要对剩余材料进行详细盘点，根据工程部门提供的剩余工程量编制进料计划，做到工完料净，减少材料的库存和浪费。施工收尾阶段施工方案的确定，要尽量考虑利用项目现有剩余材料，对剩余材料做到物尽其用。收尾项目施工的特点是点多面广，用料分散，而后期项目管理人员偏少，材料容易发生丢失，因此对现场材料要及时收集，统一入库，并建立入库登记手续，防止丢失。对于需退场的设备物资建立台账，由上级主管部门统一进行转场调拨；废旧物资处理要上报公司批准，实行公开招标制度，按企业规定程序进行相应的处理。

7　加强竣工资料收集和整理，加快项目收尾进度

竣工资料的收集和整理是项目收尾阶段一项主要的工作内容。由于在项目实施过程中，项目管理层重点放在施工进度、安全、质量等方面，对资料的收集和整理不重视；业主在实施过程中对资料整理的标准要求不明确；在收尾阶段人员调整时没有进行工作交接造成部分资料容易丢失；在收尾阶段员工管理松懈，员工工作主动性不强等多个方面原因会造成项目收尾阶段竣工资料的收集和整理工作难度大、时间延续长。因此，在项目的收尾阶段一定要重视竣工资料的收集和整理工作，缩短项目收尾时间，减少项目费用。

在项目的收尾阶段，要多与业主、档案局等相关单位沟通，明确竣工资料的具体要求。根据要求，建立项目竣工文件资料清单，结合项目的特点明确每个阶段所需要的资料、由谁提供、何时提供，明确文档格式和具体要求，并告知项目的相关人员。在项目人员调动时，根据资料清单要求，进行资料的移交，并做好相关记录工作，明确责任。对于竣工文件的资料收集和整理，要明确阶段性目标，制定奖惩措施，以增强员工的责任心。

8　加强完工结算工作，把握项目资金支付管理

项目收尾阶段更要重视工程结算工作，它是项目效益的组织部分。一是要重视与业主的结算，加强与业主、设计、监理的沟通，及时完成结算资料的收集和整理，根据整个项目的概预算情况及实际验工计价、成本费用开支情况进行对比分析，找出增加收入的切入点和关键点，做好工程项目的二次经营，为最后工程结算做好充分准备，从最终结算中获取较好的效益。二是在收尾阶段要重视与劳务队伍、设备租赁商的结算，技术、物资、现场管理部门要配合经营、财务部门，认真核查劳务队伍、租赁商的完成工程量、人工、台时数量，及时办理完工结算、理清项目部的外部账务，做好资金的支付，稳定好劳务队伍。特别是项目后期，质量缺陷种类多，产生原因也很多，不属于施工质量原因造成的修补、返工费用增加，工程量不便计量，这些需要与劳务作业队伍进行耐心的沟通，尽可能在原劳务合同条款基础上完成剩余部分工作量。确实需要增加费用时也尽可能分部位一次核算好工程量，按量结算，并在完工验收后进行计量。个别零星工作量，采用计日工完成时，要有生产安排人员、质量验收人员和经营管理人员三方签字确认，并做到计日工、日清月结，特别是经营管理人员要按照程序认真执行，把好最后的结算关。

9　加强合同变更和索赔管理，确保企业经济效益

建设项目前期主要是"干"，关注施工质量、安全、工期、资金的回收、资料的收集及与业主的协作关系等；后期主要是"算"，要整理好竣工资料，检查资料是否齐全，完善变更索赔资料，签字手续要完备，根据整个项目的概预算情况及实际验工计价、成本费用开支情况进行对比分析，找出增加收入的切入点和关键点，做好工程项目的二次经营，为最后工程结算做好充分准备，争取从结算中获得较好的效益。工程竣工后，要及时进行决算，以明确债权债务关系。项目后期的主要管理人员更要重视与业主单位的变更、结算和索赔工作。加强与业主的沟通，要把对工程实施过程非常熟悉又能与业主、设计、监理等相关单位和主管部门有效沟通的技术、经营核心人员留下，否则变更索赔工作很难开展。

10　结语

建设工程项目收尾阶段的管理，是项目经营是否成功的重要阶段。它不只是收尾阶段的内容，更是要与项目实施阶段一样均应纳入项目建设管理周期。尾工项目看似无聊、繁琐，只要从源头控制，以项目经营管理为中心，形成尾工经营管理制度，建立奖惩机制，明确责任，有序地完成收尾工作，一定会使项目经营成果颗粒归仓、实现项目效益的最大化。通过工程项目收尾，项目管理者在今后项目管理中应对之前出现的问题引以为

戒，借鉴经验，有效地做好项目的收尾工作，进一步提高建设工程项目管理水平。

参考文献

［1］ 吴涛，丛培经．建设工程项目管理实施手册［M］．2版．北京：中国建筑工业出版社，2006.

［2］ 蒲建明．建筑工程施工项目管理［M］．北京：机械工业出版社，2003.

［3］ 王斌，赵霞，梁鸿颉．工程项目管理［M］．北京：机械工业出版社，2013.

［4］ 郭志洪．加强收尾工程项目管理［J］．中国工程建设通讯，2008（9）：18.

［5］ 刘润谦．工程收尾阶段的项目管理［J］．陕西建筑，2012（2）：54－56.

［6］ 刘辛亥．浅析工程收尾阶段的项目管理［J］．城市建设理论研究：电子版，2012（16）.

河道信息化监测管理平台的设计与应用

张　辉　毛俊波/中国水利水电第十一工程局有限公司

王　伟/中国电建华东勘测设计研究院有限公司

【摘　要】 通过在河道建设水雨情监测、水质监测、视频监控、闸坝控制、广播和调度与应急指挥中心以及安全等系统，建立起集运行管理、防洪排涝、水生态与水环境监控、应急指挥与调度、数字化巡查与养护等功能于一体的信息化监测管理平台。全面提升河道在水安全、水环境、水生态等方面的日常调度、运行、管理、监督与应急指挥保障能力。

【关键词】 河道信息化监测　系统集成　智慧水务　综合管理平台

1　建设背景

近年来随着"智慧城市"的建设，各地都把"智慧城市"视为转变政府职能、提高服务管理水平、破解城市发展难题的重要手段。水务的信息化监测和智慧化管理无疑是"智慧城市"建设当中的重要一环，目前多个城市已经开展智慧水务建设项目。智慧水务将传统水利与现代信息化技术高度融合，利用现代传感技术对水利、水文、环保、气象等数据进行全面实时监测并分析。

河道信息化监测管理平台通过对水情、水质、闸坝等在线监测设备实时感知水系统的运行状态，通过数据采集仪、传输网络将数据传输至控制中心，并采用可视化的方式有机整合水务管理部门与供排水设施，基于实时感知数据进行处理。流域信息化监测管理总体设计紧紧围绕"监测立体化、决策科学化、管理协同化、服务主动化、控制自动化"的战略目标，坚持"民生优先、人水和谐"的治水理念，深入分析河道流域治理实际需求。本文以中国电建集团参与投资、建设的郑州市贾鲁河综合治理工程PPP项目为例，提出河道信息化监测管理平台建设总体框架，为以后类似河道综合治理项目提供借鉴与参考。

2　系统架构

2.1　管理平台架构

管理平台拟建立1个管理中心和5个分区管理中心。河道视频信息就近接入分区管理中心进行实时监控，闸坝控制信息通过专网上传至调度中心。水质监测、水位、流量监测等信息可通过专网网络或者无线方式直接上传至调度中心。在调度中心利用管理平台实现对数据的存储、备份以及计算分析。配置大屏显示与会商系统以及工作站，供值班人员日常监视管理。信息化监测管理平台总体架构见图1。

2.2　逻辑架构

整个信息化监测管理平台由采集层、网络层、数据层、支撑层、应用层和用户层组成，整体应用架构见图2。

其中采集层包括视频监控、水质监测、水位与流量监测以及闸坝自动化监控等数据采集与控制的设备；网络层包括光纤专网、水利专网、有线宽带、无线3G/4G网络；数据层包括从各监测站直接获取的实时数据、由人工录入的基础数据及空间数据等。支撑层为应用层提供支撑平台，应用层通过统一的业务服务，实现对水量水质监测、水量调度、基础地图访问等专题服务之间的相互调用；用户层面向运营单位、水务管理部门和社会公众，提供包括内部生产管理、Web门户、移动APP和微信公众号等不同的访问入口。

2.3　系统集成

河道信息化监测管理平台集成是运用计算机网络技术、通信技术将分布在各个现场站采集的信息以及外部单位的数据集成到调度中心，并实现各个业务系统之间的集成，实现业务互通和数据资源共享，打造一体化的信息化监测管理平台。

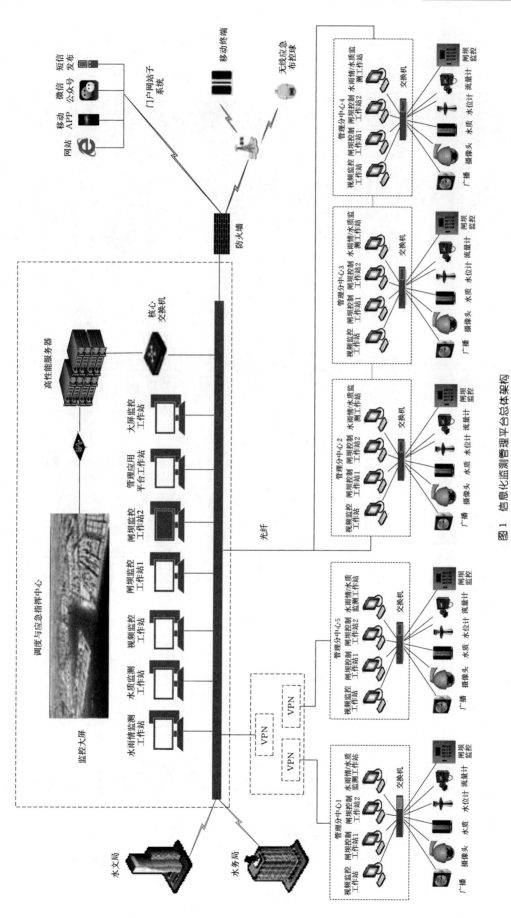

图 1　信息化监测管理平台总体架构

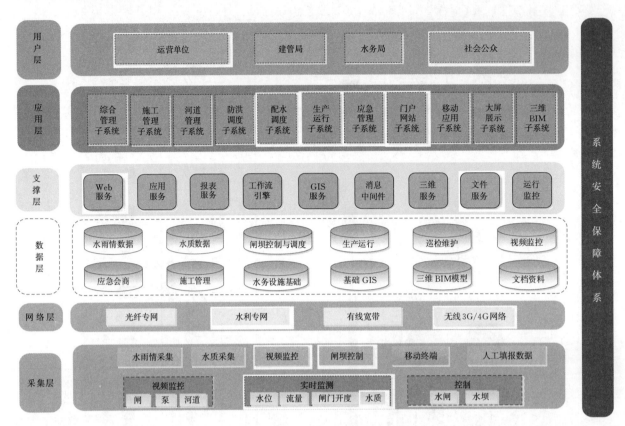

图2 信息化监测管理平台逻辑架构图

3 功能设计与实现

河道信息化监测管理平台主要建设内容包括水雨情监测系统、水质监测系统、视频监控系统、闸坝监控系统、公共广播系统、调度与应急指挥中心、管理应用平台、安全系统建设等内容。

3.1 水雨情监测系统

3.1.1 监测目标

水雨情监测主要对河道关键断面、关键位置的水位与流量进行监测，并实现监测数据的自动化采集、显示与远传，方便管理人员掌握河道实时运行状态，为运行调度提供基础数据。

3.1.2 布点原则

在拦水坝、涵闸上下游、人工开挖湖泊湿地等部位设置水位监测设备，在重要支流汇入口处布设流量计。

3.2 水质监测系统

3.2.1 监测目标

通过建设水质在线监测系统可实时监测重要站点的pH值、化学需氧量（COD）、悬浮物（SS）、总氮（TN）、氨氮（NH_3-N）、总磷（TP）等指标，分析各河道段面出水水质是否低于河道进水水质。系统能够自动、准确、及时地获得并传输水质数据，能对获得的监测数据进行分析和评价，提出分析、评价结果，为预防和及时发现污染事故提供辅助决策功能，见图3。

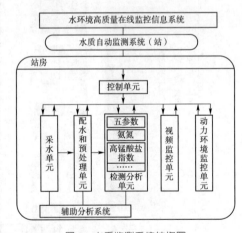

图3 水质监测系统结构图

3.2.2 监测内容

仪表分析单元由多参数分析仪、氨氮分析仪、高锰酸盐分析仪、总磷分析仪等组成，采水/配水/预处理单元将水样采集、处理后供各分析仪表使用；系统泵阀及辅助设备由PLC控制系统统一进行控制；各仪表数据经RS232/RS485接口由工控机进行统一数据采集和处理，视频动环数据通过各自设备主机进行数据采集，最后，所有系统数据通过有线或无线两种方式传输至调度中心。

3.2.3 布点原则

该项目在具体布设水质监测站点时参考以下原则：监测断面在总体和宏观上能反映水系或所在区域的水环境质量状况；根据流域规划和重点目标确定监测断面；在河道两侧的排水涵闸附近区域；在河道经过的湖泊区域；在干支流交汇处。

3.3 视频监控系统

3.3.1 监测任务

视频监控系统将对建设河段的涵闸、闸门启闭机房、拦水坝及闸门水位标尺、河道拐弯处、河道周界、河道重要断面、河道水质监测站以及湖泊湿地的情况进行全方位的监视和管理，使河道运行情况能够得到有效监控。

3.3.2 功能实现

视频监控系统建成后将实现监测点位远程图像传输、录像显示、远程控制、视频动态检测、视频智能分析、录像检索及回放等功能，通过在分区管理中心或指挥调度中心的实时监控可全方位掌握河道动态信息。

3.4 闸坝监控系统

3.4.1 控制目标

河道沿线闸坝较多，涉及范围广，为实现信息化监测管理站的要求，各闸坝先期建设现地控制系统，完成现地分散的自动化控制，然后通过自建光缆及电信运营商的公共电信网络将各闸坝、调度与应急指挥中心互联，形成专用的控制网络，完成调度与应急指挥中心以及各分区管理中心对各闸坝的集中控制与调度。

3.4.2 系统结构设计

闸坝监控网络上的每个节点设备均有自己特定的功能，实现功能的分布，保证某一设备故障只影响局部的功能，又便于今后功能的扩充。调度与应急指挥中心平台软件应采用 C/S 和 B/S 相结合构架，设置容错的 I/O 采集服务器、操作员工作站，I/O 采集服务器直接读取监控系统网络上所有现地控制设备现场采集的数据，保证数据采集的实时性和一致性，管控平台的业务应用均取自于该容错服务器的数据源，保证数据的一致性和唯一性。

系统按控制层次分成"中心集控""分区管理级""现地级"三级，各级之间相互闭锁。系统的经常运行模式采用"中心集控"模式，当通信网络异常时，采用"分区管理级"单站控制模式。"现地级"作为调试以及应急使用。

3.5 公共广播系统

3.5.1 建设目标

公共广播将对河道沿岸人员聚集区、闸坝等重要设备区域提供业务信息覆盖、突发事故的紧急广播功能。对危险情况发布警示信息，避免发生涉水等意外事故。

3.5.2 功能设计

河道公共广播服务区范围包括河道沿河两岸人员聚集区、易涉水区等区域，主要功能包括：公共广播、定时播放、分区控制、可视对讲、紧急呼叫、报警联动等，一旦调度与应急指挥中心接到紧急情况信号后，直接传给广播终端，触发广播系统立即切入紧急广播状态。

3.5.3 系统结构

公共广播系统主要由广播系统管理服务器、网络编码器、音源设备、相关系统接口组成。系统采用网络化架构，从调度与应急指挥中心、分区管理中心到其他各个解码终端均通过网络数字传输。

3.6 调度与应急指挥中心

3.6.1 建设任务

调度与应急指挥中心是整个信息化监测管理的核心，为工程建成后运营单位的日常监控、管理、调度以及应急会商提供基础，并通过网络实现与分区管理中心互联互通。调度与应急指挥中心建设包括大屏显示系统、会商系统、机房、应急指挥设备。

3.6.2 建设内容

大屏显示系统在视频信息监控、信息发布及处理中的直观性、灵活性、可扩充性、网络技术适用性等优势受到用户的肯定和重视。其中，用户控制系统中众多的子系统，包括视频监控子系统、视频会议子系统等专业系统，都将集中接入到控制室中并要求显示在大屏幕上指定区域，再分别由各个专业的人员独立控制该应用区域的内容显示。

会商中心通过视频会议系统与各分区管理中心、水利部门及事件现场进行双向音视频通信，实现视频会商和视频指挥。

应急指挥设备主要应用在抢险应急指挥现场，包括现场数据采集与摄像、通信传输、综合应用等功能。

3.7 管理应用平台

河道信息化监测管理应用平台是项目建设重点，主要由以下几个部分组成：综合管理、河道监测、防洪调度、配水调度、生产运维、污染源监测以及应急指挥，这几个系统所含信息可以根据不同用户提供不同访问权限。

3.8 安全系统建设

安全系统主要结合各业务系统、软硬件环境及通信网络，保障信息系统在网络环境的安全运行。其安全性主要从系统安全、网络安全、应用安全、管理安全等方面实现。根据信息安全三级等级保护要求，结合安全需求，将中心站划分为外联区、核心区、存储与服务器区、内网办公区和管理区，在不同区域边界处实施安全加固，根据对信息化监测管理平台网络架构，进行各安全区域的防护部署。

4 结语

郑州市贾鲁河综合治理工程河道信息化监测管理平台是落实智慧郑州、实施智慧水务流域统筹管理的重要管理平台，是建设贯彻科学发展观和可持续发展观，能整体提升河道水务管理自动化与智能化管理水平，实现河道流域信息资源共享与交互，使河道水务管理信息化建设在全国水利行业达到领先水平。

河道综合治理工程信息化监测管理平台，将有效提高河道水资源、水环境、水安全管理的科学化、现代化水平，对保障河道沿岸的水安全、水环境状况以及水资源的可持续利用和经济社会可持续发展有着重大意义；对建设生态文明城市、实现严格的水资源管理、缓解水资源供需矛盾、促进水资源有效利用、实现水资源优化配置具有重要意义。

参考文献

[1] 唐珊珊. 2020 年建成国家新型智慧城市标杆市 [N]. 深圳特区报，2016 - 9 - 29（A06）.
[2] 田雨，蒋云钟，杨明祥. 智慧水务建设的基础及发展战略研究 [J]. 中国水利，2014（20）：14 - 17.

城市轨道交通工程施工安全技术现状分析

王占超　夏华磊/中国水利水电第十一工程局有限公司

【摘　要】　本文针对地铁工程安全监管过程中的安全风险，对城市轨道交通工程技术的发展和现状进行阐述，分析国内外城市轨道交通工程施工安全技术方面存在的问题，总结轨道交通工程施工中存在的高风险和重大危险因素原因，探讨轨道交通工程建设中如何利用安全施工技术，预防、减少和避免城市轨道交通工程施工中的安全事故，为提升城市轨道交通工程施工安全管控水平提供参考。

【关键词】　城市轨道交通　施工安全技术　现状分析

1　引言

城市交通是保持城市活力最主要的基础设施，是城市生活的动脉，为城市经济发展起到重要的支撑作用。随着大量流动人口涌进城市，人员出行频繁，使郑州市交通面临严峻的挑战，城市道路普遍存在拥挤、车辆堵塞、交通秩序混乱的现象。郑州市作为国家级中心城市、中原城市群的核心，仅靠道路交通、拓宽马路、高架桥已远远不能缓解城市交通紧张的局面，发展多层次、立体化、智能化的交通体系，尤其是建设以轨道交通为骨干的公共交通网络，积极引入具有大、中客运流量的地铁、轻轨等轨道交通，以清洁能源电能为动力实现零排放，已是郑州交通发展的主要趋向，城市轨道交通工程就是在这一背景下产生并迅速发展。文章结合郑州市轨道交通工程建设，对城市轨道交通工程施工安全技术现状进行了分析和探讨。

轨道交通工程建设安全风险较高，随着国内外轨道交通投资建设爆发性增长，地铁工程事故频繁发生。典型案例：2003 年 7 月 1 日，上海地铁 4 号线事故，因大量水及流砂涌入，引起隧道部分结构损坏及周边地区地面沉降，造成三栋建筑物严重倾斜，防汛墙局部塌陷，防汛墙围堰管涌，事故直接经济损失约 1.5 亿元；2004 年 4 月 20 日，新加坡地铁基坑坍塌，造成 4 名工人死亡，3 人受伤，塌方吞下两台建筑起重机，形成了一个宽 150m、长 100m、深 30m 的塌陷区，使有 6 车道的 Nicoll 大道受到严重破坏而无法使用，事故造成地铁循环路线的工期拖延至 2010 年，同时车站改建到 100m 以外，造成巨大经济损失；2008 年 11 月 25 日，杭州地铁 1 号线土体滑坡，造成长 75m、深 15m 的路面塌陷，11 辆行驶中的汽车坠入坑内，坑外土体的崩塌导致基坑墙体失稳，支撑体系垮塌，大量泥水涌入基坑，造成 21 人死亡，4 人重伤，20 人轻伤，工地周边 4 座有倾倒危险的危房被迫拆除，周围 500m 范围内的居民被疏散转移，社会影响恶劣；2018 年 2 月 7 日，佛山地铁 2 号线坍塌事故；2018 年 7 月 31 日，郑州市轨道交通 5 号线工程（文化路—花园路区间）在施工过程中 16 人被困等，这些事故造成的负面社会效应和影响范围较为广泛。

2　现状分析的背景和意义

根据《郑州市城市轨道线网规划（修编）》，将郑州市的城市交通系统分为都市快线和市区普线两个层次，郑州市轨道布局为"1233"结构，即"一环、两纵、三射、三线"，加上郑开、郑州机场两条城际线，都市区内将有 11 条轨道线服务，共 390km。远景线网规划，又增加了 7 号、8 号两条市区普线和 11 号、13 号、16 号、17 号 4 条都市快线，以及延伸线 12 号线和 6 号线，中牟和荥阳增加了 14 号、15 号两条市区普线，总线路将达到 959.2km。郑州市轨道交通 1 号线、2 号线一期和城郊铁路一期等 3 条线路已开通运营，运营里程 93.6km。目前在建的有 3 号线一期工程、4 号线、5 号线达 120.7km，还有将近 79% 的轨道交通工程有待开发建设，鉴于轨道交通工程建设过程中易发生重大安全事故和社会影响较大事故，有必要对轨道交通工程建设安全技术状况进行分析和探讨。

3　国外城市轨道交通发展历史与现状

国外地铁起步较早，有 150 多年的历史。1843 年英国人 C·皮尔逊提出在英国修建地下铁道的建议，1860年英国伦敦开始修建世界上第一条铁路，采用明挖法施工，为单拱砖砌结构，1863 年 1 月 10 日建成通车，线路长约 6.4km，用蒸汽机车牵引。世界第一条地下铁路的诞生，为人口密集的大都市如何发展公共交通积累了宝贵的经验。特别是 1879 年电力驱动机车的研究成功，使地下客运环境和服务条件得到了空前的改善，地铁建设显示出强大的生命力。从此，世界上一些著名的大都市相继建造地下铁道。

自 1863 年伦敦建设世界第一条地下铁道以来，历经近 150 多年的发展，技术水平不断提高，伦敦地铁系统已成为当今世界上的先进技术范例之一，尤其是地铁实现了电气化以后，伦敦的地铁几乎每年都有新进展。

受伦敦成功建设地下铁道的影响，美国纽约也于 1867 年建成了第一条地铁，现在已发展成为世界上地铁线路最多、里程最长的一座城市。法国巴黎也是最早修建地铁的城市之一，但比英国晚 37 年，巴黎的地区快速地铁非常发达。第二次世界大战后，地铁建设蓬勃发展，至今全世界已经有 40 多个国家 80 多座城市建成地下铁道，还有 20 多个国家的 30 多个城市正在建设或筹建地下铁道。

4 国内城市轨道交通发展和建设情况

国内的城市轨道交通地下铁道工程始于 19 世纪中期，与国外有 100 年的差距，虽起步较晚但发展迅速。1965 年 7 月 1 日，北京第一条地下铁道开始建设，至 2008 年 8 月 8 日北京奥运会开幕，北京、上海的城市轨道运营里程分别达到了 200km 和 234km，我国的城市轨道交通建设经历了曲折的过程，目前正处在大发展、大建设时期。随着改革开放的逐步深入，社会和经济迅速发展，城市居民收入水平不断提高，居民出行次数逐年增加，我国城市交通需求剧增，导致道路交通供给能力严重不足，交通拥堵已成为城市社会经济发展的一个制约因素。从 20 世纪 90 年代开始，我国政府加大了对城市交通基础设施的投入，强调轨道交通对解决城市交通问题和引导城市发展的作用，城市轨道交通开始进入了能力扩张与质量提高并进的发展阶段。当前国内共有 36 个城市向国家主管部门报送了城市轨道交通建设发展规划，规划建设 96 条轨道交通线路，建设线路总长 2500 多 km，总投资超过 1 万亿元。在经济发达地区已进入"城市轨道交通网络化"的发展，同时已从"城市网"发展到"城际网"。

5 城市轨道交通工程施工安全技术现状

5.1 国外城市轨道交通地下工程施工技术现状

英国是最早使用盾构掘进的国家之一，1818 年，

MARC ISA MBARD BRUNEL 获得隧道盾构法施工的专利，并在 1825—1843 年间，首次使用盾构在伦敦的泰晤士河下修建了一条河底隧道，初步证明盾构法隧道施工的价值。1874 年，JAMES HENRY GREATHEAD 在伦敦地铁南线的隧道建设中采用了气压盾构法的施工工艺，并首创了在盾尾后面的衬砌外围环形空隙中压浆的施工方法，开发了用流体支撑开挖面的盾构。1896 年，HAAG 在柏林第一次申请了德国泥水式盾构法施工的专利，形成了现代泥水式盾构的雏形，推动了盾构施工技术的发展。到 20 世纪初，盾构施工法在英国、美国、俄罗斯、法国、日本等国开始推广。1974 年，日本独创性研制成功土压平衡盾构，同时德国 WAYSS & FREYTAG 也研制成功颇具特点的膨润土悬浮液支撑开挖面的泥水平衡盾构。之后，盾构技术得到了迅猛发展，已成功应用于地铁隧道等市政公用设施。盾构掘进机的发展一直与地下隧道工程施工技术密切相伴，而且，不同时期的盾构关键技术都被这个时期工业发达的少数几个国家所掌握，如 19 世纪的英国、德国和 20 世纪的德国、日本、美国、法国等国。盾构掘进技术是液压技术、机电控制技术、测控技术、计算机技术、材料技术等各类技术的综合体现。180 年来，盾构掘进技术一直随着这些相关技术的发展不断完善。现代高新技术的应用使得盾构掘进中的地面沉降控制、推进速度控制、测控导向、自动衬砌等变得越来越容易，已经基本不需要围岩稳定处理，在许多情况下盾构施工的综合施工成本比人工开挖施工低很多，而掘进速度要快得多。现已开发出超大断面盾构、多圆盾构、异型盾构、球体盾构等多种形式。对土压平衡技术也做了很多改进，气泡法和其他土质改性材料的开发使得土压平衡盾构的土质适用范围进一步拓宽，施工精度提高、成本降低。同时，盾构的自动化施工安全和劳动环境、劳动强度大大改善。然而，任何地层稳定处理方法即使能抑制对地层的影响，也很难满足城市环境对施工的各种要求，特别是关系到建筑安全的地面沉降问题，所以，国外已开始发展下一代盾构，即闭胸式盾构。

车站深基坑支护技术方面，国外许多国家除了采用传统的明挖法、暗挖法、盖挖法、盾构法、沉管法、冻结法及注浆法等开挖技术外，最新发展技术有以下几种：

（1）全过程机械化。从护坡、土方开挖、结构施工、包括暗挖法施工的拱架安装、喷射混凝土、泥浆配置和处理等工序的机械化，同时采用计算机技术进行监控，从而保证施工安全、快速施工和工程质量。

（2）预砌法施工技术。拱圈是在土方开挖后采用拼装机安装，管片上留有注浆孔，衬砌拼装完成后，由注浆孔向壁后注浆以填塞空隙，实现围岩与衬砌的共同作用，其中法国用此法施工的最大单拱跨度达 24.48m。

（3）预切槽法施工技术。意大利、法国等国制造了

一种地层预切槽机，采用链条沿拱圈将地层切割出一条宽 15cm，长 4~5m 的槽缝，然后向槽缝内喷射混凝土，并在其保护下开挖土方，做防水层及二次衬砌，形成隧道。

（4）顶管大管棚法。修建地铁车站时，在顶管内灌注混凝土，形成大管棚，再在其保护下进行暗挖施工。

（5）微气压暗挖法。就是在具有 1 个大气压以下的压缩空气环境下，按照"新奥法"原理进行施工。优点是可以排出地下水，保证工作面干燥；由于气压存在，可减少地面沉降，还可以降低衬砌成本。

（6）数字化掘进，又称计算机化掘进，应用于硬岩工程的开挖。在数字化掘进时，钻杆的推进是程序化的，从一个洞到另一个洞也是自动的。掘进机手可以同时管理 3 套钻杆，其作用是监督钻杆的运动，必要时予以调整。孔位、孔深和掘进序列预先已在掘进机的计算机软件中设定，掘进方向由激光束控制，保证了孔的精确定位，实现掘进工艺的最优化以及曲线隧道的掘进，做到了精准开挖，有效控制超挖。

5.2 国内城市轨道交通地下工程施工技术现状

我国在城市轨道交通地下工程施工方法主要还是采用传统的开挖方式，有盾构法、新奥法、浅埋暗挖法、顶管法、明挖法以及盖挖法。

（1）盾构法。盾构法施工研究起于 20 世纪 60 年代，上海隧道公司对上海的淤泥质土和粉土进行了试验，获得了地铁盾构隧道设计和施工经验，先后使用了敞胸手掘式盾构施工技术、干出土网格式盾构施工技术、水力出土网格式盾构施工技术以及土压平衡式盾构施工技术。上海地铁 1 号线是盾构施工技术的首次采用，为软土地区地铁施工积累了经验。盾构法施工还包括了管片结构和管片接缝的防水等技术。

（2）浅埋暗挖法。首次应用于北京地铁复兴门折返线。浅埋暗挖法包括了大跨度浅埋暗挖技术、小间距浅埋暗挖技术以及非开挖技术，施工断面复杂多变，通过对注浆和管棚辅助工法调整，以及对间隔土进行加固和保留，减轻隧道施工对周围建筑物的影响。

（3）明挖法。随着地下工程基坑工程规模的不断扩大，深基坑设计和施工水平都有了一定的进步和发展，我国的基坑工法对地层位移的潜力进行充分挖掘，在考虑时空效应的基础上解决深基坑变形和稳定问题，根据工程施工现场反应来确定设计参数，按照分块、分步、分层、平衡和对称原则来确定工程开挖和支撑顺序，控制基坑变形。主要的支护类型有土钉墙、深层搅拌水泥土围护墙、高压旋喷桩、钢板桩、钢筋混凝土板桩、钻孔灌注桩、SMW 工法和地下连续墙等。

（4）辅助工法施工技术。对岩土的加固包括人工冻结技术、管棚支护技术、旋喷桩技术以及地下连续墙施工技术等。盾构施工是一种防止变形、渗漏、塌陷的注浆技术，主要有同步注浆、盾构始发（到达）端头加固注浆、二次补浆、盾构停机换刀加固注浆、联络通道施工前加固注浆等。

5.3 国内外地下隧道工程施工技术的差距

（1）地层稳定和地面沉降控制技术。我国现有的平衡式盾构都是通过预先设定土仓内压力值以达到稳定地层的目的，在施工过程中根据地表沉降情况再进行调整，是一种"滞后式"的土压纠正。由于开挖面上土层的原始应力比较复杂，这种预先设定与滞后调整的结果会使机头处的地面隆起或塌陷，所以地层稳定和地表沉降控制的效果在很大程度上取决于施工人员的经验。国外的平衡式盾构，是在土仓内设置先进的土压传感器，配备实时反馈及调整的机、电、液与计算机控制系统，在通常情况下都能很好地保证地层的稳定。

（2）盾构机结构设计技术。我国目前研制的盾构掘进机都是单体形式，盾体是一个刚体，断面尺寸越大在运动方面限制也就越严格，给隧道的弯道设计和施工造成困难。另外，由于盾构断面全为单孔，所以即使建造距离很近的复线隧道，也必须分上行和下行两线进行独立施工，给地面设施拥挤的城市隧道的设计带来困难。国外盾构掘进机已出现可折曲的盾体和多体等形式，解决曲率半径小的弯道施工和复线隧道的一次施工等问题，在掘进过程中，还可做水平与竖向的灵活转动，形成空间相对位置多样的隧道。

（3）液压推进与导向技术。国内盾构所用土压探测与传感装置基本依赖进口，根据地表变形和运动轨迹进行实时反馈控制也基本没有应用。国外盾构施工通常在开挖面与盾构周边必要的位置布置各种监控点，采集盾构运行状态、土压和地层扰动等多种信号，这些信号和地表沉降信号一起输送给信号处理计算机，通过计算机分析这些数据后，发送液压系统控制信号，实现对盾构推进和导向的自动控制，基本实现无人化的精确操作。

（4）衬砌技术。目前国内盾构都是采用管片拼装系统将混凝土管片拼装成隧道衬砌，管片拼装系统由中心支撑回转机构、径向和水平移动液压缸等组成，虽然实现了管片移动的机械化，但是管片的对中、就位、拼装等基本还是靠人工作业，管片的拼装往往占用大量宝贵的掘进作业时间，直接影响施工进度和质量。目前欧洲和日本开始采用 ECL（挤压混凝土衬砌施工法）技术代替传统的管片衬砌系统，在施工成本和衬砌质量方面都取得了良好的效果，这项技术在国内还是空白。

（5）防水和同步注浆技术。我国现有的盾构施工隧道管片衬砌中，主要采用环向与纵向膨胀橡胶防水，与国外相比，还没采用土工防水布等技术。

同步注浆技术是控制地层变形、地面沉降的重要措施，其关键是随着盾构的推进及时充分地充填盾壳外径与衬砌管片外径之间的空隙。目前有两种同步注浆系统：单液注浆系统和双液注浆系统。单液注浆系统较为简单，但是浆液的性能要求高，很难配置合适的浆液。双液注浆系统由两套贮浆桶和注浆泵组成，在出口处二管交叉喷出盾尾，即时充填空隙并硬化，避免了单液注浆由于浆液凝结过快堵塞注浆系统导致充填不充分，或者凝结过慢又使隧道轴线变形和地面产生额外的沉降。

（6）车站深基坑开挖支护。我国还未掌握全过程机械化技术、预砌法施工技术、预切槽法施工技术、顶管大管棚法、微气压暗挖法、数字化掘进技术，需向国外学习和借鉴，以提高深基坑开挖技术的安全性、可靠性和精确性。

6 城市轨道交通工程安全技术领域的成果及其分布状况

6.1 城市轨道交通工程安全技术研究机构的分布

我国目前城市轨道交通工程安全技术研究的科研机构较少，主要有下面几家：

（1）盾构及掘进技术国家重点实验室。依托单位为中铁隧道集团有限公司，是 2010 年国家科技部批准建设的国家重点实验室，2012 年实验室通过科技部的工程验收。拥有"河南省盾构及掘进技术国际联合实验室"和"河南省地下工程技术与装备创新团队"。实验室核心体系由"三大研究方向十一个实验系统"构成，并同步构建了安全保卫系统、技术保密系统、教育培训系统和科研管理系统。

三大研究方向分别为"刀盘刀具技术、盾构施工控制、系统集成与控制"；十一个实验系统分别为刀具综合检测实验系统、岩机作用实验系统、岩石电液伺服实验系统、3D 测量实验系统、电液控制实验系统、盾构自动化集成实验系统、机械设计及数值运算实验系统、施工数据分析实验系统、盾构掘进全过程模态实验系统、虚拟现实技术实验系统、岩石成分分析实验系统。

（2）上海市隧道工程轨道交通设计研究院。具有隧道与地下工程、轨道交通等专业的甲级勘察、设计及甲级咨询资质。成立了中国科学院院士孙钧研究室、中国工程院院士刘建航研究室以及俞加康设计大师工作室，通过产、学、研相结合，在软土隧道综合技术、城市轨道交通总体技术以及主要专业领域的设计研究能力达到或接近国际先进水平。

（3）广州地铁设计研究院有限公司。成立于 1993 年 8 月，是广州市地下铁道总公司全资子公司，从事城市轨道交通、市政、建筑、环境工程、人防的规划、勘测、设计、研究、咨询等业务，是一家综合性的甲级设计研究院，是《地铁设计规范》《城市轨道交通隧道结构安全保护技术规范》《直线电机轨道交通设计规范》等多个国家标准的主编或参编单位。

6.2 城市轨道交通工程安全技术研究成果的分布

国内目前研究城市轨道交通工程安全施工技术的成果较少，主要文献如下：

（1）《城市轨道交通土建工程建设安全风险评估与控制》。由北京安捷工程咨询有限公司编著，反映了城市轨道交通风险管理实践的新成果，在深入研究风险管理体系、系统开展工程风险控制实践的基础上，总结了城市轨道交通建设全过程安全风险评估与控制的方法、手段和经验；针对勘察、环境调查、设计、施工等工程建设阶段，系统地介绍了风险评估和控制的方法及案例；探讨了如何搭建高效的信息化平台，以及先进的风险监控中心。

（2）《D-InSAR 技术在城市轨道交通变形监测领域的应用》。该技术成果由北京城建勘测设计院有限责任公司和北京市轨道交通建设管理有限公司刘运明等人合著，以北京地铁 6 号线沿线地面沉降的监测对比试验成果，探讨 D-InSAR 技术在城市轨道交通工程变形监测领域的工程化应用。

2018 年 4 月 6 日，在郑州举办的第二届中国（郑州）轨道交通产业国际峰会上，发布、交流的技术成果有：复杂环境条件下地铁建造新工艺与新工法、BIM 技术在轨道交通开发利用中的综合应用、地下工程施工防水、防渗、防浮新技术、超大直径盾构设计与施工关键技术、盾构 TBM 新产品新技术应用、盾构 TBM 技术的创新与发展、城市地下空间工程施工新技术（基坑技术、盾构技术、矿山法、新奥法技术、逆作法、托换技术）等。

7 结语

城市轨道交通施工对公共安全和环境产生的影响较大，包括施工过程中可能会引起的地表下沉，对地下管道产生影响，对地铁沿线毗邻建筑物产生影响，对已建成的地铁线路的影响，施工中可能发生机械事故或火灾，在河流地段可能发生坍塌、涌水、涌砂等风险。多数工程地处闹市区，一旦发生施工安全事故将产生深远的影响，因此，必须对城市轨道交通工程安全技术给予充分和高度的重视。有关政府部门、企事业单位和科研院校应当积极成立相关的研究机构，通过对地铁施工过程中新技术、新工艺、新材料、新设备以及安全技术难题的攻关和研究，加快地铁领域施工技术和安全技术的知识积累和成果转化，提高地铁施工的安全水平和技术创新能力。

地铁施工质量管理措施浅析

黄俊威　钟　凯/中国水利水电第十一工程局有限公司

【摘　要】　随着社会经济的不断发展，我国城市建设的不断加速，城市的人口每日剧增，随之而来的是城市交通的拥堵难题，越来越多的城市选择修建地铁来缓解城市交通压力，因此，地铁建设成为了城市规划发展的主要内容。地铁施工质量是保证地铁品质的重要因素。目前，我国地铁施工质量方面仍存在一些问题，文章就从地铁施工质量管理的实际工作出发，针对目前施工质量管理中存在的问题进行综合分析与探讨。

【关键词】　地铁车站　施工　质量管理　因素　对策　措施

随着时代的发展，我国各大城市逐步加快了城市交通建设，其中，地铁成为许多大城市缓解交通压力的首先项目，为人们的出行带来极大的便利。因此，地铁工程建设施工质量引起社会各界及市民的广泛重视，如何抓好地铁施工质量显得尤为重要。基于此，文章主要分析探讨地铁工程质量管理的问题，并对其进行有效的解决，为国内的地铁建设提供参考。

1　影响地铁工程施工质量因素

1.1　材料质量监督

施工材料的好坏直接决定着整个工程质量的高低。在进行地铁工程所需材料的选择时，专业人员要严格监督并控制所用的原材料、半成品以及特殊工程材料的质量，并且在订货之前要仔细对材料样品进行审查，以防止质量低劣的材料应用到工程建设中。工程监理要督促工程承包商加大对材料质量的监督力度，要使其明确所用材料的规范要求、数量以及供货时间等信息，并按照相应的规范标准对材料进行取样并检测，以提高工程材料的质量。

1.2　施工管理人员以及作业人员的监督管理

施工管理人员以及作业人员直接影响着地铁工程的质量。施工企业要对施工组织者以及作业者上岗前进行相应的管理培训，工程管理人员必须持有相应的专业证明才允许上岗，施工管理人员要对施工人员定期进行专业培训，要对施工技术人员进行技术交底，安排相应的专业考试。只有满足考试要求后方可上岗作业，不满足考试要求的不允许上岗作业。

1.3　施工组织方案的监督管理

在施工合同中，明确了施工组织的工作方案，具有指导性意义。施工方案是否合理直接影响到整个工程项目建设，一个良好的施工方案，不仅会提高地铁工程的质量、保证施工效率、也加快了施工进度以及降低了成本造价。反之，如果事先制定的施工方案不合理，将会拖延整体工程进度、影响到工程质量并且增加了企业的成本投入。相关部门在拟定施工组织方案时，要结合工程现实情况，综合分析，质量、安全、技术、效率、进度以及经济因素等缺一不可，施工组织方案要在监理单位审批完成之后进行专家的复批工作，做出相应的内容完善，保证方案的严密性。在工程施工过程中，要严格按照施工方案进行操作，严格禁止不按施工方案进行施工作业的不良现象发生。

2　采取有效对策解决地铁施工质量管理问题

2.1　建立和完善工程质量领导责任制

施工企业自身从管理人员到施工人员、从材料设备到工艺技术都要落实质量责任制，要进行层层把控、严格把关，工程监理要监察并督促项目承包商完善工程质量管理制度，并且将制度应用到现实施工中去，确保制度的有效性、监督性以及可操作性。奖罚分明，若在施工过程中，发现不遵守规章制度的施工管理者，要给予其停工警告，并进行处罚教育。

2.2　严格实行工程质量的目标责任制

强化地铁工程项目施工质量的目标责任制，是完成和达到施工合同指标、实现工程施工质量管理的根本保证。工程项目施工是一个庞大的系统工程，其中包含层层互相衔接的关系，必须按照一定的原则，把工程质量的总目标进行分解，通过研究确定每一个分部、分项工程的质量控制目标。严格按照各级质量目标进行管理，以实现各级质量管理目标，最终实现工程总体施工质量达标。

2.3 加强工程验收管理，坚决执行"三检"验收制度

地铁工程是一项整体性极高的工程项目，如果其关键部位和重要工序等出现质量问题，将直接影响到地铁整体工程质量，所以需要严格要求施工队伍按照验收规范标准进行施工操作，并且在细节施工完成后加大验收力度，事前按照规范标准逐一检查，只有这样对整个施工过程进行严格把关，才能将施工方案做到风险最小化、效率最高化、收益最大化。而且地铁工程细节较多，同时要做好细节验收的工作，这样一来既可以对整体地铁工程进行复查，又可以将施工中存在的问题及时弥补，为整体工程提供质量保障。地铁工程涉及的专业较多，同时也要加强不同专业和工种之间的相互配合，明确各自在整个工程中的具体责任，提高施工效率。

2.4 强化全过程的质量监督管理

质量监督管理不是某一环节要做的工作，而是贯彻于整个施工全过程。施工过程的质量把控要做到具体落实到施工过程中的任何环节，而且质量控制管理的方式和内容要随着施工进程的改变而进行相应调整。全过程指的是从施工方案的制订到最后工程验收，其中包括施工方案的拟订阶段、开工准备阶段、施工操作阶段、工程验收阶段以及工程保修阶段，都要严格按照国家地铁工程相应的法律法规、规范要求进行施工作业，不能为了追求利益和工期，而忽略了对地铁工程质量的管理，将监督责任明确到个人，明确奖罚制度，以便于提高工程质量监督管理水平。

2.5 加强新技术推广，提高施工水平

实行新技术、提高施工水平是保证施工质量的必要手段。施工企业应认真学习、积极采用先进的新技术、新工艺、新设备和新材料等，做到发展专业化、机械自动化、管理现代化，从而提高生产效率，保证工程质量。

3 施工质量管理的具体措施

3.1 强化质量管理体系

要抓好地铁工程的质量，就要建立完善的质量管

理体系。质量管理体系是为实现质量保证所必需的组织结构、程序、过程和资源。施工企业在开工前必须对工程质量形成的全过程及所有的质量活动进行系统的分析，并形成质量手册、作业指导书、报告、表格等。明确质量管理体系组成人员的职责，对难点进行专项施工组织设计。工程应实行项目经理负责制，工程责任要层层落实到人；在施工前应做好施工员、班组长的层层技术交底工作，并配备专职的质量检查人员。在每一道工序进行中，必须首先坚持自检、互检、交接检，然后再由专项质量检查员检查，在自检合格基础上，向监理申请验收，检验合格后方可进入下道工序施工。

3.2 加强施工质量的控制

（1）材料质量的控制。材料是工程实体的原料，施工材料质量的优劣与工程实体质量的优劣密切相关。用于工程的材料，必须符合设计要求和产品质量标准。因此，为保证优质工程，必须把好材料的三关，即采购关、检测关和使用关。采购关即项目所有材料必须严格按照设计要求选材，必须有符合规范要求的质保书。检测关即对进场材料除按规定进行必要的检测外，对质保书不全的产品，应进行分析、检测和鉴定使用关即凡不符合要求的材料决不能使用，凡发现有质量问题的材料应追踪到底，坚决不使用不符合质量要求的材料。

（2）施工质量的控制。抓好各施工阶段的施工质量控制，防患于未然。对施工企业的各施工阶段要定期检查评比，对存在的问题、注意事项等质监部门应以书面形式发至施工单位；对影响质量的关键问题或带普遍性问题，要坚持质量第一的原则；对虽未发生但根据预测可能发生的问题，要及时采取预防控制措施，避免事故的发生。

（3）施工环境的控制。施工环境因素对工程施工质量有着重要的影响。因此，应根据工程特点和具体条件，对影响施工质量的环境因素采取有效的措施并加以控制。对环境因素的控制与施工方法紧密相关，因此必须综合考虑，全面分析，才能达到有效控制目的。同时，要尽可能改善施工现场的环境和作业环境；加强对自然环境的保护；减少生产对环境造成的污染；健全施工现场管理制度，实现文明施工，从而达到对环境的监控，以保证工程施工质量。

4 结语

目前，随着地铁建设的快速壮大与发展，如何保证工程施工质量得到良好控制与实现，是现在建筑市场的一大难题。随着时代的发展，地铁是城市居民主要出行使用的公共交通，地铁工程质量的高低决定着其安全性

能的高低，直接影响到使用者的生命财产安全。所以，地铁在施工过程中，要加大对质量监督管理的力度，对其进行有效控制，将质量安全意识落实到每个施工人员心中，使其养成良好的施工作业习惯，然后在施工过程中，通过各种必要的途径和手段，进行全过程、全方位的质量控制管理。这样，才能保证工程质量管理目标的最终实现。

局部水系生态应急治理思路的探索

李丰现　宋龙飞/中国水利水电第十一工程局有限公司

【摘　要】　郑州金水河东区段局部水系来水少，造成河道水质黑臭差现象，通过治理方法的探索，为类似局部水系应急治理提供了思路和方法。本文通过对金水河治理工程，对清除淤泥、补水及水体自净化改善水质等系统工程进行总结，为类似工程提供参考。

【关键词】　局部水系　治理思路　实施方案

1　金水河局部现状

郑东新区是郑州市规划建设中的一个城市新区。郑东新区内河道属淮河流域，主要河流有贾鲁河干流及支流魏河、金水河、熊耳河、东风渠、潮河、七里河等；另有如意河、昆丽河两条景观运河。东区范围内金水河起点为中州大道，终点为东风渠口。金水河东区范围内中州大道桥以下至东风渠口长 2.07km，两岸为景观游园，河道防洪标准为 50 年一遇。河道断面为双复式断面形式：河槽底宽 40m，深 1.0m，边坡 1∶3，河底及边坡均采用浆砌石防护；主河槽两侧为滩地，单侧宽 27m，采用干砌石防护；河岸处直面浆砌石挡土墙，墙高 2.5～2.8m；墙后为 3.0m 宽马道，马道以上边坡为 1∶3，种植草皮花卉防护。金水河 JS13＋330 橡胶坝上游常水位 88.62m，橡胶坝以下至东风渠常水位 85.5m。

金水河主要水源有郑州市生态水系输水工程（郑西高铁附近分水口），引自黄河水，分水流量 0.7m³/s；五龙口污水处理厂（航海路附近）再生水，出水流量 0.5m³/s，两者合计最大流量 1.2m³/s。目前金水河在东区范围内存在如下问题：①来水少，水质差；②依靠上游来水重新蓄水耗时长，导致金水河中州大道至黄河路段河道干槽，影响河道生态及城市景观效果；③金水河雨天河道成为排涝通道，雨水将市政管网中沉积的污水污泥带出一同流入河道，造成雨后河道水体感官变差、水质下降的现象，下游水质变成黑臭水，影响周边居民生活，附近居民对此意见很大。

2　局部治理思路

针对金水河郑州东区段水质差、恶臭大的情况，必须加以改善。通过现场调查研究，发现造成河道水质恶臭差的原因是河道内淤泥较多，河道两侧雨污水未进行处理，汛期排至河道内淤泥杂物较多，而由于日常河道流动水少造成河道形成死水。为解决此段黑臭水体水质，提出了"断、清、引、补、改"的局部水体治理思路。"断"即由于日常金水河来水少，进行断流，形成河道基本干涸状态；"清"即在河道干涸状态下进行清理，将河道内淤泥杂物清理干净；"引"即寻找金水河上游引水源头，以保证河道水量充足，形成河水流动；"补"即由于上游引水工作不能马上完全解决，或者解决速度较慢，可以进行补充河道水源，实现日常水量较小时进行自动补偿水量；"改"即对河道进行改造，形成河道水体的自动净化和循环目的，达到有效改善水质，体现人水和谐。

3　治理实施方案

根据实地调查现状和局部河道治理思路，对金水河东区段进行治理。治理方案主要采用河道内治理和外部补水治理，同时进行施工。河道内治理：采取断流、清淤、改善水质自循环的生态治理；外部补水治理：取水质较好的东风渠水，通过实施管道引水至金水河 JS13＋330 橡胶坝上游侧，为其提供生态用水，改善水质环境，使区域水系的生态、景观功能得到充分发挥。

3.1　河道内治理方案

河道内治理，采用最新技术增强河湖水系的自净能力，通过对生物膜、曝气技术、水生植物的有机统一，强化生物膜处理，结合水生植物的净化能力，促进河道雨后复康。同时兼顾水景观的打造、改善附近居民的生活条件和人居环境。工程主要内容有：复合纤维浮动湿地工程设计；强化耦合生物膜工程设计；河道内景观挺水植物种植及种植池设计等。

3.1.1 复合纤维浮动湿地

复合纤维浮动湿地不同于生态浮岛、浮床，不可以生态浮岛、浮床代替。复合纤维浮动湿地载体材质具有高效生物填料功能，水质净化效率高且对水体无二次污染，不得使用聚苯乙烯发泡板、PVC板管、竹子、拼装式浮盘、浮分、浮盆及浮岩（火山石）等浮体材料与种植杯（层）构成的产品。

复合纤维浮动湿地载体材质与空隙率使植物根系能够穿透复合纤维湿地直达水体，并在载体内部横向及纵向植根，植物根系在水下穿透生长率达100%，复合纤维浮动湿地载体表面100%面积可使植物分根、落籽生长；复合纤维浮动湿地模块间采用贯穿式内部结构连接构建稳固，模块间不采用顶端、边缘相互捆绑或搭扣的方式连接固定，无需使用覆网、框架固定等方式保证强度不脱落不散架；复合纤维浮动湿地后期维护时，可在需要时定期进行修剪，春季缓苗期时在必要区域少量补种植物，除此之外，基本无需后期维护；工程施工及安装由专业厂家直接施工或进行指导，辅助施工，但所有浮动湿地单元应与边墙锚固。

3.1.2 强化耦合生物膜

EHBR膜组件（曝气膜生物反应器）通过无泡及微泡曝气给水体充氧，并提供生物膜载体培养微生物，利用微生物降解水体中的污染物质，修复水体生态；膜组件的布置方式是依据单个气源能满足的供气长度，河道地形、桥涵数量、护岸形式等来确定；膜组件安装通常为施工场地先制作膜组件支架，再把膜组件和连接管组装起来，最后把膜组件和支架连接固定好；使用吊车或使用人力把连接好的支架以及膜组件运往河道内，就位后沉入水底。

城市排洪河道需要考虑膜组件的抗冲能力。依靠膜组件支架的自重就可以使膜组件抗冲和抗浮；为了防止汛期雨季洪水冲击，需要通过在河底打入角铁固定膜组件支架。

供气系统采用低噪声沉水风机。金水河共布设3台沉水风机，2用1备，单机功率5.5kW，配电系统1套，装机功率11kW。

管道施工。各种管道均应落在稳定的基础上，不允许埋在虚土上。如遇土质较差时，采用砾石或块石加固，塑料管宜设厚度为100～150mm砂垫层，垫层宽度不应小于管外径的2.5倍，其坡度应与管道坡度相同，管沟回填土应采用细土回填至管顶以上200mm，压实后再回填至设计标高。

工艺管道主要采用PE管和PVC管，或以镀锌钢管，镀锌钢管采用焊接方式连接。除特殊情况外，鼓风机出口至主管范围内采用铜管；主管道采用PE管，钢管与PE管接口处用法兰连接。主供气管道自风机接出

后，沿堤岸铺设，利用管卡固定在堤岸上，管卡间距1m。管道防腐，主供气管水面以下部分采用防晒银粉漆涂刷。

河道生物功能菌选择HZHB10-1型，采用船只河面均匀抛洒。治理期间生物菌拟投入浓度300kg/亩，为补充部分EPSB工程菌流失，加强优势菌数量，后期按照治理50%的量补投1次（150kg/亩）。

3.1.3 河道内景观挺水植物种植

水生植物质量应符合质量标准和设计要求，选择根、茎发育良好，壮且无病虫害的植株。起苗时根部要适当保留一些胎泥，同时保障胎泥范围内的根在运输过程中不受损伤，如此才能有效保障后期苗木恢复生长，尤其处于爆芽期的水生植物，起苗时更需注意。装运、卸苗的各环节均应保护好植株，要轻拿、轻放。长途运输时应特别注意保持植物根部湿润，一般可采取沾泥浆、喷保湿剂的措施；水生植物的茎叶应避免风吹和强日晒，用苫布遮盖为宜。卸车时应按顺序进行，及时挺水植物的根系、沉水植物及浮叶植物的整个植株浸泡在水中。

大多数水生植物都需要充足的日照，尤其是生长期，即每年4—10月之间，如阳光照射不足，会发生徒长，叶小而薄、不开花等现象。水生植物不须基肥，追肥则以化学肥料代替有机肥，以避免污染水质，用量较一般植物稀薄10倍。

种植时间一般选择在蒸腾量小和有利根系及时恢复的时期进行种植，一般以3—5月为宜。选择当日气温较低或小阴雨天进行移植，一般晴天可以17：00以后移植。

3.2 河道外部补水治理方案

供水管线工程起点位于东风渠9＋840橡胶坝上游63m右岸（DF9＋790），设一体化泵站，终点为金水河JS13＋330橡胶坝上游20m左岸（JS13＋300），供水线路总长约1585.8m；设计流量0.34m³/s。工程主要内容为：引水口1处；一体式泵站1座，位于工程起点；铺设DN600球墨铸铁管（DIP管K9级）1586m；进口检修阀井1座，控制阀井2座，空气阀井2座；出口溢流池1座，位于工程末端，马道铺装1.01万m²。

3.2.1 提水工程设计

3.2.1.1 进水口

在东风渠河槽边坡处设八字引水口1处，长7.4m，进口宽5.0m、末端收缩为3.0m；采用C25素混凝土结构，断面为重力式挡土墙形式，墙净高由0.5m渐变为2.5m，与东风渠现有边坡衔接，墙顶宽0.5m。

采用单根DN1000钢管引水，管底高程85.01m，引水水位86.81m，管道长约20m，进口位置设尺寸1.2m×1.2m拦污栅。进水管挡墙采用C25钢筋混凝土结构，悬臂式挡土墙形式，长3.0m，墙高2.97m，底

板长 2.5m。

3.2.1.2　一体化泵站

引水口之后设置地埋式一体化泵站成品 1 座，由筒体、进水管路、格栅系统、水泵系统、出水管路、阀门系统、通风系统、控制系统等组成，总体设计流量 $0.34m^3/s$。

3.2.2　输水工程

3.2.2.1　管线选择

供水管线工程起点位于东风渠 9＋840 橡胶坝上游右岸，终点为金水河 JS13＋330 橡胶坝上游，供水管道布置于金水河左岸马道下部，线路总长约 1.6km，其中东风渠布线 150m，金水河布线 1450m。

3.2.2.2　管材管径选择

工程为压力输水，选择采用管道进行输水。由于马道空间有限（1.2～3.0m），为了不大范围毁坏现有绿植、节点及施工安全考虑，设计供水采用小管径，因而金属管材具有优势，采用投资经济的球墨铸铁管，管道管径按下式计算：

$$D = 1.13 \sqrt{Q/V_{径}}$$

式中　　D——经济管径，m，经计算为 0.6m；

　　　　Q——通过管径的多年平均流量，m^3/s，$Q=0.34m^3/s$；

　　　　$V_{径}$——经济流速，m/s，$V=1.2m/s$。

因此通过计算采用 $DN600$ 球墨铸铁管（DIP 管 K9 级）。

3.2.2.3　管线纵向设计

通过对管道防冻、抗浮及动荷载分析计算，在同类型管道中，管道的防冻和抗浮对管道的覆土厚度影响很小，而地面车辆荷载对管道覆土厚度起控制性作用，本次管线布置于马道之下，上部仅为人群荷载，管道覆盖层厚度按 0.7m 控制。

3.2.2.4　管线横断面设计

根据《给排水管道工程施工及验收规范》（GB 50268—2008），计算沿线沟槽开挖底宽。管槽底宽 1.22m，深 1.2～21.67m，边坡 1：0.4。管道采用球墨铸铁管，采用胶圈柔性接口，基础采用粗砂垫层，管底砂垫层厚度为 12cm，砂基为 180°包角。

3.2.2.5　管道内压

根据管道纵断面设计，供水管道最大运行压力约为 0.102MPa，停泵水锤压力值 H_{max} 取几何扬程的 1.25 倍，水泵设计扬程为 10m，即 $H_{max} = 1.25H_0 = 1.25 \times 0.1 = 0.125MPa$。根据计算结果，输水工程采取在管道隆起部位设置空气阀进行压力调节。

3.2.2.6　管道附属工程设计

在管道起始端及末端出口，共 2 处布置控制阀，当管路出现故障时，以便关闭进行检修。正常运行或检修后排出管内的空气，在产生水锤时可自动进入空气，以免管内形成负压。

4　结语

局部河道因来水量较少，造成河道水流流速较小，加之雨污水管通入河道，造成河道自净能力不强，形成黑臭水体，影响景观效果。处理黑臭大多采用清淤、临时堵污水等办法，容易形成反复情况，达不到根治目的。郑州市郑东新区金水河局部水系采用补水和提高水质自净能力治理思路的方案，达到了改善河道黑臭水体现象的目的，也达到了改善水质的目的，为城市内河内沟治理提供了一定的借鉴思路和方法。

生态水利在贾鲁河综合治理工程中的应用

阮文静/中国水利水电第十一工程局有限公司

【摘　要】　自古至今，水利治理都是一个国家的头等大事。传统的水利工程以水利开发为首要目标，多是以控制水流来满足人们对防洪、发电、供水、灌溉等需求。由于人口和工业的增长发展，造成了水体污染严重、水资源供需矛盾、水土流失等一系列的问题，严重制约社会的发展。在设计建造水利工程的时候，考虑将原有的健全的生态环境与水利工程进行有机的结合，在维护生态环境的基础上，对水利资源进行科学的利用。文章以郑州市贾鲁河综合治理工程为例，落实综合性、协调性、自然性和经济性等生态水利理念在城市河道治理工程中的应用，其研究结果可为其他类似工程提供参考与借鉴。

【关键词】　水利治理　水体污染　水土流失　生态环境　水利资源

1　引言

随着社会主义现代化建设的不断推进，城市河道治理成为摆在面前的一个突出问题，过去传统的水利工程为了控制水流，破坏了其经过千百万年自然形成的原有生态环境，使其自净能力大大降低。而且由于人口和工业的增长发展，造成了水体污染严重、水资源供需矛盾、水土流失等一系列的问题，严重制约社会的发展，因此，传统的只注重功能补强和污染治理的单一治理理念已不能满足发展需求。在贾鲁河综合治理工程中，引入生态水利的概念，有利于加强水体的自净效果，达到改善污染净化环境的效果。

2　工程概况

2.1　地理情况

贾鲁河又名小黄河，是淮河支流沙颍河的主要支流，是河南省中部地区的一条骨干排水河道，也是郑州市的主要排水河道，全长 256km，流域面积 5896m²。贾鲁河流域位于华北淮地台之黄淮海坳陷西南部，新构造分区属豫皖隆起一坳陷区，主体构造线的方向为北西向或近东西向。场区断裂构造主要有：尖岗断裂、郑州—开封断裂、老鸦陈断裂及须水断裂带等。

2.2　治理背景

贾鲁河河道现状：贾鲁河尖岗水库至中原路段，河道没有划边定界，缺乏统一管理，沿岸居民及工农业产区随意倾倒垃圾、排放污水、部分村民在河道中种植经济作物及河道内有各种建筑物违建，严重阻碍河道行洪。其中尖岗水库至南水北调段侵占河道现象尤为严重，由于现状河道基流较小，河道过水断面两侧大部分被侵占，一旦遭遇较大洪水或者尖岗水库放闸泄水，就会给当地部分村民造成损失，发生经济纠纷。如不尽快实现正规化管理，河道污染及非法侵占河道断面的现象就得不到根本解决。沿河建筑物现状有桥梁、排水涵洞等。原建跨河桥梁大多数为漫水桥，严重阻水；现状排水涵洞均为沿岸村民自行修建，阻水严重，破损严重。

为建设美丽河南、美丽郑州、提高郑州市城区防洪能力，改善河道水质，提升郑州市文化旅游产业及投资环境，实现郑州航空经济综合实验区建设、中原经济区中心城市等战略目标，对贾鲁河进行综合治理是十分必要和迫切的。

3　生态水利在河道治理中的重要性

3.1　生态水利

生态水利是把人和水体作为整个生态系统的要素来考虑，照顾到人和自然对水利的共同需求，通过建立有利于促进生态水利工程规划、设计、施工和维护的运作机制，达到水生态系统改善优化、人与自然和谐、水资源可持续利用、社会可持续发展的目的。

我国早在 20 世纪初就提出了生态水利的概念，在设计建造水利工程的时候，就考虑将原有的健全的生态环境与水利工程进行有机地结合，在维护生态环境的基础上，对水利资源进行科学的利用。生态水利工程依据的不仅仅是传统的水工技术，更多的是将生态学、生态经济学与水工技术有机地结合在一起，从而实现生态水利这一目标。

3.2 贾鲁河治理中生态水利应用的重要性

河道治理是我国最传统的水利工程之一，是一个古老而活跃的领域。贾鲁河作为流经郑州市的一条城市内河，其治理的好坏直接关乎郑州市的发展。因此，利用传统手段治理贾鲁河就远远不够，必须在综合治理中引入了生态水利的概念。

贾鲁河从传统的水利工程分类来看，是排涝河道的一种，其主要目的是为了将郑州市的洪水和雨水排入淮河。随着城市的日渐发展和人民群众环保意识的提高，贾鲁河的功能也不仅仅局限为防洪减灾，更多的是要维护流域的生态环境提升周围的自然景观，并将沿河修建城市景观与城市和谐地融为一体。根据生态亲水设计与功能结构设计并重的设计理念，打造出一条多功能的、体现以人为本的现代城市内流河。

4 生态水利在贾鲁河综合治理中的应用

4.1 贾鲁河综合治理的基本发展观和原则

对于贾鲁河综合治理工程而言，生态水利的理念贯穿于整个工程的始终，只有全面地理解生态水利的基本发展观与原则，才能正确地运用并取得满意的结果。

4.1.1 人与自然相协调的发展观

传统水利向现代水利转变的关键之处就是人与自然相互协调的科学观。在人类终于有能力防止洪水的灾害后，我们现阶段应该想的问题就是如何在防治水害的同时，利用好水利资源，如何做好非工程措施与工程措施相接的问题。经过千百万年进化演变的河道孕育了人类文明，在人类的能力不断增强的同时，我们更希望河道能够按照我们的意愿来进行改造，但事与愿违，势必会破坏几千年形成的生态平衡。在当下我们有能力保持生态平衡的同时，实现我们改造河道的诉求，这就是保持人类可持续发展的必经之路。

4.1.2 开发利用与保护相协调的资源观

在工程措施方面必须认识到，水利工程不仅在防洪、供水等方面作用巨大，在改善水环境、修复生态系统方面同样大有可为，水生态系统的改善对流域范围内经济社会的可持续发展起重要保障作用。生态环境建设已经成为水利工程的重要内容，以水利工程建设带动水生态的改善可谓一举多得。水作为一种有限的、不可或缺的资源，兼有自然和社会的属性。若保护措施不当就会出现"看着水没水吃"的尴尬局面。

4.1.3 空间异质性原则

在应用生态水利理念时，要遵守空间异质性原则。空间异质性是指生态学过程和格局在空间分布上的不均匀性及其复杂性，具体则指要提升河道的生态多样性，为河道内物种的生存营造一个良好的环境，只有各种生态物种所处的自然环境能够始终维持稳定，才能真正发挥城市河道的生态水利功能。但在过去很长一段时间内，因为过于追求经济增长数字的缘故，造成很多企业因追求短期的经济效益而对周边的河道环境造成了严重污染，进而造成河道的生态系统平衡被严重打破，给河道的治理工作增加了难度。另外，因为人们过多地干预城市河道的周边环境，使得其从原本的多样性向着单一性发展，这也进一步造成了物种的多样性的降低。鉴于以上种种问题，要求在具体治理过程中，必须遵循空间异质性原则，在全力加强保护河道环境的情况下，尽最大努力恢复生物的多样性。

4.1.4 整体性原则

大规模景观的恢复是困难的，但一旦恢复，效益是非常重大的。同时，由于河流系统中各种生物元素的存在，必须形成一个相互关联的有机整体，并在不同物种之间形成良好的相互作用机制。鉴于此，河道整治必须避免盲目性，只有保持河流生态系统的完整性和综合性，才能使其控制和保护措施长期有效。

4.2 贾鲁河综合治理的生态设计

传统的治河方法是为了控制水流，将水从生态系统中分离出来，并将其置于一个由人类设定的特殊、规则的形状空间中，利用混凝土等人工材料创造一种人工水环境，必然造成沿河生态资源的破坏。事实上，在以往一些已整治的河流中，可以看到水体与生物群落分离，自净能力降低，河水黑臭。这样的河道即使河岸上人造景观再漂亮，也难以让人亲近，因为它丧失了河流应有的生生不息的生命力。因此，生态设计就成为了河道治理中的重中之重。

4.2.1 河道两侧植被设计

陆上植物造景和配置需要根据一定设计规律将植物栽植到一起，构成多种立体景观。本工程中主要造景植物包括多种乔木、灌木和草本植物。绿化设计过程中，采用大片草地作底，高大乔木作为主景，中间掺有少量的灌木或花卉，根据当地的环境和城市特色选择合适的品种移栽，因地制宜，就地取材。

工程遵循以人为本的设计原则，考虑到河道两侧均为城市发展地带，居民区和商业大厦林立，人流量较大，所以绿化需要满足人们需求，在设计中要体现人文关怀。漫步河道，犹如置身于一条美丽的绿色长廊，高大的树木隔绝城市喧嚣，给人们提供一个放松心情的绝佳之地。最后，河道两岸的植物布景结合其季节性变化特点，充分考虑环境、时间等因素，充分考虑疏密关系和空间层次，兼顾植物生长速度，合理搭配，不仅可体现季节性变化，而且能避免因季节变化导致景观单调。从而达到"时移景异、步移景变"的效果，增加艺术感和观赏性，保证美学和生态学平衡。

4.2.2 河道水生植物设计

水生植物的配置需要遵循实用和美观的原则。贾鲁河综合治理工程设计方案为在河底配置沉水植物，例如北方常见的黑藻、金鱼藻等。在Ⅰ区微弯段河道紧邻生态框侧种植挺水植物，例如蒲草、芦苇等。这些挺水植物与生态框顶部种植的陆生草本相互呼应，形成一幅和谐的生态画卷。沿湖心岛一周可间隔种植菖蒲草和水葱等，在人行栈桥沿线种植荷花，人们可以在桥上或者亲水平台上，感受立体而又丰富的生态美景。

4.2.3 构建贾鲁河生态网络

河流与周边生态环境有着密切的联系，周围的生态环境也将直接影响到河流治理的效果。所以，河道周边的生态环境的建设、修复以及改善也就成为了工程中的重要一环。此外，贾鲁河综合治理工程并不单单是一个建筑工程，还包含了后期运营维护管理的部分，通过架设传感器以及监控摄像头收集资料，并汇入编辑而成的终端进行管理，形成一套完备的贾鲁河生态运用网络。通过这套网络可以实现水位水质的实时监控，从而控制各级闸门以及污水处理站的运营情况，已达到控制水体的目标。确保在整个工程的全寿命周期中，可以及时发现问题解决问题，为贾鲁河的生态系统的稳定提供有力的保障。

5 结语

经过一年多的建设，贾鲁河综合治理工程已初见成效。依照生态水利的建造理念，贾鲁河的水域面积大为增加，水质情况改善状况明显，河道两侧的绿化水平优于同类型河流，生态环境明显得到改善。经过生态综合治理后的贾鲁河最窄处不低于 90m，最宽处超过 350m，总占地面积达 24.62km²。其中：水面面积达 7.92km²，绿化面积达 16.7km²，市区段防洪标准将提高到 100 年一遇，其他河段防洪标准将提高到 50 年一遇，水质保持在Ⅳ类以上，基本达到治理的目标。

参考文献

［1］ 史习庆．河道治理的生态水利模式研究［J］.黑龙江科技信息，2009（32）：167.

［2］ 李铁峰，王莹莹，邢丽英．河道治理的生态水利基础及模式［J］.科技资讯，2009（9）：118.

工程工法文本编写浅见

吕 磊/中国水利水电第十一工程局有限公司

【摘 要】 一些企业对工法的编写不清晰，编写中存在不规范、文本格式不完全符合要求、选题不当、命题不准、工艺原理笼统等问题。本文对工程工法文本编写中存在的问题和注意事项进行归纳、总结、分析、研究，提出了工法编写中的关键环节和内容，可供企业工法文本编制人员借鉴与参考。

【关键词】 工法编写 存在问题 分析研究 编写要求

工法是企业自主知识产权的重要组成部分，是企业技术水平、施工能力和科学管理水平的集中反映，是企业核心竞争能力的最关键部分。近年来，随着技术水平创新对企业的市场占有率和效益贡献率的作用越来越大，特别是当企业的生产能力与其经营规模的扩张难以匹配时，企业开始逐步认识到技术创新和人才资源的作用，工法的开发与应用，可大力推进企业不断提高自身的科学管理和技术创新水平。

1 工法综述

工法与我国传统的施工工艺有质的不同，使用工法取得了优质的质量，其工期大大提前并取得了良好的效益。因此，一个完整的工法，在编制时要求内容齐全和系统完整。主要内容包括：前言、工法特点、适用范围、工艺原理、施工工艺流程及操作要点、材料与设备、质量控制、安全措施、环保措施、效益分析和应用实例11项编写内容。

1.1 前言

简述工法概况、形成原因和形成过程。其形成过程要求说明研究开发单位、关键技术的成熟性与可靠性、鉴定结果、工法应用及有关获奖情况。

1.2 工法特点

工法是用系统工程原理和方法总结出来的施工经验，具有较强的系统性、科学性和应用性。因此，工法在使用功能或施工方法上的特点，与传统的施工方法比较，在工期、质量、安全、造价等技术经济效能等方面的先进性和新颖性。

1.3 适用范围

工法针对不同的设计要求、不同的工期、质量、节能、环保、造价等要求，以及不同的施工环境条件等，适宜采用该工法的工程对象或工程部位，某些工法还应规定最佳的技术经济条件。

1.4 工艺原理

阐述工法工艺核心部分（关键技术）应用的基本原理，并着重说明支持其核心工艺的理论基础。

1.5 施工工艺流程及操作要点

（1）工艺流程和操作要点是工法的重要内容。应该按照工艺发生的顺序或者事物发展的客观规律来编写工艺流程，并在操作要点中分别加以描述。对于使用文字不容易表达清楚的内容，要附以必要的图表。

（2）工艺流程要重点讲清基本工艺过程，并讲清工序间的衔接和相互之间的关系以及关键所在。工艺流程最好采用流程图来描述。对于构件、材料或机具使用上的差异而引起的流程变化，应当说明清楚。

1.6 材料与设备

工法中所使用的材料与设备，最好以表格形式说明工法所使用的主要材料名称、规格、主要技术指标；以及主要施工机具、仪器、仪表等的名称、型号、性能、能耗和数量。对新型材料、新设备还应提供相应的检验检测方法。

1.7 质量控制

工法的质量控制，必须遵守执行的国家、地方（行业）标准、规范名称和检测方法，并指出工法在现行标准、规范中未规定的质量要求，以及达到工程质量目标所采取的技术措施和管理方法。

1.8 安全措施

工法实施过程中，根据国家、地方（行业）有关安全的法规，采取安全措施和安全预警事项。

1.9 环保措施

工法环保措施形成过程，要按照国家和地方（行业）的有关环境保护法规中所要求的环保指标执行，以及必要的环保监测、环保措施和在文明施工中应注意的事项。

1.10 效益分析

工法的效益分析，要从工程实际效果（消耗的物料、工时、造价等）以及文明施工等方面，综合分析应用本工法所产生的经济、环保、节能和社会效益（可与国内外类似施工方法的主要技术指标进行分析对比）。

1.11 应用实例

工法的应用实例，要阐述工程项目名称、地点、结构形式、开竣工日期、实物工作量、应用效果及存在的问题等，并能证明该工法的先进性和实用性。一项成熟的工法，一般应有两个（含）以上工程实例（已成为成熟的先进工法，因特殊情况未能及时推广的可适当放宽）；对工法中的专利技术或诀窍技术属保密的，编写时可说明其代号和作简要描述。编写的工法，层次要分明，数据要可靠，用词用句应准确、规范，附图要清晰。其深度应满足指导项目施工与管理的需要。

2 工法选题

（1）总结工程中有实用价值、有规律性的工艺技术。

（2）在原有的工法发展起来的新技术。

（3）四新技术形成的工艺方法。

（4）专利、发明的总结。

（5）切忌选题重复（通过网络、杂志、书籍查证）。

（6）题目宜定在"点"，不宜定在"面"。

（7）题目应以工艺为主题，切忌以项目名称为主题。

（8）题目步骤，抓住核心工艺特征和最适用的工程对象，进行工程重点、难点分析，针对关键技术，查找排除类似工法，按照预计目标进行筹划（科技查新、关键技术鉴定、评估等）。

3 工法编制当中存在的问题及注意事项

（1）题目表达不确切或不恰当。经常存在工法的题目大、内容小或与内容对应不恰当的问题。

（2）篇幅过长。工法有规定的格式和内容要求，篇幅一般不能太长。工法太长主要存在两方面问题：一是重复太多，最常见的是"前言"和"工程实例"以及施工工艺的多处重复。"前言"中描述工程情况，是作为工法形成的环境或客观条件，只写与工法形成有关的内容就够了；"工程实例"是作为工法使用效果的例证。介绍时可以详细些，但"前言"中已叙述过的部分，就无需再重复了。二是语言要精练，叙述解释性语言较多，专业术语较少，推敲不够。

（3）工法的写作应严谨和准确。在工法文本中发现有些文稿在陈述问题时不够严谨，出现前后矛盾，不能自圆其说。而且在"准确"这一点上问题也较多，如文、图、表不对应，数据前后不一致，计算式出现错误等，文稿中又不注明计算依据和计算式的出处等，这是工法编写之大忌。因此，工法是实用性极强的科技论文，要求其编写更严谨、更准确，编写者应采用精练的语言、准确的数据、专业的术语，介绍开发的理由、目的、过程、核心内容、关键技术及工法需要解决的问题等，语言力求精练、前后呼应、语句完整。

（4）前言部分应更重视。前言与科技论文的内容提要有些类似，其目的是向读者交待工法的来龙去脉，作用是引起读者的注意，使读者对工法事先有一个大体的了解，做到言简意赅。前言写得好会使读者产生继续阅读的兴趣。因此，前言除简述科研成果或新技术的概况和工法形成的过程、研究课题概况外，说明工法解决的问题、开发工法的意义和作用也很重要。

（5）常见问题与错误。前言冗长不精练、工法特点写成产品特点、适用范围不明确、误将产品的物理性能当作工艺原理、工艺流程与操作要点不对应、质量控制完全抄规范、在操作要点中涉及的安全操作要纳入安全措施里、环保措施仅限于文明施工、效益分析太片面、应用实例只有一例或写成工程概况。

4 工法文本形式要求

（1）工法内容要完整，工法名称应当与内容贴切，直观反映出工法特色，必要时冠以限制词。

（2）工法文本格式采用国家工程建设标准的格式进行编排。

1）工法的叙述层次按照章、节、条、款、项五个层次依次排列。"章"是工法的主要单元。"章"的编号后是"章"的题目，"章"的题目是工法所含11部分的题目；"条"是工法的基本单元。编号示例说明如下：

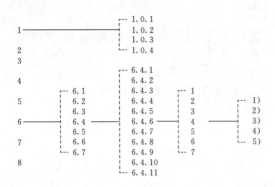

2）工法中的表格、插图应有名称，图、表的使用要与文字描述相互呼应，图、表的编号以条文的编号为基础。如一个条文中有多个图或表时，可以在条号后加图、表的顺序号，例如图 1.1.1-1，图 1.1.1-2…。插图要符合制图标准。

3）工法中的公式编号与图、表的编号方法一致，

以条为基础，公式要居中。格式举例如下：

$$A = Q/B \times 100\% \qquad (1.1.1-1)$$

式中　　A ——安全事故频率；

　　　　B ——报告期平均职工人数；

　　　　Q ——报告期发生安全事故人数。

（3）工法文稿中的单位要采用法定计量单位，统一用符号表示，如 m 、m^2、m^3、kg、d、h 等。专业术语要采用行业通用术语，如使用专用术语应加注解。

5　结语

企业经过工程实践形成完整、配套的"工艺方法和工程方法"。它是技术论文的另一种写作形式。按上述内容编写的工法，层次要分明，数据要可靠，用词用句应准确、规范。其深度应满足指导项目施工与管理的需要，最终实现企业经济效益和社会效益的最大化。

征 稿 启 事

各网员单位、联络员：

广大热心作者、读者：

《水利水电施工》是全国水利水电施工技术信息网的网刊，是全国水利水电施工行业内刊载水利水电工程施工前沿技术、创新科技成果、科技情报资讯和工程建设管理经验的综合性技术刊物。本刊宗旨是：总结水利水电工程前沿施工技术，推广应用创新科技成果，促进科技情报交流，推动中国水电施工技术和品牌走向世界。《水利水电施工》编辑部于 2008 年 1 月从宜昌迁入北京后，由全国水利水电施工技术信息网和中国电力建设集团有限公司联合主办，并在北京以双月刊出版、发行。截至 2018 年年底，已累计发行 66 期（其中正刊 44 期，增刊和专辑 22 期）。

自 2009 年以来，本刊发行数量已增至 2000 册，发行和交流范围现已扩大到 120 个单位，深受行业内广大工程技术人员特别是青年工程技术人员的欢迎和有关部门的认可。为进一步增强刊物的学术性、可读性、价值性，自 2017 年起，对刊物进行了版式调整，由杂志型调整为丛书型。调整后的刊物继承和保留了原刊物国际流行大 16 开本，每辑刊载精美彩页 6～12 页，内文黑白印刷的原貌。本刊真诚欢迎广大读者、作者踊跃投稿；真诚欢迎企业管理人员、行业内知名专家和高级工程技术人员撰写文章，深度解析企业经营与项目管理方略、介绍水利水电前沿施工技术和创新科技成果，同时也热烈欢迎各网员单位、联络员积极为本刊组织和选送优质稿件。

投稿要求和注意事项如下：

（1）文章标题力求简洁、题意确切，言简意赅，字数不超过 20 字。标题下列作者姓名与所在单位名称。

（2）文章篇幅一般以 3000～5000 字为宜（特殊情况除外）。论文需论点明确，逻辑严密，文字精练，数据准确；论文内容不得涉及国家秘密或泄露企业商业秘密，文责自负。

（3）文章应附 150 字以内的摘要，3～5 个关键词。

（4）正文采用西式体例，即例"1""1.1""1.1.1"，并一律左顶格。如文章层次较多，在"1.1.1"下，条目内容可依次用"（1）""①"连续编号。

（5）正文采用宋体、五号字、Word 文档录入，1.5 倍行距，单栏排版。

（6）文章须采用法定计量单位，并符合国家标准《量和单位》的相关规定。

（7）图、表设置应简明、清晰，每篇文章以不超过 5 幅插图为宜。插图用 CAD 绘制时，要求线条、文字清楚，图中单位、数字标注规范。

（8）来稿请注明作者姓名、职称、职务、工作单位、邮政编码、联系电话、电子邮箱等信息。

（9）本刊发表的文章均被录入《中国知识资源总库》和《中文科技期刊数据库》。文章一经采用严禁他投或重复投稿。为此，《水利水电施工》编委会办公室慎重敬告作者：为强化对学术不端行为的抑制，中国学术期刊（光盘版）电子杂志社设立了"学术不端文献检测中心"。该中心将采用"学术不端文献检测系统"（简称 AMLC）对本刊发表的科技论文和有关文献资料进行全文比对检测。凡未能通过该系统检测的文章，录入《中国知识资源总库》的资格将被自动取消；作者除文责自负、承担与之相关联的民事责任外，还应在本刊载文向社会公众致歉。

（10）发表在企业内部刊物上的优秀文章，欢迎推荐本刊选用。

（11）来稿一经录用，即按 2008 年国家制定的标准支付稿酬（稿酬只发放到各单位，原则上不直接面对作者，非网员单位作者不支付稿酬）。

来稿请按以下地址和方式联系。

联系地址：北京市海淀区车公庄西路 22 号 A 座
投稿单位：《水利水电施工》编委会办公室
邮编：100048
编委会办公室：杜永昌
联系电话：010 - 58368849
E - mail：kanwu201506@powerchina.cn

全国水利水电施工技术信息网秘书处
《水利水电施工》编委会办公室
2019 年 7 月 30 日